U0380712

美生学

生态美学元理论

袁鼎生◎ 著

人民出版社

目　录

前言　美生学的可能性

2001 年，我在《人类美学的三大范式》一文中，提出了美生范畴。近 20 年来，这两个字，萦绕在心头，想以它为名，写一本生态美学的书。修改《整生论美学》时，我将核心范畴转换为美生场，有改书名为《美生论》的念头。写《天生论美学》时，自然美生场贯穿了全书，也曾犹豫，是否冠名"美生学"。

欲改书名均未果的缘由是：生态美学有自身的逻辑，即从共生走向整生，臻于天然整生，归于美生。于我来说，《审美生态学》初成共生研究；《生态视域中的比较美学》和《生态艺术哲学》，历史地逻辑地走向整生研究；《超循环：生态方法论》与《整生论美学》，为整生方法与理论的探索；《天生论美学》是整生的自然史展开；现在接着写美生学，以成生态美学原理，应该顺当些。

回望审美文化，它们有美生的共同宗旨。文艺学、艺术学、美学，特别是环境美学与生态美学，都探索了美生律。文学与艺术，特别是生态艺术，均是对美生的追求。这使美生学有了宽实的基座。

对于生命，活，是整一性欲望；健生与乐生，也是一辈子的诉求；美生，则是全程全域全时性理想，是生命的最高目的。无机大自然，在自旋生中成为美然生命，为洪荒性美生。它孕育出有机生命，继发生物谱系、生物圈与生态圈的自旋生，所长天籁美生，是为大自然的归宿，是谓存在

1

的目的。美生学也就有了与自然史同运的逻辑。

美生学以天籁美生场的元型为逻辑元点，以整生与美生耦合出的审美生态为基点，以审美生态天籁化为基线，以天籁美生场的天旋—地转—天旋为逻辑全程，有超旋生的体系。当它旋回元点，无机之天，成了自然艺术化的有机之天，通成了一切生命天籁化栖息的家园，完形了天籁美生场，完生了元范畴，有了逻辑终转。真可谓：生态美学，研究绿生美活规律，呈现审美生态主潮；美生学，探求天籁化栖息公理，迎接天态文明曙光。

周而复始者，谓之元，环发存在者，更谓元。元理论，出于元道，成于元法，是基因式的基础理论，可环长学科内涵。美生学的元范畴，得存在之元神，与整生元范式乃至自旋生元道耦合环回，通显逻辑全景，生出生态美学元理论，长出新美学原理。

第 *1* 章
美生本原

本原者，事物根基之谓也。大自然的自旋生，为整生之所由出也，是为美生之本元。美生本原，含本元、本律、本源，分别对应自旋生的元道，超旋生的元律与整生的元理。审美生态的元式、天籁美生场的元型、美生学的依据，通出于大自然的自旋生。

第一节　自旋生元道

何谓自旋生？自然旋发旋长旋归的生态。大自然的旋缩，引发旋爆，形成旋胀，再而旋缩，又趋旋爆，通成自旋生。它旋爆时，发端宇宙时空，成为世界本原。

大自然的自旋生，既直接在天籁化圈升中，呈现元天籁美生场；也通过整生与美生的同转，形成审美生态元式，以发天籁美生场元型，以生天籁美生场雏形；这就有了美生学元范畴之始，有了美生学逻辑之元。

一、自旋生中的元天籁美生场

确立大自然的自旋生，定其元道地位，其元天籁美生场的设计师身

份，当不证自明。

（一）自旋生元道地位的确立

在天文观察中，各级天体的自旋，宇宙时空的弯曲，似乎都在述说大自然自旋生的故事。依据哈勃定律，其他星系正快速地远去，距我们越远者，离速更快，以此见证了宇宙的膨胀。联系天旋地转的事理，参照宇宙光线弯曲运动的常态，它的膨胀，不像石头入水，波圈外扩的直胀，而当是一种旋胀。星系的遥走，也不是直线式的离开，而应是旋转式的远去。考量宇宙，测其体积，算其年龄，估其膨胀，不宜仅仅参照哈勃常数，还当引入旋长值与曲升率，以显它的自旋生常式。

确立了当下宇宙的膨胀，是一种旋胀，也就有了前测后算的基点。可以往前推出它的爆炸，是一种旋爆；往后推出它的收缩，是一种旋缩；再往后推出它的又一次旋爆；是成大自然自旋生的元道。

基于元道，大自然的各组成部分，包括量子世界中的粒子，以及天体世界中的超星系团，甚或宇宙系，都当是旋生旋运与旋长旋升的。大自然自旋生的元道性，生发全部世界与一切存在周进圈升的模型。

确立元道，主要用的是黑箱方法，即从结果反观结构以及从效应回看本质的方法，或曰逆向推演的方法。观测中的星球、恒星系、星系、星系团、超星系团，均是各绕其中心旋运旋胀的；这当是宇宙的旋爆导致的，有前因后果的关系。以此上推，宇宙的旋爆当是自然的旋缩形成的。继而前溯，这种旋缩是相应的旋胀引发的。这就连起了自旋生的各环节，补足了因果链，完现了存在的圈生环升图。

大自然周期性的自旋生，成为世界形成与生长、变化与转换、回归与圈升的模型，成为世界生发的常式，成为世界运进的常态，成为世界运进的目的，成为存在本身，是谓物自体。这就通现了自然本律，是为元道。

元道周旋，通成自然运生普态。它使宇宙爆炸—膨胀—收缩的标准模型，变换出旋爆—旋胀—旋缩—旋爆的图式。这就给出了世界的物质旋生旋运旋归旋升的框架，给出了至微如原子与亚原子，至巨如星球、恒星系、星系、星系团、超星系团，超巨如宇宙和宇宙系，即世界的一切，包括天籁美生场，均旋成旋长旋回的缘由，是谓元道。

大自然的自旋生，玄藏生态之万机，曲包天演之万理，是世界生发的元范式，为繁衍一切的元生态，成通函一切的元问题，是谓元道。在此元道的运进中，元天籁美生场横空出世了，美生学的逻辑发端了。

（二）自旋生通现元天籁美生场

大自然的自旋生，呈天籁化运进，通现元天籁美生场。这于天籁美生场的实际生发，提供了路线，是谓元道。

分形说认为，局部与整体有着自相似性。据此，由宇宙的自旋生，还可推演出宇宙系的自旋生，以通显大自然的自旋生。宇宙系同时空中的众多宇宙，当有三类样态，和本宇宙历时空的三种样态，达成自相似性，呈现出相应的自旋生。第一类样态，是旋爆态，由启动旋爆、刚刚旋爆、已然旋爆的宇宙构成。第二类样态，是旋胀态，由刚刚旋胀、快然旋胀、满然旋胀的宇宙构成。第三类样态，是旋缩态，由刚刚旋缩、至快旋缩、至紧旋缩的宇宙构成。它们在宇宙系里同时呈现，就像婴儿、成人、老人在人间同时存在一样，从而将宇宙历时空的自旋生，变成了同时空的自旋生。这种整一化存在，和扬州个园把春夏秋冬的景致，折叠在方寸之地类似，是为天转的园艺化景观生态，是谓通旋了元天籁美生场。

当然，宇宙系更有历时空的自旋生。这就是所有宇宙，和本宇宙一样，各自展开旋爆—旋胀—旋缩—旋爆的自旋生，在相互关联中与彼此照应里，"嘈嘈切切错杂弹，大珠小珠落玉盘"，构成了复调式与和声般的自旋生天曲，运转出侗族大歌样的多声部天乐，当为天籁化的自旋生，是显元天籁美生场。

大自然的自旋生，起码有四种样式。一是各宇宙历时空的自旋生；二是宇宙系共时空的自旋生；三是宇宙系历时空的自旋生；四是智慧生态圈，不断脱离旋缩旋爆式宇宙，不断迁往宜生宜居的旋胀态宇宙，在宇宙系的圈行环走里，谐天和天，以天观天，以成逍遥游，通转出元天籁美生场。第四种自旋生，贯通了前三种自旋生，是存在的终极目的，是生物生命与生态文明得以永生和通存的缘由，也是天籁美生场超然永旋的元型，也是美生学逻辑终点的图景。

第四种自旋生，或许已然存在。在更老的星球特别是更老的它宇宙中，也许进化出了超人物种，或然有了宇宙系文明。他们所成的超然永旋的天籁美生场，相对于人类，也就成了元型。大自然的自旋生，在通发元天籁美生场中，成了美生学逻辑的元道。

（三）万道之元处现出美生学元点

大自然自旋生的普遍性，会成通元性，现出宗元性，可成美生学元点。换言之，万物旋生成万道，大自然自旋生，成万道之元，方为美生学元点。

元理性的美生学，是美生哲学，需要从普遍性的自旋生中，通溯宗元性，以凝聚逻辑元点。宇宙是组成大自然的最大单位，由其推演出宇宙系的诸种自旋生之后，再往下分形，看出各级天体与生命的自旋生，当可形成自旋生的具体性与多样性。衍生物有始基的影子，生物大分子在自复制中，显现了超循环，形成了自旋生；[①]DNA 的双螺旋结构，也是在自旋生中形成的。凡此种种，都可以窥一斑而见全豹，反观大自然自旋生的元生态，通见世界周转环升的元运式。大自然的自旋生，分生出所有自旋生，发散出一切的元点，是为万道之元，是为宗元，能满足美生学元点的要求。

宗元，是万道共同的元点与回归点。大自然的自旋生，既分生也聚收

---

① 参见 ［德］ 艾根：《超循环论》，曾国屏、沈小峰译，上海译文出版社 1990 年版，第16 页。

一切自旋生，当成宗元。以心理学的原型理论为例，可发现起点与旋回点一致的元点。理论家从当下个体性的精神生态，追溯出集体无意识的元生态；再从元生态，通观其次生的精神生态；最后回看次生态对元生态的反馈，在精神生态的完旋周升处见元点。扩展此理，通观大千，世界万象的自旋生，远接大自然的自旋生；智慧生态圈的自旋生，进入与提升大自然的自旋生，重归宗元处，以通显万道之元。圆通万道，可成元道。流转白色的显道，推测灰色的暗道，直觉黑色的隐道，通悟全色的完道，顿释物自体的元道，以归宗元。物自体是万道的始处与归处，唯大自然的自旋生可如是。它在通生通旋通聚通摄万道中成元道，成了世界之元、生态之元、规律之元、范式之元的统一体，成了分生与会通、集升和归结万道之元的宗元。美生学找到了它，于万道之元的通发与通回处，形成了逻辑元点，有了美生哲学的根基。

二、自旋生中的天籁美生场元型

大自然的自旋生，展开的整生与美生，耦合出审美生态元式。元式的天艺化与天构化通长，自成了天籁美生场的元型。这就有了美生学元范畴的生成路线与构造方式，美生本原更趋具体。

（一）自旋生环长整生

自旋生的大自然，为周升环长的生态圈，是系统整生体。其间的个体，吸纳了自然史系统发育的成果，成为个别整生体。这两种整生，在天体的结构化中梯次旋长，为天籁美生场元型的生发准备了条件。这是因为，缺失整生，无所谓美生，无所谓审美生态，无所谓天籁美生场。于美生学的元范畴来说，自旋生为始元性条件，整生是基元性条件。

大自然的自旋生，在自然生一与一生自然的通转中，凸显了周旋整生之路。宇宙的旋爆，为开启时空的一，它为大自然的运动所致，是大自然生出的一，是谓元整生。旋爆造就宇宙的旋胀，生发大自然结构，是谓一生自然。从自然生一到一生自然，是谓整生的天然旋长。

星体、恒星系、星系、星系团、超星系团，是不同层级的天体整生圈，它们在序态旋扩中，会成宇宙整生圈，终成宇宙系整生圈。它们围绕所属系统的核心运生，构成了各种规格与尺度的自旋生，通成大自然的自旋生。它们逐级旋扩天体，是谓生一长一；它们梯次环胀宇宙，是谓生天长天；这就有了递长整生的机制——自旋生。

恒星系的自旋生，初步呈现天体系统的周旋整生图式。恒星初成后，环绕自身的物质，凝聚成同一平面而不同距离的行星。诸行星大都相向而行，在自旋生中以特定的间距绕恒星公转，环扩出复旋结构，增长了自整生系统。在这个整生体中，恒星质量的引力与核能辐射的张力，形成了动态的平衡与变化的稳定，并牵动各行星按一定轨道同转，规约它们按一定间距和旋，成整一化布局，生完形化结构。这就在复合式的自旋生中，有了周长的整生体。像太阳系就如是，它是在八大行星环绕日心的自旋生中，自成逐圈旋扩的整生体。这种整生之式，从绕日的行星一圈又一圈的环长显示出来，也从整个恒星系的旋胀显示出来，是那样直观地呈现了自旋生增长整生体的机理。

各恒星系以一定的间隔，绕更高一级天体之心公转，会成了星系的自旋生，环长了整生化的构造。银河系呈棒槌形，光发现的恒星就达2000多亿颗。太阳率八大行星，和别的恒星系一起，绕银心公转，通成了自旋生的星系，有了更大格局的自然整生体。

群落化的星系，共绕星系团之心旋升，其自旋生的运动，复合性更强，尺度更大，整生体的周旋球长更显著。

相近的星系团，形成集群，组成超星系团。科学家观测到的超星系团，已达35个。像地球所在的银河系，挨在本超星系团的边缘，距其中心有2亿光年之遥，环其公转一周，大约费时1000亿年。银河系伙同众成员，随所属星系团，绕超星系团的中心运行，一重复一重，环扩不绝衰，呈现自旋生引整生体的超长。

超星系团是极大的天体单位，它们有序地生发于宇宙时空里，在相互制衡中，共同围绕宇宙心公转，自成大一统的宇宙自旋生，呈现了宇宙格局的周旋整生图式。宇宙心为大旋爆处，既是宇宙生发的基点，也是宇宙自旋生的轴心，宇宙各层次的天体，都对其产生向心力，宇宙构成的整生性和宇宙运转的整生性由此而增长。宇宙整生圈，乃至宇宙系整生圈，在下位天体依序圈增周扩的自旋生中形成，通现了一条整生的环长之路，诉说了美生学的元范畴根由。

（二）整生与美生耦合出审美生态元式

大自然的自旋生，使整生周转而出，旋扩而长。其自力更生的规程，环环相扣，圈圈相接，秩序井然，间隔匀称，节奏鲜明，不失是一种整一存在的美生。① 就这样，大自然的自旋生，展开的整生与美生，当为自足生态与整一存在的一致，也就耦合出了审美生态元式，成为其后审美生态的生发蓝本。

天体序长的自旋生，完成审美生态元式。星体的自旋生，经由恒星系、星系、星系团、超星系团的自旋生，走向宇宙的自旋生，抵达宇宙系的自旋生。这既在生一长一与生天长天的合进中，呈现了旋整生图式，也于圈升环长与动态平衡中，序发了旋美生样式，也就完然地耦合出了审美生态的元式，为其后生物审美生态的生发，提供了方式、标准与范例。也就是说，生物圈所本的审美生态元式，早已发轫于大自然自旋生的元道之中。

宇宙的自旋生，使所发审美生态元式天韵化。当下，本宇宙处在旋胀期，其动态平衡的布局，周扩环展的序长，呈现了天成整生与自发美生随

---

① 亚里士多德把事物的秩序、匀称与明确界定为整一。参见［古希腊］亚里士多德：《形而上学》，吴寿彭译，商务印书馆 1981 年版，第 265 页。

自旋生并进的元式。这是一个自旋生据其中，旋整生与旋美生列其侧，所形成的一体两面的周转环升的天韵化结构。

审美生态元式，因大自然自旋生而天律化通转。大自然的自旋生，呈现出超旋生。回环往复的循环，是一种恒久的结构聚力的整生，也是静态和谐的美生。圈进环升的超然自旋生，使每一次回环往复，都有了稳定的变化，都有了匀称的发展，有了结构张力与结构聚力的耦合整生，有了动态平衡的整一美生。自旋生统一了循环与超循环，规范了整生与美生的非线性通转，通显了审美生态元式的天律性。

（三）审美生态元式旋成天籁美生场元型

审美生态元式的天韵化与天律化，是大自然自旋生的"旋"赋予的，有旋成天籁美生场元型的基因，有旋往天籁美生场元型的向性。

1. 审美生态元式的自然艺术化

科学家从自然的复杂性关系出发，探求世界非线性的统一性，以发现整生与美生并转同旋的结构，显示审美生态元式的天韵化，以自成天籁美生场元型的机理。这和庄子的"原天地之美以达万物之理"，有异曲同工之妙。

爱因斯坦从自然的自生平衡，寻求宇宙自稳定的机理。他发觉"宇宙有引力收缩的趋势"，加入了一个反引力的宇宙常数，以抵消收缩，维系平衡，形成了"有限无界的静态宇宙模型"。这可以引申出：宇宙的自旋生，是在结构张力与结构聚力的中和里，形成整生与美生的通旋，实现审美生态元式的韵化，增长自然艺术化的特质。

宇宙动态平衡地旋胀，使审美生态元式更有自然艺术化的活韵。天文学家认为：宇宙的星体布局，在大尺度上是均匀的，有序的，匹配的；其各向展开，在间距上是对应的，适度的，协调的，共恰的；有着结构全向衡发的整生性，有着框架全维整一的美生性。这种整生与美生，在自旋生中同出并长，见出了宇宙空间生态的序性旋布与匀性环展。旋胀所拉伸的空间，长出了新的星系，填充了虚空，保持了宇宙虚实比例的适度，维持了天体间隔的合理尺度，延续了整一结构的平衡与稳定，兼备了动态稳定的整生与非线性有序的美生。自旋生时空对应地展开，宇宙整生与美生有序发展，且动态匹配，形成辩证性和旋，审美生态元式的活韵显矣。宇宙全方位的均匀旋胀，在空间布局上，有了各向同步的旋扩。星系间的距离拉开了，关联性似乎在减弱，整一性好像在稀释，整生与美生的耦合仿佛在消减，似乎未随自旋生圈升环长。然这种旋态的拉开是全方位的，是各向均发的，是全维匀生的；各星系的间隔比例，有了变化的稳定，有了动态的合适；整生与美生，在天宇时空尺度的同比增长中，匹配而发，随自旋生同进了。这种气韵生动的自旋生，使旋整生与旋美生的和运，更加活力盈盈；使审美生态元式，更加灵气满满，更有天籁化的气象，越发趋向天籁美生场的元型。

2. 审美生态元式的天构化

大自然各层次天体的自旋生，展开了旋整生与旋美生的同运，形成了复调般的天舞、天曲、天乐，使审美生态的元式，有了天构化的完形，通成了天籁美生场的元型。这一元型，预设了其后审美生态的天然结构化，为实发天籁美生场预备了方式和路径。

各层次天体，由低到高绕旋，形成了对宇宙心的公旋。与此相应，宇宙心统摄了一切天体整生与美生的和旋，审美生态元式趋向天构化。宇宙心集旋缩的极点、旋爆的起点、旋胀的基点、旋绕的核点于一身，成为宇宙自旋生的枢纽，可发整一的天构。宇宙心的初旋，即旋缩、旋爆、旋胀连成一气的那一刹那，形成了宇宙一体旋发的基因，使所有自旋生中的整生与美生，环天心通转、通长，通成了审美生态元式的天构化，自发了天籁美生场的元型。

绕宇宙心的自旋生，还从极细微处呈现，以极度延展普适性，以极度呈现普像性，以普成天构化。在原子中，电子绕原子核运转，形成自旋生。整个世界，从亚原子的微观，到天体的宏观，再到宇宙和宇宙系的统观，各层次的物质、暗物质和暗能量，均绕所属整生体的中心旋运，形成了无数层级的物质相环天心的大旋运，形成了自旋生这一普遍的运式。旋整生与旋美生同运的审美生态元式，自成于大自然的自旋生，衍生于世界所有层级的自旋生，有了发散不尽的普适性，有了无所不然的绝对性，有了无所不包的天构化，自可长成天籁美生场的元型，自可成为有机世界中一切天籁美生场的本原。

大自然的自旋生，使所发整生与美生的和旋，在跨时空和超时空的运动中，随自身周然通转，以通成天构化的审美生态元式，以通成天籁美生场元型。当然，这一天构化周期是十分漫长的，是无法看到的，只可想见的。唯独漫长，其"元"的基因意义才会玄远，才会渐显，才会通成。

审美生态元型的天构化，为生物生态圈，在整生与美生的天然同运中，生发天籁美生场，提供了元道，提供了无边无际的空间与无穷无尽的前途。

3.天艺化天构化的审美生态元式通长天籁美生场元型

大自然的自旋生，统生出审美生态元式的天然气韵与天转结构，通发天籁美生场元型，可以在宇宙力学的微妙统一中找到依据。在我看来，宇宙旋胀的张力，与各层级天体向天心公旋的聚力对应，[①] 实现了两种力耦合制衡的自旋生，这就使整生与美生和旋出的审美生态元式，在动态匹配中，有了艺术化灵性与天然化构造，天籁美生场的元型生焉。科学家认为，宇宙中有重力、电磁力、弱力、强力，存在于基本粒子的关系之间。它应是大自然一体环转的缘由，也成了整生与美生耦合旋发的机理。爱因斯坦的统一场论，力图使一切自然力统一，形成宇宙整生的依据。狄拉克、费因曼、格拉肖等物理学家，建构了量子场论的标准模型，统含电磁力、弱力、强力以及所有基本粒子，未能纳入引力，所揭示的世界整一性尚不够周全，仅接近万物整生与美生齐发之通理。沈致远的SQS统一场

---

① 这里的心，指恒星系、星系、星系团、超星系团乃至宇宙甚或宇宙系的核心。

理论指出："所有四种作用力统一于 71 倍普朗克长度"①。在宇宙自旋生的背景下，从科学家探求的四种作用力的统一中，发现它们的不和生和跟非序长序，找到宇宙天艺式大一统的依据，找到审美生态元式天韵性与天构性通发的路径，呈现天籁美生场元型的机理。

弦理论呈现了大自然精妙的自旋生，绘出了宇宙整生的深邃元型，显现了自然美生的极奥缘由，可探究出审美生态元式天艺化与天构化同旋的极妙因由。超级显微镜下的电子心脏，不是点粒子，是很小的振动的弦。随着弦的拨动，亚原子粒子转换出不同的音调。"弦的交响曲"统一了宇宙；"整个超空间的音乐共鸣"，被"图解为上帝的心思"。② 在这一理论模型中，旋整生优雅灵动，旋美生曲韵悠扬，双方伴自旋生而出的审美生态元式，是诗态、歌态、舞态的天然合一，是天韵化与天构化通长的，自成了天籁美生场的元型。

大自然的自旋生，周转的宇宙景观生态，比例恰切，审美生态元式更有艺术的天韵与天构，更趋天籁化，更可生发出天籁美生场的元型。宇宙诸种物质与能量分布的适度性，合乎景观生态的科学性、生态性、艺术性"三位一体"的要求，实现了天艺化与天构化的同出。科学家认为，在宇宙结构中，物质为 4%，暗物质为 23%，暗能量为 73%。这些恰当的比例，对应了宇宙结构的虚实分布，生发了虚空与星体的合理配置，形成了数量关系的协调，达成了物质、暗物质、暗能量之间的制衡，保持了大自然的整一性稳定与复杂性完形。这种恰切的数量关系，维系与促进了自旋生，使宇宙结构有了鬼斧神工的配置，有了景观生态的尺度，有了自然艺术化的布局，既有看不见的天籁之和，也有看得见的天籁之和。这种内外整生与内外美生的复合式和旋，可使审美生态元式同生天韵与天构，共长天籁美生场元型。借此元型，后起的生物审美生态，走向天构化与天艺化

---

① 沈致远：《统一场论源流及新版本》，《新华文摘》2014 年第 19 期。
② [美] 加来道雄：《平行宇宙》，伍义生、包新周译，重庆出版社 2008 年版，第 14 页。

的通长，所生审美场，转换为美生场，并臻于天籁美生场。这就通现了生物美生场回归元型的天路，确证了大自然自旋生元道的基因性。

在大自然的自旋生里，整生与美生同发，耦合出审美生态的元式。元式的自然艺术化与天然结构化，通转出天籁美生场的元型。在美生学里，天籁美生场为元范畴，经历了由元型经实现到完形的理论演进。一部美生学的逻辑，是谓天籁美生场的生发史。天籁美生场的元型，也就有了逻辑之元的意义。生发它的大自然自旋生，是当成了美生学的终极性根由，是谓美生学的元道。

三、自旋生初发地球天籁美生场

地球初发天籁美生场，使美生学的元范畴，从元型向实构生长，确证了大自然自旋生元道的基因性意义与通约性价值。

大自然是一个伟大的生命，行星是它的细胞，有可能从中发育出生物生命。"致中和，天地位焉，万物育焉"①，中国古人揭示了自然发育生命的中和机理。置身大自然多层次自旋生的框架中，最具生态中和关系的行星，当会衍生出生命。据此天理，各种天体结构的自旋生和大自然的自旋生，依次设定与规约了地球的自旋生，促其在中和里萌发生命。科学家说地球，"因其所在的轨道，使之无论是跟太阳还是跟其余七个行星伙伴之间的关系都特别和谐。最终，生命在这颗行星上出现了"②。它与太阳的距离最为适中，形成了宜生的温度。如果它离太阳再近或稍远一点，会太过炽热，或太过寒冷，均难以孕发生命。它的体积也很适中，有了生命存续的大气环境。如果它的个头小一些，引力不够，大气逸出，生命屏障缺失，宇宙有害射线进入，生命难以形成、存活与发展。要是它的形体大一

---

① 《礼记·中庸》，《十三经注疏》（上），中华书局 1980 年影印本，第 1625 页。
② 汪琳编译：《太阳系六大谜》，《大自然探索》2009 年第 9 期。

点，引力太足，留住的有害气体过多，成为一个毒笼，也无生机可言。地球置身"金凤花区域"①，凭借中和关系，成了生命衍生的范例。

地球还在生态中和里，进化出了生态圈，有了整生与美生的和旋，有了生态性与审美性的同进，有了绿色生存性和艺术审美性的一致，审美生态元式变成了实在，天籁美生场也成了实构。洪荒时期，生物的食择、性择、美择同出，物质生产与物种生产，跟身体艺术和行为艺术一体，其美生需求的满足，与自然进化的目的一致，也就在天为天控中，初发了天籁美生场。远古时代，人类的物质与物种生产活动，跟自然宗教的仪式艺术结合，用以敬神、通神、求神，力图在神控、神为中，实现天地人的和谐通转，也有了天籁美生场的起源。

科学家以地球的生态条件为标准，以地球与太阳的生态关系为尺度，在深空中寻找类似太阳系的恒星系，寻找类似地球生境的行星，以求发现地外生命。生命一旦多星球和多宇宙生发，审美生态一旦跨星球与跨宇宙联动，天籁美生场自会增长，乃至完形。

在大自然的自旋生里，有生物整生与美生和旋的悠远来路，有生物审美生态生发的苍茫背景，有生物审美生态跨星际和跨天际旋运的元设计，有天籁美生场在宇宙系中通转与完形的预定，美生学的元道现焉。

深究元道，可通物自体。世界是什么？世界如何存在与运动？世界的元生态与元动力为何？世界从何来往何去？世界万物的统一性为何？生命与自然的关系是怎样的？世界的终极性价值为何？这些存在的基本问题，哲学的基本问题，所汇总的元问题，都在大自然的自旋生里，实现了通含，得到了通解。美生本元，也就有了多维的聚焦，也就有了集约的彰明；美生学的哲学基石，当由此立焉。

①　金凤花区域指"使智慧生命成为可能的狭窄参数频带。地球和宇宙'正好'落在这样一个参数频带范围内，使能够构成智慧生命的化学物质得以产生。在宇宙的物理常数和地球的特性方面已经发现了几十个这种金凤花区域。"参见［美］加来道雄：《平行宇宙》，伍义生、包新周译，重庆出版社 2008 年版，第 288 页。

第二节　超旋生元律

何谓超旋生？世界周旋超转，通出自然整生与整生存在的路数；也是生态哲学走向一般哲学，成为美生学基座的途径；是谓元律。

一、始旋生元律

大自然初期的自旋生，其潜能完然实现，宇宙和宇宙系随之而出，天然圈长了自足生态，天然环发了自然整生。这一始基阶段的超旋生，初露了大自然生态完旋周转的路数，是为本质规定的初成，是为自然整生图式的初现。

始旋生元律，呈现了大自然的元然整生，预定了自然整生的总成。生物圈，秉持大自然超旋生的元律，以其为母，在向其而归中，和与其同转里，普遍生发自足生态，增长出有机的自然整生。这就确证了，无机大自然的自旋生，所初出的超旋生，所初成的元然整生，是一切整生之由，整生之因，整生之故；是一切整生之源，整生之根，整生之本，整生之基。它通含了整生之始，整生之程，整生之极，整生之复；预定了一切整生之性，整生之质，整生之理，整生之道，整生之律。一切自足生态，来于、成于、运于、回于大自然始态的超旋生，以其为元式，以其为目的。一切自足生态的旋成，以其为基点，以其为基座，以其为标准，以其为旨归，即从它而来，向它而去，同它而转。大自然初期的自旋生，所成超旋生元律，以始基性的地位，规约一切与己同转，使之成为自足生态，使之反哺自身并与己通升自足生态。这就呈现了自足生态通成、通长的根由，敞亮了整生之根本，显现了美生之元身。总而言之，始旋生元律，是对自然整生圈升环长与旋归周转之路数的总体设定。

"沿波讨源,虽幽必显"。① 从有机生命与无机自然的血缘关系中,可以推导出无机大自然超旋生的始元律地位。生态系统环行不尽,在圈然成一、生一、长一、升一、归一中,周长自足生态,完发自然整生。它是在本宇宙自旋生的总框图中环升的,以宇宙系的自旋生为范式演进的,其根脉深植于大自然的超旋生。它以自身的次旋生元律资格,确立了母体的始旋生元律身份。

始而复回,方显其始,方证其始,方超其始。老子说:"大曰逝,逝曰远,远曰反。"② 恩格斯讲:"整个自然界被证明是在永恒的流动和循环中运动着。"③ 大自然的始旋生,范生了生态系统的圈进环升,并使之超然地回归自身,实现了往复运进。换言之,始元律生发的次元律,在向母体的回升中,形成了通旋生元律,周转出超旋生的元律系统。这就全面地确证了大自然初期的自旋生,所发始旋生,有着始基性与底座性元律的身份,有着生物学之依据的意义,有着天演论机理的价值,有着生态存在论之基石的地位,④ 有着美生学逻辑之元式的潜能。可以说,在超旋生的视域中,方能看清生态存在的始末,方能呈现生态哲学的框图,方能发现生态哲学走出科技哲学,向一般哲学跃升的可能,方能找到美生学的根底。

二、回旋生元律

生命从天而来,向天而去,在天然整生中,呈现了回旋生元律。在大自然的自旋生中,生命、物种、生物谱系、生物圈、生态圈的第次天发,

① 周振甫译注:《文心雕龙选译》,中华书局 1980 年版,第 300—301 页。
② 饶尚宽译注:《老子》,中华书局 2006 年版,第 63 页。
③ [德] 恩格斯:《自然辩证法》,《马克思恩格斯选集》第 3 卷,人民出版社 2012 年版,第 856 页。
④ 曾繁仁教授首提生态存在论美学观。参见曾繁仁:《生态存在论美学论稿》,吉林人民出版社 2003 年版。

呈现了回转性超旋生元律。在回旋生中，智慧生命进入无机自然，使之成为生境，生态也就存在化了，生态存在也就成了一般存在了。这就洞开了大自然潜能持续增长与自足实现的奥秘，呈现了自然整生天然增长的图景与缘由，并为美生学逻辑的天然化圈进提供了准则与路数。

（一）天然同旋律

生命与自然同进，自身再获元力，自然增添新力，在对应而生与耦合而长里，成就了天然同转的超旋生元律。

1. 生命与自然同旋的形态

天然同旋律，居次生性元律之首位，属回生性元律之通式。它主要有两种形态。一是生态个体与整体耦合并进，超然天旋。生态系统中的个体生命，承接了物种、生物谱系、生物圈、生态圈系统发育的成果，是各层级整生体合生的，为天成天长的自足生态。系统生命与个别生命对生耦合，多周期圈升，提升了有机世界的超旋性，勃发了自足生态，内长了与大自然同旋的动能。二是生态圈与各层级天体耦合同发，以成天然同旋。这两种同旋，成就了天然整生，生发了其他次生性元律，标示了回归始基性元律的向性。

2. 生命与自然的同旋目的

生态自然化，生态存在化，是生命与自然同旋的目的。由地转而天旋，是天成生命的本性。它与自然同进，有着基因的原设计，有着存在的目的性。一个物种接一个物种的进化，一代生命接一代生命的螺旋式上升，一个生态圈接一个生态圈的天行，继发天然自足生态，序长天然整生，都是为了旋归天生的初心。这种回归，既合自然规律，也合自然目的。当有朝一日，最高智慧的生命，进入宇宙深处的自旋生，进入宇宙系的自旋生，也就升华了天然同旋的次元律。如此一来，所有层级与种类的生命，也可能包括人类的生命，因进化的遗传机理，都在其身上显现了，都与自然同旋了。生命与自然同旋，也是自然提升自身的手段，直指自然的有机化目的，直指通成有机自然的目的。生命与自然的目的是一致的，即生态自然化与自然生态化的同旋，所呈现的生态存在目的，或曰一般存在成为生态存在的目的，是它们的共同宗旨。实现了这一目的，天然整生也就水到渠成，自然美生自当不在话下。

3. 生命与自然同旋超转的自驱力

生命与自然的同旋，既有自然基因之设计，也有生命圈进环升之自动，还有生态存在目的之召唤，更有天然整生理想之牵引，是双方本质要求的一致性造就的，这就总成了回旋超转的自驱力。

生命与自然共赴生态存在的同旋力，是序发的。在有机世界中，生命之间的互生，推动了各位格物种的序进，形成了各链环能量、信息与物质的传递，形成了接力式的环行，发展了超越式的周进。互生形成了生态结构的自动调制力、自为平衡力与自行驱进力，产生了自旋生，有了和大自然的自旋生一致的圈升式样，增长了超然同旋的向性。

生物圈中的各物种与物种群落，在相互交集中、彼此关联里，形成了生态网络，有了互生的通道。全向往复的互生，使生态网结逐一贯通，生态位格逐一推转，生态系统有了网格化的周走环进。这就齐聚了生态圈自然化环升的劲力，齐聚了生态圈的自旋生走向大自然自旋生的推力，双方耦合同旋超转的力道越来越大。

生物的圈进旋升，递长了与自然同旋的加力。生物谱系向生物圈和生态圈的序升，在层级分明的环进周长中，持续地增长了超然回旋生的劲力。生物圈承接了生物谱系的旋长，生态圈承接了前二者的旋生环长；这一圈超旋生，内含了前一圈超旋生的效能，促进了下一圈的超旋生，自当成就了圈升环长的超旋生。生物组织如此周转不息与环升不止，可持续地强化了与大自然同旋超转的向性与向力。

生态圈的自然化。生态圈的自旋生，是组织化的生命，向自然环扩周长的方式，是与自然同旋并转的主动方式，是把原本的环境圈、背景圈、远景圈，依次变为生境圈的方式。凭此，大自然成为由生物与生境对生出的生态圈。自然的生态化，即有机大自然的通成，意味着生态圈的自旋生主动地与大自然的自旋生合一，意味着生命与自然同旋超转的自觉完成，意味着生态存在的长成，意味着生态存在，从绿色存在，走向所有存在，走向整生存在，已然与一般存在同一。

在生物与自然的同旋超转中，大自然的潜能源源不绝地向生物实现，使之增长自然整生。生物的潜能则生生不息地反哺了母体，使之成为有机化的自然。两种生态力的合一，可成存在的有机化，可成哲学意义上的生态存在，美生学的哲学根基稳焉。

（二）网态互生律

生命与自然的互生，是它们同旋超转的缘由，是存在生态化的成因，是生态存在成为一般存在的机理。网态互生，是大自然的新元能与生物的新本能，相互实现的机理。它既是回转式超旋生的元律，又是生命向母体旋归的机制，可广发自然整生，可普升整生存在。

互生通发超旋生。怀特海说："在我的理论中，必须完全放弃'事物在时—空中的基本形式是简单位置'这一概念。在某种意义上讲来，每一件事物在全部时间内都存在于所有的地方。因为每一个位置在所有其他位置中都有自己的位态。因此，每一个时—空的基点都反映了整个世界。"[①]他描述了个体在系统中的整生化，很有见地。在网络态互生中，每一个体，既广生于所有个体中，为其成为自足生态发力；又遍生于系统的每一个环节中，为其旋进自足生态发力。如此普惠性给力，必然形成相应的反馈。所以，它又为一切所生，为系统所生，并通含通显它们，成为整生体。网态互生，确是大自然潜能自足实现的中介，能使一切通成通长自足生态，能使生命共同体通转超发回旋生，以发自然整生，以长整生存在。

互生持续旋长自然整生。互生发展圈构，形成旋生，使生命个体与生

---

① ［英］怀特海：《科学与近代世界》，何钦译，商务印书馆 2012 年版，第 104 页。

命系统相环互转，同抵自然化的超旋生。一切物种，各据生态位，在相生相抑与相推相转的环回式互生中，圈成生物系统。它们与生境互生互动，圈成生态系统。它们因互生，产生内驱力，形成内旋力，走向超循环，成为圈升的自足生态。在环长的结构中，个体与系统的自足生态，是相对的、动态的、可以转换的。以致有生物学家把蚁穴视为一个生命，个体之蚁是这一生命的神经元。[①] 这当是个别整生体与系统整生体相互成就与相互转换的辩证关系使然。在银河系的生态结构中，地球成了一个细胞。在宇宙生态中，银河系可看成个体生态。系统与个别的自足生态，在对生中持续转换，不断地自然化。当宇宙成为一个细胞，成为宇宙系的神经元，整个大自然，成了一个环进的自足生态，全部存在成了一个周长的自足生态，也就完现了自然整生，也就完发了整生存在。

网络化互生，生发生态组织的圈升力。网络化互生，既形成个体生命的多样性，又形成多样生命的系统性，辩证地发育和发展了自足生态，促长了超旋生。网络化互生的持续，使生命的多样性与统一性同步推进，使物种的多样性与统一性同步推进，扩展了生态组织，促长了自足生态。网络化互生，还使生态结构在扩展中增长了超循环的内驱力，加速了与大自然自旋生的合运。随着生物谱系的回旋生，向生物圈、生态圈、自然化生态圈的回旋生升级，逐步地扩展了与大自然自旋生的同旋，完承与完现了持续发展的大自然潜能，增长了自足生态。由此可见，网络化互生，达成生态多样性与统一性的辩证同发，推动生态张力与生态聚力的同步圈进，促长整生存在，完形自然整生。

网络化互生，旋扩有机世界，使大自然环长自足生态，以成与存在同一的自然整生。生物世界中的互生关系，是多维生发的，双向往复的，纵横伸展的，立体圆通的，四维时空超旋的，以此架起网络化的全向通道，

---

① 参见［美］刘易斯·托玛斯:《细胞生命的礼赞》，李韶明译，湖南科学技术出版社1996年版，第10页。

网格化地流转大自然的潜能，旋发环长自足生态，使之趋向自然化整生。互生既发生在个体生命之间，物种生命之间，也发生在个体生命与物种生命乃至一切层级的系统生命之间，更发生在生命与自然之间，形成了全方位的辩证生发格局。这就在大自然潜能的广布中，形成了两种自然整生效应。一是所有个体，均为一切个体与多级系统所生发，全都成为自足生态；二是所有个体，在集聚融会提升完现大自然潜能中，无限增长与不停总成系统整生体，直至一般存在的整生体。如此，生态存在升级为整生存在，并遍成一切存在，普成一般存在，自然整生在与其同进中完形。

（三）全然环进律

万万一生的全数整生，与一一旋生的全程整生、全域整生、全构整生总成，彰显了全然环进律。这全然回旋的元律，是形成通旋生元律的机制，是完发生态存在的机制，是完长自然整生的机理。

个别生命与系统生命在彼此互生里，集万成一，呈现出多种全然环进的超旋生途径。一是所有自旋生的个体，在网络化的对生中，交换大自然的潜能，有了持续互进同旋的全数整生。二是网络化的互生，有了众人拾柴火焰高的效应。大家共同发力，将各自获得与累积的大自然潜能，尽数赋予系统生命，在万万长一中，不断地环进了全构整生。三是所有自足生态，环长于生物谱系、生物圈特别是生态圈中，与自然的自旋生合运，拓展了全域整生与全程整生。这就深化了全然环进律，深化了大自然超旋生的运理，也使生态存在的完发与整生存在的通长，走向了具体化。

生命的自然化整生，在生物谱系经生物圈到生态圈的旋长中展开。这三种大周期的一一旋生，既改写了万万成一，使万万一生持续更新与提升，全数整生不断增值与扩容；又创新了万万生一，推进了万万长一和万万升一，使系统整生体时现新常态，时趋自然化；这就不断地使存在向生态存在转换，向整生存在完形，使无机自然向有机自然生成，向自然整生升级。究其缘由，在于生命一一圈进的自旋生脐带，连接着大自然自旋生的母体，大自然的潜能源源不绝地输进了生态圈，保障了系统生命与个体生命的对生并长，相互成就自足生态。生命全然环进的元力，来于大自然的自旋生，敞亮了始基性超旋生元律的根脉性。

生命的天然整生，与自然整生同一，与生态存在同一，与整生存在同一，是一一旋生的极致，是全然环进的极致。生命系统在圈进环长中，与所在星球、星系、星系团、超星系团、宇宙乃至宇宙系复合旋升，在横向与纵向的一一旋生的结合中，跟全程性全构性全域性的自然统一，重绘了存在通程通域通构的全然自旋生图式。生态圈的自旋生，在与大自然自旋生的同进中，全然地吸纳与实现了大自然的潜能，实现了自身整生和大自然整生的一致，成就了有机的自然整生，同步地实现了自然整生的完形与整生存在的升级。

自足生态全数全程全构全域的自然化，揭示了生物的全然整生与自然整生的趋同性，呈现了生态存在，经由整生存在，走向一切存在与一般存在的图景，是谓世界有机化的机理。

（四）完然周长律

如果说全然环进律，是全然回转的超旋生元律，那完然周长律，则是完然回转的超旋生元律。前者侧重生态的自然化增量，后者侧重生态的自然化升质，均是完形自然整生与升级整生存在的机理。

完然超旋生，是大自然的潜能尽然赋予生命，成其本质本性，长其天质天性，使之成为天然旋长的自足生态。自然向生命生成，生命向自然生成，为自足生态自然化的路径。正是在这两个生成中，生态存在完现，整生存在通出。自然向生命生成，指大自然自旋生的整生史，经由物种、生物谱系、生物圈、生态圈超旋生的整生史，向具体生命的系统生成。具体生命成为自然史、生态史、生命史、物种史的结晶，为此前全部的自然历程与生态历程以及生态文明历程所生成。这是谓天质天性的自足实现，是谓自然化的自足生态，是谓呈现了完然周长律。生命向自然生成，指自然化社会化文明化"三位一体"的自足生态，跃出所在的星球，进入星际和天际的自然化旋进，最终与大自然的自旋生和转。这就完承了大自然的潜能，毕现为天化的自足生态。生命从自然走来，再向自然走去，为大自然周备生发，成为存在的儿子。其自足生态既为自然形成，也与自然互长，成为以往、当下乃至未来的自然通史的结晶，留下了完然的回旋生足迹，完长出自然整生的高端样式——天然整生。

各种回旋生元律相继生发，累进叠加，推转生态自然化。同旋生的周转圈升，带动互生性的扩展，全生性的拓进，完生性的提升，通发天然整生。这就增长了超旋生的本质——生态完旋天转的路数；强化了超旋生的本质力量——在生态的自然化中，使无机存在通成为生态存在，同升为整生存在，创新一般存在，完形自然整生，以长哲学基座。

互生架线通桥，使回旋生整一化，凸显通长生态存在的路数。生命的自然化程度越高，互生通连通推回旋生的效应越显著。在互生力的累加中，生物谱系和生物圈中的互生，所聚成的生态圈的互生，更是大时空拓展的，网络化环回的。其互生数更多，互生域更宽，互生面更广，互生度更深，互生质更高。生命的全然超旋生随之增长，完然整生性跟之拓进。在梯次天长的生态系统里，互生直接促发关系双方与各方的自足生态，长其全生性，升其完生性。它还促进与拓展同旋生，使生命和生态在与大自然的同运中，完承完长完升大自然潜能，增长天然化自足，提升自然整生。在自足生态的天成天长中，互生的作用，既是基础性的，也是过程性的。它在序长的生物组织中，形成了贯通一切层次与个别的关系力，织就了纵横交错的关系网，通传完转了大自然的物资、信息与能量，以使整生升级。它启发了各种回旋生的协同，驱动了各种回旋生的通进，使各种回旋生整一化，增长了生命自然化的组织性。正是在互生的全时空"组织"下，回旋生通力天行，生命与生态走向天程天域，增长天相天质，抵达天然整生，提升整生存在。

始旋生，发育生物生命；回旋生，增长生态存在。这就连成了旋发整生存在的路数，通显出自然整生的机理。观此理路，生态哲学的生发，有着生态科学的支撑，有着生态人文的助阵，有着生态文明的驱动，势成必然。

三、通旋生元律

通转自然的超旋生元律，有三种样态。一是生发于回旋生的极点，指智慧生命在宇宙系中通然超旋生。二是回旋生旋通始旋生，跟无机自然旋通有机自然，在对应中同步，而超旋并转。三是自然的有机化、生命的自然化、存在的生态化耦合同运，完形自然整生，提升整生存在，创新哲学前提。通旋生元律，在元然整生经天然整生至超然整生中，通现了自然整生的途径。这也是一条无机整生—有机整生—智慧整生—文明整生的通旋超转之路，还留下了存在—生态存在—整生存在的踪迹，隐含了美生逻辑的运式。

（一）通转宇宙系的超旋生

生命与自然的持续对生，形成了超旋生的叠加力与累进力，最终可成通转宇宙系的超旋生。宇宙系的通旋生，有生命的、自然的、存在的通旋生，三者一致完转，呈现了顶级的超旋生，通转出超然整生，以达自然整生的顶点，以趋整生存在的极致。

生命个体，有五个方面的大自然潜能的来源，可天然通长自足生态。一是所属物种进化史传承的大自然潜能；二是所属生物谱系传承的大自然潜能；三是所属生物圈传承的大自然潜能；四是所属生态圈传承的大自然潜能；五是所属生态圈经由生态环境圈、生态背景圈、生态远景圈传承的大自然潜能。有了这五个方面的自然化潜能的植入，个体生命在多维的系统发育中，成了天质天性持续完然周长的自足生态，有了地转天旋的元力，有了周天圈进的自然整生，可达整生存在。

凭借元力，发展科技，创新文明，生命向自然走去。其走进深空，走向天外，终成逍遥游，终与天地寿，终与存在寿。生命进入宇宙系，在与天齐一中，重组超然通转的永恒环升的大自然自旋生，通长出有机之天的超旋生，通升智慧之天与文明之天的超旋生，凸显周天通转的超旋生元律，终成超然整生，当可完形整生存在。

（二）存在史中的通旋生

自旋生元道，耦合超旋生元律，通转于存在史，对发生态存在，通长整生存在，通显自然整生图景，可见世界整生运动的路径，可达美生存在的自然目的。整生存在与自然整生是这样的出双入对，美生存在无疑是它们的儿子。整生存在与自然整生"哲学地"成了美生的出处，显示了美生学的合理性。

这种存在式的通旋生，基于自旋生。大自然自旋生，既生超旋生的起点，又成其通发的底盘，方成耦合完转。同旋生、对生、全生、完生这些回旋生的推进，全是以大自然自旋生为基座的推进，全是与大自然自旋生通转的推进。一边是大自然的自旋生，由无机形态向有机形态发展，实现了通长与通转；另一边是始旋生元律统生了四种回旋生元律，会生出通旋生元律，也形成了通长通回。双方全时空与跨时空乃至超时空的互生并进与通转，是谓贯穿存在史的通旋生，是谓全出自然整生与整生存在的通旋生。

这种通旋生，主要含四个节点。一是自然生一，即在大自然无机的自旋生中，生出第一个整一的生命(说其整一，是它有繁衍一切生命的潜能，有通成生态存在乃至整生存在的伟力)。二是自然长一，即在大自然有机的自旋生中，第次长出整一的生命结构，呈现生物谱系、生物圈与生态圈的一一旋生。这递长的生命结构，每一个周期的自旋生，都形成一次超旋生，都周转了一次超旋生，都提升一次超旋生，都增长了生命与自然以及个体与系统的同旋生、对旋生、全旋生与完旋生。当然，在自然的生一长一中，回旋生诸元律也功不可没。同旋生通成一与通长一，对旋生促长与发展一，全旋生周备地拓展一，完旋生整备地环升一。如此耦合地生一长一，生命系统聚生出向天而行的强大驱动力和超旋力，其生天长天自当水到渠成。三是生命生天，使所在星球通旋为有机世界。四是生命长天，使自身自然化，使存在整生化。智慧生命第次旋向其他星球、恒星系、星系、星系团、超星系团、宇宙、宇宙系，使无机自然——有机化通转，也就持续地增长出了生态之天，通发了生态存在。这四个环节，是自旋生元道和超旋生元律合转的关键点；是无机大自然通发有机大自然的里程碑；是自然与生命，对发生态世界与生态存在的核心步骤；是存在与生态，对长自然整生与整生存在的主要路数。

自旋生与超旋生通旋，从无机到有机，从有机到智慧，从智慧到文明，从星球文明到星际文明，从宇宙文明到宇宙系文明，有了逻辑与历史一致的步骤，显示出世界整生化运动的规程，哲学内涵历历可见，美生学依据自在其中。

（三）自然、存在、生态耦合超转的通旋生

艾根说，大分子细胞的自复制，只有从整体看，才更像是超循环的。[1] 与此相应，在自旋生与超旋生通然对转的基础上，自然的有机化、生命的自然化、存在的生态化耦合完转，才更是超旋生，才更能通升整生存在，才更能完形自然整生，才更能夯实美生的哲学基础。

自然从无机的自旋生到有机的自旋生，为始点与极点通转的超旋生。有机生命从自然中来，为自然所整生；然后向自然去，在自然中整生。这就在通转自然的超旋生中，完承了大自然的秉性，全现了大自然的潜能，通成了自然整生，通长了整生存在。生态存在，既指生命与万物的本性化存在，天然化存在，绿生化存在；还指一切存在的生态规律化与生态目的

---

[1]　[德] 艾根：《超循环论》，曾国屏、沈小峰译，上海译文出版社 1990 年版，第 16 页。

化合转；更指一般存在的生态自然化、生态智慧化与生态文明化同一。哲学家眼里的存在，指称一切，指称世界。在生态哲学的视域中，生态存在通成之时，整生存在通长之际，世界也就生态化了，自然也就整生化了。生态与存在超旋化对生，既使生态存在化——生态由局部性存在，完转为全部性存在，普升为一般存在；也使存在生态化——一切存在通变为生态存在，通长为整生存在。存在的生态化，自然的有机化，生命的自然化，是相互生发的，互为因果的，互成机理与机制的。三者可在对生耦合中，完转通旋出生态世界、生态存在、有机自然，总成超然整生。超然整生还由元然整生与天然整生而来，为自然整生的极致。它表征了一般存在已然通变为生态存在，已然通长为整生存在，已然成了生生不息旋旋不已的智慧自然，已然抵达了自然、存在、生态共同的终极目的。这就提升了超旋生的规定：生态、自然、存在耦合超转，以大成自然整生与通长整生存在的路数；也引出了天旋—地转—天旋—超转的美生途径，美生学的逻辑有了基准。

超旋生元律，环运于自然的生态化，通转于生态的存在化，在自然整生与整生存在的同出并长中，可使生态哲学元理化，也就扎下了美生学的深牢根基。

第三节　整生元理

整生是高出共生的关系和结构，属性与质地，为存在的普像，自然的规定。大自然的潜能，是存在史的结晶，是世界的基因，是生态的始基。它以自旋生的方式，实现为宇宙和宇宙系，初成了无机自然的整生。它以复旋生、超旋生、通旋生的方式，使生物环走于周天，遍旋于存在，通成有机自然的整生，通转有机自然与无机自然的整生，完形自然整生。大自然潜能如此通发通现，大成的自足生态，为整生元质，为整生元理，为美生根脉。

一、整生的环成与旋长

从无机自然而出的生命，长出有机自然，通转天然整生，离不开以天生一和以一生天的基本关系。关系，是事物展开过程与结构，生发属性与内涵，增长本质与规律，呈现功能与效应的机理。在生命与自然对生互进同旋并返的关系中，生物、生物谱系、生物圈、生态圈依次天发，完承完显与完生完长了大自然的潜能，通成通转了整生的规程与结构，通显了整生的属性与质地，通发了整生的规定与元理。

（一）整生关系在以天生一与以一生天中环发

大自然的自旋生，在以天生一和以一生天的环进圈升的关系中拉开，周转出整生的通程与通构。本宇宙的大旋爆，所构成的时空起点，是大自然此前的运动造成的，是存在史的结晶，是宇宙系全有与全无中和而出的一，是谓以天生一。一态的大旋爆，所旋胀出的各层次天体，绕宇宙心旋运，形成旋长的天构，是谓以一生天。以天生一与以一生天的无尽回环，是自然生态的基本关系，是自然运动的基本程式，是自然结构的基本制式，是自然潜能整一实现的样式，是大自然旋然自足的缘由，是谓整生元理。

在大自然的自旋生中，所成的生物生命，开始了由天而生向天而长的规程。这就有了大自然的潜能在生命身上的系统性实现，也显现了有机生命对大自然的无穷反哺与无尽回馈。这种互为因果的关系，通然环发，使生态自然化，使自然有机化，使大自然自发的自旋生，通变出自觉自慧的自旋生，从而增长了整生结构，创新了整生元理。

在以天生一中，形成原初生命；在以一生天里，原初生命繁衍出多层级的生物世界。在我们的星球上，处于生命进化高端的人类，向天宇进发，向无机之天回归，有望形成有机化的地外星球，有机化的星系，有机化的宇宙和宇宙系，一圈又一圈地拓展出有机自然的整生结构。生物来于无机之天，转而生发有机之天，是为自然生一与一生自然的不尽回旋，是为大自然的潜能完现于生物又反馈回自身的圈升，整生的机理显焉，自旋生的缘由长焉。

两种以天生一与以一生天，通转了大自然的自旋生，创新与完现了大自然的潜能，通发了自足生态，通成了整生关系，完显了整生制式，完生了整生结构，完发了整生元理。

（二）自然的有机化旋长整生结构

在以天生一和以一生天的通转里，大自然的潜能，接连在生物、生物谱系、生物圈、生态圈身上实现，有了以天生一——一生万万—万万一生———旋生—旋生周天—周天生一的环回，呈现出六大整生关系，六大整生程式，六大整生格式，六大整生制式，六大整生样态，六大整生相变，以转整生的通程与通构，以长整生的元质与元理。

1. 以天生一与一生万万

在生物与自然的关系中，以天生一，指大自然通发出第一个生物。这是基元性的生命，由此而成有机世界的起点。一生万万，指第一个生命，依次进化出生物的所有层级，所有种类，所有数量，一切共同体。它从无细胞结构的生物，向有细胞结构的生物进化，由真菌界向植物界进而向动物界进化，再而向人类社会进化，以至无穷。这就序态地展现了一生万万，系统地传导与活现了大自然的潜能，持续增长了整生的规程与结构。

原初的那一个生命，系统地承袭并完全地实现了大自然的潜能，是谓存在所生的一。它生发出万万生命，通成有机整生体，增长出系统生命的一，有机世界的一。一，即起始生命，既为天所生，又为天所长，还以自身的生与长，成就有机之天的生与长。自然的生一长一，也就与生命的生天长天贯通了。这就呈现了大自然潜能超循环增长与自足性实现的奥秘，整生的元理生焉，整生的元质长焉。

2. 万万一生与一一旋生

万万一生，在一生万万与万万生一的对旋中生发。网络化的生态关系，连起一切，通遍世界。每一个体得以生发所有个体，整体得以生发一切个体，是谓一生万万。所有个体既生发每一个体，更生发共同体，是谓万万生一。如此对发与环进，使生命共同体与生命个别体，在万万一生中，有了组织化整生样式，在一一旋生中，有了超循环整生程式。

万万一生，首指一切生命与生态组成共同体，整一地生存。一生万万的张力整生，耦合着万万生一的聚力整生，延展出序列化的生物组织。无数的生物，依序繁衍，构成了生物进化图，长出了生物谱系树。生物谱系，是一个逐级旋发的生物大家族，是一个周全旋进的生物大组织，是一切生物的结构化存在方式，是为万万一生。

生物谱系的螺旋整生结构，成了生物圈逐级旋长的基座与基架。生物谱系中的各物种，在天性与生境的适应中，各自据有生存位，展开相生互进的关系，达成位转环回的运动，生成了生物圈。生物圈是由所有种类的生物，在逐位序生和逐环序长中，共成的周转旋升的生物组织，是它们一体存在的方式，是谓万万一生。

生物整生是生态整生的基质。生物是生态的基点、基线与基构。① 生物圈的周进环升，成了生态圈超旋生的底盘与内核。生物圈上诸位格的物种，各与生境对生，也就形成了生态圈的自整生结构。② 从生物的层出，到生物谱系的旋成，再到生物圈的周转，主要是一种纵向的环进。当它们与生境对生，形成生态圈时，也就同时生发了上下左右的横向环升。这种纵横双向的旋发，使圈中的万万生态，在网络化的关系中，全息性地交

① 参见袁鼎生：《整生论美学》，商务印书馆 2013 年版，第 4 页。
② 经典的生态学说认为生态是生命体与环境的关系。参见郑师章等编著：《普通生态学——原理、方法和应用》，复旦大学出版社 1994 年版，第 1 页。

换物质、能量与信息，完承完转完长完现了大自然的潜能，并在九九归一中，增长了系统整生体。这就使所有生态，组成了系统化生存，更谓万万一生。

生命共同体是序发的，万万一生是递进的。生物谱系的一，走向生物圈的一，进而走向生态圈的一，是生命共同体可持续增长的整一化生存。这就完承、完长、完转与完现了大自然的潜能，提升了整生的样式与格局，提高了整生的尺度与标准，深化了整生的机制与机理。如果生命未序生，诸物种未旋成生物谱系，未旋长出生物圈，未环扩出生态圈，有机世界难以旋发，有机之天难以旋长。概言之，生命共同体的梯次旋进，是大自然潜能自足增长与整一实现的方式，是整生关系与规程的展开方式，是整生结构与本质的发展方式。

生命共同体是相对的，动态的，可持续旋发的，可环长圈升整生体，可使存在一化为整生体。有生物学家认为，蜜蜂"既是动物，又是动物的组织、细胞或细胞器"[1]，甚至把地球视为"一个单个的细胞"[2]。他们放大视野，把生命看成要素，把生态系统看成部分，在万万一生尺度的扩展中，使生命共同体，增长至自旋生的宇宙和宇宙系，终成大自然的有机整生体。这也敞亮了系统整生体的旋长圈发机理，使万万一生，成了生态存在的方式，成了整生存在的方式。

万万一生，还指个体的整一化。所有的生物个体，置身于生物谱系的旋升里，置身于生物圈的环长中，置身于生态圈的周进中，成为整一体，是为万万一生的样式。它们一旦离开系统整生体，全都无法独立生存与生长，是谓万万一生的缘由。大自然的潜能在生命共同体中流转与增长时，还向所有个体完然实现，使它们一一成为整一化的存在，一一成为个别整

---

[1] ［美］刘易斯·托玛斯：《细胞生命的礼赞》，李韶明译，湖南科学技术出版社1996年版，第11页。

[2] ［美］刘易斯·托玛斯：《细胞生命的礼赞》，李韶明译，湖南科学技术出版社1996年版，第3页。

生体，是谓万万一生的通成。生物个体与它者之间，与生物共同体之间，进而与环境、背景、远景之间，伸展出网络化的互生关系，不间断地分有和聚有了大自然的自足质，完承完长完现了大自然的潜能，成为可持续提升的个别整生体，是谓万万一生的通长。这就揭示了所有生态和一切存在全然整生的机制，整生的旋发元理趋向具体化。当一切存在与一般存在，都成了万万一生的方式，整生也就从科学走向哲学了。

　　万万一生以——旋生的方式运进、增长与提升整生，深化其元理。黑格尔说：哲学的每一个部分，都是完整的圆圈。"哲学的整体也就类似于一个由圆圈构成的圆圈。"① 这也呈现了——旋生的图式。生态圈一环接一环旋进，一环复一环旋扩，达成纵横旋进与立体周升，是谓——旋生。就地球生态圈而言，它遥连各级天体孕育生命的自旋生，前接生物谱系和生物圈的周进环升，在全球文化生态、社会生态、自然生态的复合周转中，通成——旋生的大结构。它还与自身的环境圈、背景圈、远景圈对生联动，更长立体的——旋生。随着生态文明的发展，它当中的智慧生态圈，应该可以旋入恒星系、星系、星系团、超星系团、宇宙、宇宙系，与其——天转，形成全时空跨时空超时空的——旋生。这就通旋了整生的关系，完旋了整生的规程，完形了整生的结构，完现了大自然潜能，完长了整生的自足本质。

　　3.旋生周天与周天生一

　　——旋生的高端，为旋生周天的方式。它既是旋生于周天，也是旋生出周天，更是旋长出周天。在旋生周天中，生命一边游天赏天，一边生天长天，并在自身的天生天长中，与周天生一连接起来了，还向以天生一的整生起点超然旋回了，从而完发了整生的天程与天构。

　　智慧生命的多星系或多宇宙生发，特别是星际与天际互动，星球生态系统和宇宙生态系统乃至宇宙系生态系统，可实现通旋。这既是生命环生

---

① ［德］黑格尔：《小逻辑》，王义国译，光明日报出版社 2009 年版，第 28 页。

于周天，也是环转出周天，达成了环生于周天与圈长出周天的统一，有了旋生周天的完整意义。生命旋游于多重天体，既是自身的——天生，也使原本的无机之天，一重一重地生长为有机之天，是谓旋生出了有机化的周天，旋长出了整生化的周天。生命的生天长天，以成有机旋生的周天，是大自然赋予生命的潜能与使命。有机周天的旋进，是生命通转于自然的整生状貌，是生命整生出有机自然的样态，是大自然提升生命以完生自身的形式，是谓大自然潜能辩证性的自足生长与整一实现，是谓大自然超旋整生的奥秘与元理。

在旋生周天中，使周天生一，是水到渠成的。有机的周天通旋不已，宇宙系成为一个自旋生的有机结构，成为一个有机的大自然整生体，是谓周天生一。无机的周天，通转出有机的周天，全部自然史演化出了回环往复的生态结构，完发了一个无机世界与有机世界通旋的大自然整生体。这是一个不死的生命共同体，这是一个无限环发的系统整生体，是谓周天生一。宇宙系与全部自然史向具体的智慧生命生成，使其完承毕显了大自然的潜能，成为极致自然化的个别整生体，是谓周天生一。有机通转的周天，还使某个或某些行星，重发第一个原始生命，重显生命史与生态史，也谓周天生一。这种种周天生一，集成为大自然的超然自旋生这一终极的规律与目的，是谓完然旋现了自然整生的元理。

以天生一为整生之始，周天生一为整生之极，两端联通，回环复转，生生不已，旋旋不歇，整生通程全显，整生通构全成，整生通质全发。也就是说，生物从无机之天而来，为生有机之天而去，贯通了生己之天与己生之天，有了从一到一的不尽旋进，有了从天到天的无穷环回，大自然的潜能有了历史具体的持续增长与完然实现，整生的规程、结构、本质有了存在史的旋发。这其间，整生的六种关系、六个规程，尽数展开了整生的方式、整生的制式、整生的相变、整生的结构、整生的属性、整生的本质，呈现出整生的逻辑全图与历史全景。在这全图全景里，生生不息成了整生的精魂，大自然潜能的环升圈长成了整生的根由，生命对大自然潜能的完承毕显与反哺回馈，成了大自然超旋生的缘由，成了整生的辩证机理。凭此，一切的一切均为整生，所有与所无均为整生，有限与无限均为整生。生态通现整生，存在通成整生，自然通转整生。整生作为大自然潜能的无尽旋长与自足实现，成了生态、自然、存在的最高规定，有了哲学意义的普适性，是谓元理。

二、整生的属性与质地

环生旋长的大自然，在耦合关系的通发中，通出整生属性，通成整生质地，汇总自足生态，彰明整生元理。

（一）耦合整生的属性

天生与一生的对进性，整生体的对发性，自然与生命的对长性，均为耦合的关系与架构。它们成就了大自然潜能的持续增长与自足实现，成就了耦合整生的自然化、天然化、存在化属性。

1.天生与一生的对进性

从以天生一，到周天生一，现整生通程。从一到一的旋回，从天到天的圈转，为双方全程的对进环升。一式环回，耦合天式周转，大自然潜能，持续完现于生物与生境，内含自然整生的通发之理。

天生，虽偏于生境，一生，虽偏于生物，然均是整生的样式，且是整生的通式，也就成了整生的常式。这两种整生常式的对进，在生态史与存在史中展开，呈现出整生自然化的全景与通理。

天成之一，是大自然潜能向原初生命的集约化实现，使其成为整生体。它含生命完生的基因，含生态完生的基因，含有机世界自然化的基因，含有机整生的基点。是谓埋下了回报母体的慧根，有了一生与天生对进的基础。天长之一，在生态圈自然化运进的始点、转点、极点与新起点呈现，在有机自然旋通无机自然中通长。它一路秉承与通显了大自然完生的潜能，又一路反哺回馈提升了大自然，实现了生物与生境持续的耦合整生。这种耦合整生，使生物与生境各长整生，互长整生，合长自然整生。这就呈现了整生自然化的机制，呈现了整生自然化的机理，呈现了整生自然化的因由，呈现了整生自然化的基本属性。

2. 整生体的对发性

大自然的潜能，向生态圈和圈中生物完然实现，通成了系统整生体与个别整生体。两种整生体对生互进，是整生天然化的机理。

无机存在与有机存在之对发，使大自然的潜能持续增长，并源源不断地向生态圈完然实现，发展与提升了系统整生。个体生命接连地从系统生命那里，完然地获得与全然地实现了大自然的潜能，有了天然化整生。个体生命又将大自然完然赋予的潜能，反馈给了系统生命，长其天然整生，促其向全部自然界环进。两类生命体互发相转，均联通了大自然生生不息的潜能，达成了良性循环，通成了天然整生。其耦合整生的尺度，来于大自然自旋生的元道，其互驱的整生动力，来于大自然自旋生的元能，这就通显了有机整生天然提升的缘由，通开了有机整生超转周天的愿景，通成了有机整生天然化的属性。

3. 生命与自然的对长性

生命与自然的对长，在生命自然化与自然有机化的同进中展开。生命自然化，指自然孕育的第一个生命，相继繁衍出生物谱系、生物圈、生态圈、天旋生态圈，增长出与自然齐一的生命共同体。自然有机化，指有机生命长出生态世界，圈发生态存在，旋长整生存在。无机自然所成生命，转发有机自然，自此互为因果，互成依据，对进不息，超转不已，以致生机活韵通流于存在。生命自然化，是自然有机化的机制，是自然有机化的缘由。自然有机化，是生命自然化的必然，是生命自然化的目的。只要生命自然化，自然肯定有机化；离开了自然有机化，断不需生命自然化。生命与自然不会脱耦，必定永续创新整生存在。

生命与自然通旋，有三个关键的耦合点。一是生命的环发，使所在星球有机化，初成小格局天生，共发天体整生。二是生命走向星际，使星系、星系团、超星系团成为生态圈，成为圈升环长的有机之天，有了宇宙潜能的创生性实现，同长了宇宙整生。三是生命走向天际，实现生态圈的周天通旋与永旋，大自然潜能有了极足的实现，自然与所发生命有了通然整生，周转出永生存在，以达整生存在的极点。三个节点耦合，使生命的自然化，跟自然的有机化同生通长，大自然潜能无穷增长与无尽实现，自然整生递进完发。

生命从自然来，向自然去，完现耦合通旋，以成永恒整生。在这图景里，生态的圈进旋升，既是自然更新生命的常式，也是生命完发生态存在的天职。双方耦合通旋，驱动元然整生，经由天然整生，走向超然整生，终至永然整生，也就完形了自然整生，完发了整生存在。自然的伟大性与生命的伟大性，就这样从它们的辩证整生中表现出来，从它们的永长整生中表现出来，从它们通长整生存在与永生存在中表现出来。这是谓深化了整生的存在化属性。

属性，是通长本质的核心要素。耦合整生的自然化、天然化、存在化，均是在增长和集聚大自然自旋生的潜能，均是在通汇与提升自足生态，均是在同出整生本质。

（二）统出的整生质地

整生的本质规定，是在大自然的生态关系、规程、结构、属性、质地的递进中涌出的。末端的质地，既具体展开了整生的规定，又整合了前四者分生的整生质面，形成新的理论抽象，有了整一的内涵。

在整生的质地里，生命与生态完然地结晶与系统地实现了大自然的潜能，形成了真、善、益、宜、绿、智、美一体的内涵。生命与生态的真、善、益、宜、绿、智、美，是整生的本质要素，是整生质地的具体侧面，是大自然的潜能分门别类之全现。它们在耦合中集约，在统出里整一，成为自足生态，成为整生质地。

整生质地，是大自然潜能"多位一体"之整现。怀特海认为世界向美而生，美在真先，有以美发真的意味。大自然的自旋生，环发了存在，圈长了生态，同出了整生与美生。世界的各种核心价值，是通出的、整生的。它在向美而生时，还同时向真而生，向善而生，向益而生，向宜而生，向绿而生，向智而生，是"七位一体"之统发，是谓整生。世界如此统一而出，更是大自然潜能的完然实现，更有系统生发的整生质地。

整生的各种关系、各种规程、各种制式、各种结构、各种样式、各种相变、各种属性、各种质地，无不是大自然潜能的完然、全然、通然、永然实现，即自足性实现。这就在聚焦中，会通了整生的内涵，统现了整生即自足生态的规定。

三、整生本质的抽象与具体

整生的本质，是大自然潜能自足实现的生态，即天然自足生态。它以大自然潜能的自身实现为起点，在抽象与具体的通转中，在始理、通理、至理的旋回里，走向绝对化，是为元理。

（一）整生逻辑的辩证运动

事物本质的辩证研究，是具体与抽象对生，所成环回旋升的研究。它先从事实具体走向理论抽象，再从理论抽象分生出理论具体，进而对多种理论具体做理论抽象，所成的理论具体，更为凝练与精当，清晰与明确，深邃与整全，是为抽象与具体同长，以成哲理。这就在辩证逻辑的超循环运动中，呈现了元理的生发轨迹，抵达了哲理统括一切的境界。整生的本质研究也如此。我最早视整生为系统生发的生态，含系统生成、系统生存、系统生长三个层级的内涵，有系统旋升的向性。承接与发展这一成果，我进一步从事实的抽象中，提出了整生是大自然潜能系统性实现的本质规定。这比系统生发明晰些，然尚嫌概略、大致与简要，未出本质状态的概述范围，需经过理论的具体化与抽象化的同运，逻辑化与历史化的通发，方能抵达整全与深远、玄奥与具体一致的境地。这一工作，就是对整生关系、规程、结构、相变、属性、质地的自然通史式研究。在这基础上，统和整生的多维内涵、多侧面本质，所有理论环节，一切逻辑网结，即将整生历史与逻辑一致的全部理论具体，进行更高的理论抽象，形成大自然潜能自足实现的界定，方可完形整生本质，完显整生元理。

（二）整生是大自然潜能自足实现的生态

整生的质态、关系、规程、结构、属性、质地，是存在的潜能，在大自然的自旋生中，多侧面多环节多网结的具体实现，为全然的理论具体；它们还通现了一种共有性、共趋性、共同性——自足生态；这就自成了理论具体与理论抽象的同出，其一般的本质规定生焉。

大自然潜能的自足实现，是整生的通质。大自然潜能的实现，不管是完然的实现，还是全然的实现，抑或是自旋生的实现与超旋生的实现，都是一种自足的实现，都是一种自使其足的实现。这种自足实现，即大自然根质根性、底质底性、元质元性、全质全性、完质完性、新质新性、高质高性、通质通性的齐发，都是自使其然的，都是自使其足的。"足"字，表达了系统性总现的意义，"自足"表达了系统性总现所没有的自使其然的意义，即自使其足的意义，显得更为整一、精确与深邃。大自然潜能自足实现的各种方式，会成了通旋生的完式。首先有大自然自旋生的元式，这无疑是其潜能自足实现的方式。它在自使其足中，形成了宇宙和宇宙系的整生，形成了存在本身的元整生。其次有生物的自旋生方式，形成了生物谱系、生物圈、生态圈的整生。生物的潜能是大自然赋予的，这种自足实现，也无疑是大自然潜能的自足实现，同样是大自然自使其足的生态，是大自然新成的有机整生。进而有智慧生命圈在地外星球、星际的自旋生方式，属"儿女"对自然母体的反哺和向自然"家园"的回归，是大自然潜能在优秀儿女身上的自足实现，是大自然通过优秀儿女的回馈，达成自身超然自足的实现，归根结底是大自然潜能的自足实现，是大自然新长的整生。最后是顶级智慧的生命圈，进入宇宙系，与大自然的自旋生同运，所达成的通旋生。这是大自然此前的各种自旋生，会通而成的，有了无机大自然的潜能与有机大自然的潜能圆转回环的自足通现，完形了自然整生。大自然的通旋生，将圈升环长的潜能，尽数赋予自然史中的生命与存在物，使一切存在，通长成自足生态，通长成整生的外延，通长成整生的样式，这就在历史与逻辑、抽象与具体的双双同一中，辩证地通发了整生的本质。

大自然潜能自足实现的生态，是整全性、通约性、深邃性、高远性、普遍性与简要性、明确性、精准性、具体性、个别性统一的整生本质。它在质态—关系—规程—结构—属性—质地的展开中，周长本质圈，其内涵在分化中集合，在具体中提升，在明确中周备，在精准中全面，在深邃中系统，在个别中普遍，是谓辩证的自旋生运动。在这种自旋生里，整生的意义逐步分生又逐级结晶，不断升级又持续旋回。其终端的定义，抽象了全维的理论具体，提升了同自然史环长的逻辑，也就从缜密而具体的生态科学规定，上升到了高度抽象又十分通准的哲学界说。

自足生态，在自然中普发，于存在中遍长，使整生成了世界通质。大自然潜能，在自然史的发端自足地初现，在生命与生态全时空、跨时空、超时空的运进中自足地通现，整生也就成了生态的质地，成了自然的质地，成了存在的质地，成了世界的普遍规定性。随大自然自旋生，整生涵盖一切生态，天然整生前后左右拉伸了所有时空，对应全部存在，永然整生旋旋不歇，生生不息，是由前在、已在、正在、将在、未在连成的通在。整生之外无一物，一切的一切都在大自然通旋生的网络中，完承毕显大自然的潜能，本然地成为自足生态，通证了整生本质界定的普适性。

（三）整生是天然自足生态

整生源于、显于、长于、回于大自然的自旋生，显示了天然自足生态的形成通道，是谓本质路径。这一路径，因与自然、存在、世界的大道同转，而生元理。

凭借自旋生，大自然的潜能，在自然史中自足地通生与通现，在生态史中自足地通长与通现，在生命与生态的自然化环进中自足地通升与通现，在智慧生命和宇宙系的同旋中自足地通转通现，即在存在中自足地增长与显现，天然地遍成与通成了自足生态。这是谓自足生态天然形成的大道。循此大道，整生实现了最高理论抽象与最全理论具体的一致，在天然量态与数态、天然域态与时态、天然性态与质态的同一中，成为天然自足生态，有了最高的本质规定。

大自然的自旋生，通发天然自足生态，成就整生元理。天然自足生态，基于自然的自旋生，存于自然的自旋生，长于自然的自旋生，同于自然的自旋生，内含了大自然自旋生通发一切的尺度，有了存在的一般本质。一方面，大自然的潜能，在以天生一和以一生天的自旋生中，自足地实现为宇宙和宇宙系的圈升环进，有了天然的自足生态，有了始基性的整生，即元然整生。另一方面，自然是生命之母，生态之宗，它的潜能，自足地实现于生命与生态的成一，生命与生态的长一，生命与生态的天然圈升，有了一般性的天然自足生态，普遍性的天然自足生态，通成了世界的整生，通成了存在的整生。再一方面，自然是生命的家园、物种的归宿处、生态的目的地，生命与生态以天然的本性和天赋的慧性，完然承接全然结晶与自足实现大自然的潜能，螺旋地回归了母体，反哺了母体，共成了自然通转旋回的自足生态，通成与通长了全时空、跨时空、超时空的整生。大自然的自旋生，在通发一切天然自足生态中，呈现为整生元型，赋予整生元魂，孕育整生之命，增长整生之身，给与整生之家。天然自足生态，这一整生质的生发，一刻也没有离开自然的自旋生，永在自然的自旋生之中，永在以天生一和以一生天的自旋生中。整生是大自然的自旋生通出的，也就长出了元理。

概言之，大自然的自旋生，是其潜能自足实现的通式，是其潜能向生命与生态自足实现的通式，是其潜能向存在和一切存在物自足实现的通式，从而通成了天然自足的生态。它是生态以成天然自足，臻于整生的机理，是整生的最后原因，是整生成为元理的最后缘由。

换言之，生命或生态结构，以自身的本能与天智，完承所属各级系统的潜能，特别是完承大自然的潜能，通变为自身完然的潜能，以达天然自足地实现，也就天成了自足生态，也就成了天然自足生态。天然自足生态，完承毕显了大自然潜能，是为整生的始质、至质与通质，是为整生的统质，是为存在的公理，而成整生元理。

圈运成就整生存在，通升元理。大自然的潜能，在孕发出生命后，自足地实现于生物谱系、生物圈、生态圈的天然旋升，使无机自然有机化，使存在生态化，使存在成了生态存在，使生态存在成了一般存在。在以天生一与以一生天的环回里，自然的生一长一与生命的生天长天耦合旋升，使自然成了有机世界，使存在成了生态家园。生态圈也就成了自然的普像，成了世界的普像，成了存在的普像，成了自然、世界、存在的普遍运动方式。当存在以生态圈的方式运升，成为大自然潜能自足实现的形式，也就天成了自足生态，通成了整生存在。无机存在—生态存在——一切存在——一般存在—整生存在的自旋生，集聚与提高了天然自足生态的质地，凸显与升级了世界整生的元理。

整生还靠本质的耦合运动，结晶与提升天然自足生态，通长元理。在大自然的自旋生中，整生依次展开了质态、关系、规程、结构、属性、质地的本质运动，它们尽是大自然潜能自足实现的样态，各显整生的内涵，各含整生的机制，各生整生的机理，并在通力耦合里，总成了天然自足生态。天然自足生态，既是整生的逻辑运动与历史运动耦合运进使然的，还是生命与自然对生，生态与存在对长，以通发自然整生与整生存在，以通转超然整生与永生存在使然的，有着公理性与绝对性。

立足于天顶，瞩目于自然，索秘于存在，观变于通史，识整生之大道，知美生之所出，懂美生学之所成。在美生学的逻辑中，大自然的自旋生，是元道，是学理之本元。它所转出的宇宙和宇宙系，是其潜能的自足实现，为天然自足生态，为元理，为第一定理。自整生转出自美生，将天然自足生态变为自然整一存在，形成美生内涵，是第二定理。生物圈的自旋生转出的自整生与自美生，耦合出审美生态，是第三定理。自整生与自美生的天然通旋，通成审美生态自然化，通发自然美生场，通升天籁美生场，是第四定理。这四大定理依元道而序发，美生的由来与生长，也就一目了然，整生秉承元道通发美生学内涵，自当历历可见。可以断言，整生是美生的本源，是美生学的逻辑出处。

　　整生还有最高的方法论意义，更有资格进入美生学的本原。它把大自然自旋生的理式、生态圈超旋生的制式、整生体超循环的运式包括其中，是为新的哲学范式。这一范式，确立了大自然自旋生的生态元身、生态母身、生态自身、生态整身的地位，将深生态学主张的生态本原性、生态本体性和生态整体性，上升至以自然的自旋生为生态本元的高度，以整生存在为自然本身的高度，更有哲学意味。深生态学着眼于整体生态，揭示了系统共生的规律，形成了整体共生的范式，生发了和谐共生的理想。自然整生主义，有着全时空、跨时空、超时空的视域，其从自旋生而来的整生范式，可成为大自然一切生命发展的通则，可成为天际生态文明永续旋升的基准，可成为美生学逻辑的理式、制式与运式，更有学科蓝图的意味，更有理论本原的价值。

　　自旋生元道，超旋生元律，整生元理，相继而出，既分别成为美生学的逻辑元型、逻辑理路、逻辑框图，又同为美生学的理论出身、学术基因、哲学根底。它们共成了美生本原，共予了美生元神，共定了美生学的长相与命数，共发了生态美学元理论，自可长出新美学原理。

第 *2* 章
美生本位

本位者，事物本身之谓也，含其本质规律、本质属性、本质力量。故自由与审美生态当仁不让地成了美生本身。美生本位的序成，是美生本原的第次实现。

第一节　美生是整一存在

有机世界出现后，发展出美然生存与审美生存同一的生命，并向无机美生的元点凯旋。如是通回超转，整一存在的美生规定，有了自然化的增长，有了天籁化的提升。

一、美生者的生发

美生者的发展，从天成的美然生存者始，走向与审美生存者的统一，转往跟天籁化栖息者的一致，呈现出完发超转整一存在的趋势。

（一）无机美生者向有机美生者发展

厘清美生内涵的发展，需要关注无机世界中的美生，与生物圈中之美生的关联和区别。美生，首指无机界的整一生成。艾伦·卡尔松说："自然环境在不被人类触及的范围之内具有重要的肯定美学特征：比如它是优美的、精巧的、紧凑的、统一的和整齐的，而不是丑陋的、粗鄙的、松散的、分裂的和凌乱的。简而言之，所有原始自然本质上在审美上是有价值的。"①洪荒的自然，是一个原初的生命，因自足而整一，呈现出美态，可与美生等值互置，是美和美生同时问世的样态。它有审美的向性，然未实际地形成审美活动。当有机体长成美态生存者，并进化出审美感官，形成审美心理，产生审美需求，有条件有能力发生审美欣赏和审美创造的行为，有可能有需要拓展出跟生命活动一致的审美活动，可成为有审美欲望、审美功能、审美修为、审美生活的美然存在者。这是谓从整生者，走向了美生者，即从自足生态者，走向了整一存在者，有了美生的基本结构与主要内涵。

有基本结构的美生者，可以是动物，也可以是早期人类。最早的或曰无机世界中的美生者，是单纯的美然生存者。它虽因整生而出，虽伴整生而长，虽与整生共成了审美生态元式，但未形成审美活动，还不是基本形态的美生。在生物圈中首先出现的审美生态，是生物生命的自旋生，牵动自整生与自美生和旋的结果。这时的美生，当已转型升级了，当已有着基本的构造了。单一质性的美生，即无机世界中美的生成、生存、生长现象，已转换增长为有机世界中复合型的美生，实现了美的生成、生存、生长现象，与审美的生成、生存、生长现象的统一，增长了整一存在的质地。这当是美生的原初质态与后起质态的结合，是无机美生者向有机美生者系统生成的结果。

（二）美生者的螺旋生发

亚里士多德提出美是整一说。他确定整一是秩序、匀称与明确，是可

---

① ［加］艾伦·卡尔松：《环境美学——关于自然、艺术与建筑的鉴赏》，杨平译，四川人民出版社 2006 年版，第 109 页。

整全把握的属性。在他看来，太小和太大的东西，不能整全把握，所以不美。[①] 将亚氏的整全观、整生的自足论、存在要素的同一说融会，以成整一存在的新界说，可通长美生的规定。

审美生态出现后，在反哺与回馈中，发展出全称美生者，增长出自然美生者，提升出天籁美生者。全称的美生者，为整一存在者，指集生态存在、美态存在与审美存在于一身的智慧生命，即在绿态生存与美态生存中，进行审美欣赏、审美批评、审美研究、审美创造的智慧生命。自然美生者，是全时空生态存在、美态存在、审美存在的统一者，是在大自然的时空中，天态存在、美态存在、审美存在的结合者。天籁美生者，必是一个天然整生者，因完承毕显大自然的潜能，自长了超旋生的内驱力，抵达了天艺化整一存在的境地。天籁美生者，可以是人类，也可以是类人的生命，还可以是超人的生命，他们螺旋地回到了无机世界的天成美生者上方，实现了最大尺度的超旋生，其整一存在的质地愈益增长与提升。

美生者的发展，取决于整生者的发展，并与审美生态和美生场耦合进步，以持续增长整一存在的质地。

（三）大自然的自旋生成就天然美生者

大自然的自旋生，在孕育生物生命时，埋下了生物与自然同转的慧根；在发育生物生态圈时，种下了天然整生与自然美生并旋的基因。不容置疑，美生者与整生者自然化通发的机理，是大自然的自旋生；美生者与整生者自然化通发的动能，也是大自然的自旋生；美生者与整生者自然化通发的缘由，还是大自然的自旋生。大自然的自旋生，通过成就自然整生者，成就了自然美生者与天籁美生者，即成就了美生者的最高发展与理想发展。

大自然的自旋生，在生发宇宙和宇宙系中，完长与完现了潜能。天

---

① 参见[古希腊]亚里士多德：《形而上学》，吴寿彭译，商务印书馆1981年版，第265页。

然整生完承毕显了这种潜能，成为天然自足生态。与天然整生通转的自然美生，将这种自足生态转变为自身的整一存在，呈现了本质生成的路径。这起码有三方面的理论意义。一是大自然的自旋生，是美生质地的最终来源。二是美生整一存在的质地，直接来于整生的自足生态。三是美生与整生在大自然的自旋生中并转，持续获得大自然的潜能，增长自足生态，发展整一存在，呈现出耦合圈升的机理，有了相生互长的机制，有了同发审美生态的功能。

二、在整生中美生

在自旋生中生发自足生态，在超旋生中提升自足生态，是谓整生的生发规律。与此关联，在整生中美生，使自足生态转换为整一存在，也就成了美生的规律。这两大规律的贯通，敞亮了美生的机理，连起了美生本原与美生本位，初发了美生学的逻辑。

（一）美生来自整生

这一规律包括，美生在整生中形成，在整生中发展，在整生中提升；美生靠整生形成，靠整生发展，靠整生提升；美生依整生形成，依整生发展，依整生提升；美生按整生形成，按整生发展，按整生提升；美生同整生圈成，同整生圈长，同整生圈升。天成整生展开天成美生；天然整生，引领天然美生；超然整生，成就永然美生；自然整生通发自然美生。这就见出，美生的本质存于整生，美生的命脉系于整生。美生一旦离开整生，将失魂落魄，将形销体散，无以复存，无以再生。整生自然化，是美生自然化的前提，也是审美生态自然化的前导。在大自然的自旋生中，以及生态圈的超旋生中，生发自足生态，增长与提升整生，是美生存在与发展之道，进而是审美生态的存在与发展之道，最后是美生场的存在与发展之道。美生规律，在美生学的逻辑系统中，前连整生与自旋生规律，下启审美生态与美生场规律，处于理路伸展的枢纽位置，置身体系生发的关键位格。

（二）美生的发展机理

机理是原因后面的依据，甚至是依据后面的根由，是更深邃与玄奥的规律，甚而是仅可想见的元理。在整生中美生，可层层呈现美生的机理，直至浮出元动力。美生因整生而成，即整一存在因自足生态而发，这是直观的联系。整生牵引美生，在大自然的自旋生中初显，在生物圈和生态圈的自旋生中生长，在生物与自然通转的超旋生中提升，如此步步解码，洞开了美生一层比一层更内在的因缘，直至完全看不见的因由。也就是说，在大自然自旋生的背景下，是生物圈和生态圈的自旋生，展开了整生，使自足生态成为整一存在，造就了美生；是生态圈的天旋，发展了天然整生，有了相应的美生；是生物与自然通转的超旋生，提升出超然整生，大成了自然美生。大自然的自旋生与超旋生，成就了自然整生，成了自然美生原因的原因，即成了自然美生的机理，成了自然美生的根本，成了美生的元道与元律。这说明，美生根脉深远，通过生物和生态的整生，扎进了大自然自旋生的本元，联通了生物与自然通转的超旋生元律，有着世界本体的来源，有着世界宗元的依据，有着存在元道的始基。

美生随整生自然化。整生是在生态圈的旋运中发展的，是在生态圈与环境圈、背景圈、远景圈的复旋中发展的，是在生物与自然通转的超旋生中发展的，当是玄而又玄的。美生发展的进程，也相应地深邃深远，不可穷尽，不可言全。简而言之，生态圈的自旋生发展到哪里，整生也就发展到哪里，美生也随之发展到哪里。生态圈的自旋、复旋与超旋，驱动和牵引整生的自然化，也就同时成了美生自然化的最后推手与最前的牵手。美生自然化的缘由，如此充分，如此敞亮，其整一存在本质的完发，也就天经地义了。这也见出，完发自然美生，基于生态圈与大自然通转的超旋生。否则，整生的自然化大打折扣，它牵引的美生也就更逊一筹了。这也告诉我们，修复、维系、发展生物圈与生态圈的自旋生，使其与大自然的自旋生更合拍地天行，以达通转的超旋生，以增长与完发自然整生，是发展美生的根本之路，是提升美生的入云天道，是美生的整一存在，成为一切存在与一般存在的元律。

（三）美生的存在化机制

世界的互生关系，是美生的整一存在，走向一切存在，以趋存在化的机制。关系，形成事物的结构与功能、本质与属性；大自然的互生关系，实现一生一切与一切生一的旋进环回，会成世界的整生结构与功能、本质与属性，美生随之广发，趋向普遍与绝对，是谓存在化。

大自然网络化的互生关系，更是美生随整生普遍生发的缘由。生态圈内，物种星罗棋布，生境随之展开，相生互长的关系四通八达，网络化交流通转不息，大自然潜能周流环布，自足生态周发遍长，整一存在随处可见，美生走向常态化与全面化。全向的互生关系遍成整生，进而遍发美生；全向的互生关系流布整生，进而传播美生；全向的互生关系通旋整生，进而通转美生，双方同步周延广布于世界，同成一切存在，同趋一般存在。

生态关系遍及自然界，一切的一切处于普遍联系中和相互作用中，整生与美生，有望在全面生成和系统生长中存在化。生态系统的关系复杂，形成的整生与美生也就多样。具体言之，依生、竞生、共生、整生，均可互生化，均能在全部时空中伸展与回归，传布与流转，聚升大自然的潜能，通成天然自足生态，通转为整一存在。整生处在生态高端，既可生发顶端的天生关系，也能反哺下位生态关系，使其整生化，广成自足生态，广生整一存在。也就是说，在开放的生态圈中，各种层级的生态关系，互为因果，网态环进，通转了大自然的自足潜能，通发了天然自足生态，通成了整一存在，美生成了一切存在的样态，自可与一般存在同构了。

生态圈的网络化互生，可使处在其中的各位格生命，各位格物种，通为自足生态，通显整一存在，从而普发美生。生态圈的自然化，通长出最大的系统整生体，可与存在相等。它与自身的一切层级、所有个体，遍发互生关系，使之通成个别整生体，通成自足生态，通为整一存在。这就使自然美生既与一般存在相称，又与一切存在同一了。

大自然的网络化互生，使美生的整一存在，通向一切存在，是为生态哲学层级的本质规律与本质界定。美生随整生自然化，可使整一存在，通向一般存在，可显一般哲学的本质规律与本质规定。

三、自然美生

天生不是高于整生的范畴，也不是大于整生的范畴，但可以是等于整生的范畴。天生不在整生之外，也不在整生之上，但可以是整生的全部样态。具体言之，天生是整生的起始样式、过程样式、顶端样式与通转样式，等同于自然整生。基于整生形成美生，自然整生引领美生完发本质。

（一）天旋美生

整生于美生，有一种先决性关系：整生的自足性越强，美生的整一性越好，存在性越充分。凭此关系，在天生中美生，可使天然自足生态，通转出自然化的整一存在；整生偕美生天然通转，则是美生自然化的途径，是美生的整一存在，成为一切存在，抵达一般存在的天路。

地球生物圈的旋升，有天转化的向性，有与大自然的自旋生重合的前景。它如是天行，发展出天然整生的关系、规律与目的，引领美生相应运动，使其整一存在的质地与疆域，趋向无限。

整生带领美生，在生态圈的天然自旋生中联动，成为一体之两面。这一体之两面，始终不会脱耦，永远是形影相随的，永远是相生互进的，永远是等价等值的。或者说，其一体两面的天然化，永远是成正比的，永远是水涨船高的。美生承转整生的天然自足，发展整一性，拓进存在性，是谓完生本质规定的机理。

生态系统的复旋性，由横向的互为因果性、纵向的互生并进性、纵横双向的耦合旋升性构成。它是生态圈无限增长天旋整生性的缘由。它内向耦合渐小的生态结构，可直至原子、质子、电子、中子，外向耦合渐大的生态结构，可直至地球、太阳系、银河系、本星系团、本超星系团、本宇宙、宇宙系，以形成双向无限增长的链环性，以融结为无限旋长的生态圈，以同步地提升自然整生性与天旋美生性。生态系统双向无尽的耦合性旋发，形成了自然化的链环性、连环性与联环性，有了复调式的旋律与旋韵，整生与美生性同步增长。

一般来说，生态圈耦合的生态结构，越近微观形态与宏观形态，天性越足，自然性越强，天旋整生性越充分，中子世界如此，宇宙系世界更如此。这就形成了生态圈在复合式的自旋生中，整生与美生成正比旋发的奥秘。

（二）超旋美生

生态圈既耦合自然，也向自然回转，还在自然中通转，更和自然超转。圈中的整生与美生，也就达成了对称性的天然超旋，通长天韵。这种超然旋升，看起来，是双方的对等互生，实际上，是整生引领美生，在节拍相和、韵律相谐中，通成超然旋发，通趋自然化、存在化与天艺化。在自然整生的引领下，美生的自然化，呈现出三种形式，发展出三个阶段，有了环回通转的超旋不息的全景，大成了整一存在的本质。

一是在大自然原初的自旋生中，元然美生随元然整生超运。从生态哲学的视角看，宇宙特别是宇宙系，是一个系统的生命，它在自旋生中，形成了超转不绝的自然整生圈，也相应地形成了超旋不息的美生圈。美生的整一存在，初现了无限存在的意义，有了一般存在的底蕴，有了继发一般存在与完发一般存在的可能。

二是在智慧生态向自然母体的回旋中，美生文明，逐步深入自然，并相互熏染与浸润，达成整生化同旋，环长美生本质。生态的存在化进程，会使智慧生物圈，超越地球生境圈，走向地外乃至天外的环境圈、背景圈与远景圈，扩大与自然的同旋。这也是生态关系的辩证性使然。生境与生命相生互成，共发生态。从生态史看，生境形成生命后，会随生命足迹拓展，可环扩生态。当生命旋出原生星球，周走自然，环游存在，原先的环境、背景、远景圈，一一变成了生境圈。这就增长出了大自然生态圈，实现了生命跟大自然自旋生的同转。生态圈如是超旋生，使美生随整生天旋，持续扩转，不断增长整一存在，持续趋向一切存在。

三是美生文明圈，随自然整生圈，在大自然的自旋生中通转，实现超然环升。这种通天超转的美生，已经包含了智慧物种的审美文化质，特别是美生文明质，已不同于原初的天成美生了。这也见出，美生的自然化回转，是一个超旋生的过程。它跟随整生，与自然史同运，从自发的元然的超旋美生，走向智慧的自觉的文明的自然美生，其通转出的整一存在，已达无限与永恒，是为一切存在与一般存在，也就完发了本质规定。

美生运进的第三个阶段，似乎回到了第一个阶段，然这是一种螺旋的上升，是一种通转旋归的超旋。正是这种环回，呈现了美生随整生的自然化超转，即在整个自然史中的通然超转，即与自然通史、存在通史、生态通史同运的超转，其整一存在的本质，有了极致的生发。

通言之，美生随整生的超旋通长，是一个超然永转的大历史过程。大自然永然的自旋生，是整生与美生的共同母体，它俩从母体中，获得了不死的基因。正是在生于母体、臻于母体、同于母体、提升母体、通转母体的超旋生中，美生随整生永然天旋，实现了自然化与文明化同进的永发，有了与一般存在同程同域的生生不息的圈圈永旋的超运，也就完形了整一存在的本质。

在整生引领美生的永然超旋生中，还因辩证对生，深化了美生永续生发的规律。生命、物种、生物圈、生态圈、大自然的自旋生，展开了自整生与自美生的天然和旋。这是一种对生式的和旋，和旋中的双方，除了相生互发，比肩进步之外，还同时将这种互生共长的效应，反哺与回馈了各层级的自旋生，增长了它们的生态文明性与生态智慧性，使其不断地走向自发之道与自觉之道的统一。自旋生之本元的提升，又为整生中的美生，增加了元力。这种辩证对生的关系，成为自旋生、自整生、自美生耦合超旋永不绝衰的内因，成了三者超然圈升永不停息的内驱力。这是美生可持续旋发的辩证法依据，也是美生螺旋生长的系统性机理，更是美生永续性超旋的缘由。凭此，美生的整一存在，才可能因永续性存在，大成为超然存在，终成一般存在。

在大自然永然的自旋生中，整生引美生超然永转，走向内涵的通和与存在的无限。其本质形态，由天然化整一存在的高端样式，经超然化整一存在的顶端样式，朝永然化整一存在的无极样式发展，最终步入了绝对性境地，同时有了一切存在与一般存在的意义。基于整生多元价值的通和，它有了诗态美生、真态美生、善态美生、益态美生、宜态美生、绿态美生、智态美生的一体，有了整一存在的内涵结构。基于周天旋进的超然整生，美生躲过了灭绝的大限，成了因超然通转而永然不死的整一存在。美生内涵的整一性与存在的无限性耦合，实现了整一存在的天然化、超然化、永然化的"三位一体"，是谓完发了自然化。当美生整一存在的自然化与天艺化同进，跃入天籁化境界，也就有了理想化的本质规定。

（三）天籁美生

庄子说："牛马四足，是谓天"[1]，讲的是天成天在与自成自在方为自然的意思。他又说："女闻人籁而未闻地籁，女闻地籁而未闻天籁夫"[2]。关联起来看，天籁，当是天成的艺术，自在的艺术，也是自然化的艺术，就像陶渊明的诗，"脱口而出好像宇宙的呼吸一般"[3]。当自然美生发展出

---

[1]　王先谦注：《庄子集解》，《诸子集成》3，上海书店出版社 1986 年版，第 105 页。

[2]　王先谦注：《庄子集解》，《诸子集成》3，上海书店出版社 1986 年版，第 6 页。

[3]　《冯至全集》第五卷，河北教育出版社 1999 年版，第 267 页。

天然美生、超然美生、永然美生的样态，其整一存在也就一步一步地自然化了，与一般存在趋同了，有了整生哲学的意味了。在此进程中，局部性的天艺美生，遍长出天籁美生，其整一存在，趋向自然化与天艺化的同一，是谓理想化的一般存在，也就有了生态艺术哲学的规定。美生的整一存在，从生态科学的界定，经由生态哲学与一般哲学的界定，臻于生态艺术哲学的界定，方才合乎美生学的最高要求。

天旋整生转出天艺美生，升华出天籁美生。生态圈交集了诸多生命与相应生境，成为系统生命。它在向天旋进中，留下了自然化整生的足迹，形成了非线性有序、动态性稳定、复杂性平衡、辩证性通和的自然艺术化美生。与此相应，任何一个生态系统，超大至宇宙系，大至宇宙，中至地球，小至人类社会，微至某一景观结构，只要它保持了天然圈升性，就能生发天旋整生，就是一个非线性发展的自然美生者，也就有了自然艺术的通律，也就有了天艺美生质。生态系统的自然艺术化美生程度，是由其天然整生的非线性程度决定的、确立的、显示的。生态系统稳定地环行，生发出线状有序性、静态稳定性、对称平衡性、稳态整生性，相应地呈现出静态美生的格局。当它朝着增熵的方向环行，结构的绿活性、有序性、稳定性、平衡性也就逐步降低，天态整生性相应递减，自然美生性随之渐行渐低，直至消亡。只有当它螺旋上升，在混沌中显整一，在多样中生中和，在震荡中趋稳定，在失序中长新序，在非线性中发天韵，天旋整生性与天艺美生性也就同步提升了。这说明：天旋整生本身，就是天艺美生的出处，就是天艺美生的保证。生态圈的自旋生，第次转出天旋整生、超旋整生、永旋整生，完生了自然整生，也就梯次增长了天艺美生，完发了天籁美生。也就是说，自然整生，在生态圈的通回超转永升中天长，天律天韵随之而发，天籁美生水到渠成。这当是美生随整生在非线性天行中，不断生魅以达天籁的规律，也是其规避原地循环与逆循环，以免失绿失衡失统的规律，以免祛魅而趋丑生的规律。概言之，大自然通回超转永升的超旋生，是自然整生长出天籁美生的规律。

　　天籁美生是美生发展的结晶。在整生中美生，是美生获得整生的自足性，达成整一存在的机理，是美生的一般规律。在天旋整生中超然美生，是美生吸纳自足生态的自然超能，以成整一存在化的方式，是美生的超律。在自然整生中通回超转永旋天艺美生，大成天籁美生，是通达美生理想的不二法门。据此，美生在百川归海中，将天然、超然、永然整一存在的质地尽收囊中，在天籁化栖息中，臻于本质规定的极致。

　　天籁美生的理想，是美生逻辑的集大成。美生，最早是大自然的美然生成，有了整一存在性；继而是美态生命与审美生命的统一体，初成了整一存在的规定。以此为基，美然生命与审美生命的统一，抵达生活与审美的统一、生存与审美的统一，有了生态与美生的等域等量性，美生的整一存在，增长了普遍性，有了臻于一切存在的向性。进而，在生态与审美的统一中，实现了美然生命的绿色存在与诗意栖居的合一，提升了美生整一存在的质地。再而，生命趋向自然存在与天籁审美的同一，达成了生命本性、生态根性与审美天性的"三位一体"，美生在绿然、本然、天然、超然、永然的发展中，走向质、量、域、程的自然化与超旋化，其整一存在，已然是普遍化、绝对化与天籁化的一体，当属理想化的一般存在。

　　在美生的完形中，各种要素的"天籁化同一"，以达整一存在，看似简简单单，平平常常，实则表明了绿然存在、美然存在与审美存在的统一，已然妙合无痕，达到了如盐入水、味存体匿的境界；进而表明了这种化合般同一，还是全时空、跨时空、超时空的同一，更是通转于时空永旋于存在的自然艺术化同一。这就在道法自然中，自成了美生的天籁化之路。

　　从美生自然化到美生天籁化，既无尽拓展了美生域，又无穷提升了美生质，其整一存在的无限性、绝对性、理想性臻于一致。美生自然化，可达美生的存在化，也不乏天艺化美生的成分，但没有普发天艺化美生的规定。美生天籁化，则是自然化美生量度和天艺化美生质度的同一，所通成的整一存在，尽显美生的理想本质与整全规定，尽显美生的大雅之道与诗

哲之魂，是谓生态艺术哲学对美生的本质要求。

天籁美生，与自然整生同旋，可成审美生态天籁化，可发天籁美生场，长出美生学体系。换个视角看，美生者还可是文本与读者的统一，能成为美与审美结合的样式。美生者自身、美生者之间，都可以形成生命审美活动、生活审美活动、生存审美活动、生态审美活动，呈现出丰富多彩的层级分明的序然发展的审美生态。然从根上看，大自然的自旋生，展开自然整生与天籁美生的对生并旋，促发审美生态天籁化，生长天籁美生场，方为美生学逻辑之正道。据此理路，天籁美生场，作为美生学的理论结构，是从审美生态天籁化中长出的。如果缺失天籁美生环节，审美生态和美生场也无由天籁化，美生学将难以长出整全的体系。

第二节　美生的自由属性

自由，是自然性与自足性互发并进的生态。它是整生的产物，是生命的权利。它既是美生的本质属性与本质要求，也是美生的形成与增长机制。作为整一存在的美生，还是自然自足的自由持续化成的。

自由于自在、自主、自显、自律、自觉、自慧的相变中，通成通长了自然与自足的质地。它以此通撑通发了美生，并化其为气性与气韵，成其为精神与徽记，长其为特征与特质，使之成为天然整一的存在。在整生的统领下，天然整一的美生，与自然自足的自由，实现了互进与通长。

一、自由通成美生

生命在天成与自在中，完承毕具了存在的潜能，有了自然性与自足性，是为自由的本质模型。有此自然与自足的本元，生命走向自主与自显，可通成本然的自由，通成美生的本质属性。

（一）自在的自由

自由，首指生命的自在性，即自成其然的规律性与目的性存在。这是一种本质天成的自在，自发天性的自在。生命依大自然赋予的元身存在，即自然地存在、本能地存在、按基因的指令存在，有着由内而外的自然而然性，有着由以往经当下到未来的自生自长性，达成了通然的自足，有了自然与自足的自发性。

自在，以自发其然的生态，初具了自然与自足并存的自由本质。基因，作为生命呈现的设计；本能，作为生命活动的机制；均有着自生自在性。物种在与生境及环境的对生中，反复地调适、动态地矫正、稳态地变化，通成了中和性的自在生态。凭其中和性，它对生命活动的自控，虽然是潜意识的，甚而是无意识的，乃至全是自然而然的，但却合乎物种的规律与目的，合乎生境与环境的规律与目的，合乎生态系统的规律与目的，合乎自然与存在的规律与目的。这就从生命与存在一致的天在性方面，呈现了自由生命的自然与自足并有的本质。生命的自在，于无目的中含目的，在无规律中合规律，体现了生态辩证法。生命所含自在的自由，其自成其在与自发其在，基于天成其在，来于天成其在。这就有了一份天元性规定，有了自然的本元性支撑，有了一份自然存在的元力，可谓天然自足也，也就自然与自足兼备也。有了这样一份自在作为始基，美生也就有了自然整生之魂，有了天成其足之根。今后不管走得再远，它都会与自由一道，向天而旋回。

自由的解放性，保障与增长了自由的自在性。古往今来的哲学家，多从人类认识与遵循规律，解脱必然的控制，来阐述自由的解放性本质。也有从社会的政治法律制度对人权益的保障，对人束缚的解除方面，来显示自由的规定，揭示了自由跟文明的关联，同样有着社会解放的意味。还有从审美和宗教的视角，谈人的心灵解脱与精神超越，显示自由的规律，同样未出解放之右。这三条通向解放的自由之路，前提与基点均为人在束缚

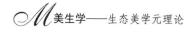

中，自由是对这种束缚的挣脱与解除，使人获得自在性，回归自在性，保持自在性，发展自在性。如此看来，解放也就成了生发与保障自在的方式与机制。这也确证了自然存在性与生存自足性，乃是自由的本元性规定，乃是美生的本元性诉求。自由与美生，从这本元处携手出发，结伴旋回，通长天质。

（二）自主的自由

贾高建指出："自由的一般规定：人的自主活动状态"①。所谓自主，指事物按本性本能呈现，更指生命体按自己的欲求与意志行事。即生命体的行为，是其潜意识或意识使然，完全出于它的天性，完全表征了它的欲求，完全体现了它的意愿，完全出自它的需要，完全合乎它的标准，完全指向它的理想。它是自力自为的，自导自引的，自调自控的，并非因为外在力量之约束，并非由于外在目的之牵制。这样的自主，基于本元性的自在，是一种本性的自然生发与自足运进，即本性的自使其然与自使其足。自主的自由向美生形成，使之有了本然自足性。

人类形成自主的生态，是一种历史性的要求。根于自在，始于自主，自由的生命以自然与自足的对生并进，持续地发展自身美生的属性。发展性自主，除了上述因内而外的天然生发，还有从生理到心理的天然生发，并有从个体到系统的天然生发，这就有了多元耦合的天然递进性，强化了天然自足性，显示了自由之基点的丰实性与动态性。植物神经的自动自为性，使人的一些重要器官自主，不受意识指挥。心脏的自搏，是人的生理性自主现象。它不受心理的控制，有着完完全全的天成其然性和自发其然性。这也显示了自主对自在的依赖性。或者说，是天成天在和自成自在，成就了自主，规定了自主。潜意识乃至集体无意识的自主性，是人隐态的精神和意识的原型对其行为的支配性，是人连自己都不易觉察的自主性。

---

① 贾高建：《三维自由论》，中共中央党校出版社 1994 年版，第 21 页。

情感、欲求、意志是人显露的意识，它规定人的行为，是人脾性的自主性。责任、良知与道义规定人的行为，是人理智与品格的自主性。国家与民族的行为，体现了集体意志，是一种系统的独立自主性。人的自主，从生理与心理的层面，走向身心整体的层面，走向集体无意识和集体意志的层面，有着系统生发的自然与自足。它化为美生，使之有了独立的品性。

近代，持续高涨的人类自由，也是源于自在，并从自主开始的。《神曲》呈现了人类自行攀升神境的模式：诗人维吉尔引领但丁游历地狱，少时的情人比亚德里采陪同他由净界而上天堂。这就在不经意之中，替换了上帝关于上天堂的规矩：圣父预定、圣子引领、信徒清修。这一寓言式的故事，说明人主宰了自身的行为，开始了自主和自力地实现美生自然化的新里程。正是人自主、自力、自导地上了天堂，《神曲》也就悄悄地变调为"人曲"，标识了近代人态美生的开张。

人的自主，除了肉体的解放与行为的自动外，其精神生态还更应是一种自然自足的样貌，即心灵的了无羁绊，全无束缚，一派本然自在与全然自为的状态。西方近代，经历文艺复兴，人类自行解脱心头的枷锁与身上的绳索，理性与感性全面解放与通然觉醒，实现了生命的自为与自然，形成了生命的自尊与自信，走向了生态的自发与自足。这就于自在性美生的基础上形成了自主性美生。达芬奇的《蒙娜丽莎》，是那个时代人们的身心天然自为与本然自足的写照。画面中的人，从原罪的携带者，历史地成了主人公。她那不易察觉的一丝微笑，显现了自主者的自尊与自信、自负与自足。它发自了无羁縻之心底，是一种心态的自然，与身后作为背景的自然风光，融为一体，呈现了人类的解放与觉醒、泰然与本然。这就在自主中，有了自足而又自然的美生。

近代，人成为主体，有了发展生态自由的条件，有了提升自主的优势。成为主体的人，从自主出发，走向自然，力求使整个自然成为人自身，构成了人类自主生态自然化的新起点。主体性是近代以来人类本体化的符号，是自然向人生成的表征，是人实现自身人化的标识，也就内含了自然与自足的自由特质。它进而成为人主宰生态关系与控制生态结构的砝码，成为人类生态自由向自然发展的尺度。主体性的出现，确立了人的生态中心地位，显示了人的生态主管身份，透出了人的生态宗旨性与生态目的性向度，自由的自然化与自足化同进的特质凭此而增强。有了主体资格的人，从自主出发，走向主导它者，主导整体，直至主宰自然。他使整个自然成为人自身，扩大了自主，提高了人同化自然的整生力，可望达成自然化美生。由此可见，主体性保障了自主，发展了自主，使自主走向了自然化，扩展了自主的自然性与自足性并生的特质，奠定了近代人类美生自然化的基础。

跟其他自由样式一样，自主性与自然性、自足性成正比发展。自然性与自足性作为自由的一般本质要求，为自主提供保证，提供动能，提供内涵。可以说，人的自然性与自足性越强，自主度越高，自主域越广，美生的主体性特征越突出。

（三）自显的生态自由

自由本质的第三个层次是自显。自足生态的自显其然，自彰其在，化成美生，是谓自为显现。生命自显的自由，化成了美生自然化的特质。

——自显根于本元，起于本然。自显，是生命体基因的自为实现，是其原设计的自为实施，是其本能与潜质、特长与特征、个性与天赋的尽数自发与整一自现，是谓自然性与自足性的凸显。生命基因的整一显现，虽有环境协同的因素，但本质上是一种自显。由于生态条件与自然潜能已然进入基因的形成与变化之中，生命基因的全然显现，无疑是自本其根，自使其然的，即自我显现与自然实现的。这无疑呈现了自由更深一层的自然质与自足质，更为系统的自然质与自足质。自显，是生命自力更生与奋发图强的结果，但它为生境所涵养所托载，为环境所支撑所护卫，已将外在的自然，化入了内在的自然，已然暗合了、隐含了内外的规律性与目的性，同样是一种通体自然的辩证生态，同样为整一的自足生态。美生以这样的自由为本质要求，也就有了天生的意味，也就有了天性与天韵，可趋天籁化。

——人的本体化自显。事物的本体，指其根本以及由根本生发的本身。人的本体，指其自成的本原与自长的本身，并以此成为自主与自显的机理，解释了自主与自显的成因。

人不假外物，自成己身的本体性，是指人自成本原与自成本身的特征。人的本体性在近代形成，也就有了自在性，奠定了自主与自显之基，从而与人的自由相生，与人的美生并长。人的自主，源出于人自在自成的本体性。它从自在自成与自为自显的角度，确证了人的自本自根性。人认定了自身的行为，根于自我，而非来自外来的驱使；人认定了本身的价值，并非来自外物的赋予，而是自本的，也是自显的。这样，在自主的基础上，必然形成自显的观念，进而形成价值本体存乎自身的看法，形成价值本体由自身生发的看法。有了这种自我觉识，人认为自身并非神造，完全可以自生自长，自显自现，做到自成自显本身，自成自显本体。这就在本乎自身中，确立了自身的主体地位。

人的本体，不再由神根长出，而是源于自身、成于自身、存于自身，可以价值自生、价值自在、价值自长、价值自显。人可以完然自成，更能完然自显。人整一的自显，基于完备的基因设计，出于自身的周详预定。这种自本自根性，彰显了自主自显的机理，本该不可厚非，然应继续追溯，找出人的始基——自然。人的自显，为何是自然与自足的，乃在于大自然的潜能向人生成。自然的人化，造就了人的自足。自然先于自足，成为自显的源泉所在与本质所系，然却被近代人类所忽略了。

近代人类在自本自根中，实现本身的自显。这是一种前提的自显，基因的自显，因自然而自足的自显。有了这种自显，才会有主体充分对象化的自显。

——人的对象化自显。对象化，是人形成身外自身的行为，有实践的、社会的、审美的多种方式，为外向性自然化美生模型。

实践的对象化，是指人通过物质活动作用外物，在其身上打下本质和本质力量的烙印，使之显现出自身的形象。这种人的自然化，并非说人增长了天质与天性，提升了自然品相，而只是说，人化入自然，使之呈现出主体的品相。

马克思认为人的本质力量对象化，是双向往复的，是人与物的尺度同循的，是人与物的价值兼顾的，是人与物的要求共恰的，[①] 可达成自然的人化与人的自然化之中和，指向了"人道主义与自然主义相统一"的目的。[②] 这启迪了其后主体间性的思想，富有深远的历史意义。

用比拟与象征方式，使事物披上社会色彩，是谓社会对象化。李泽厚用社会性来解释人造物，如五星红旗表征了国家的统一与辉煌，是国家本质的对象化。人类未登上月球之前，十五的月亮以其圆和与澄澈，表征了社会的统一与人间的团圆，是美好社会性的对象化。比拟性态的社会对象化，解释了实践未及对象的人化，拓宽了人的自显的自然化与自足化。

人与外物的社会性关系与审美性关系，主要是一种精神的对象性和文化的对象性关系。它使人在外物上，看到了自己愿望与理想的象征性外化，看到了人类优良秉性与崇高品格的对应性外显，看到了自身的习俗、信仰、理想、风范、制度、原型的相似性呈现，看到了自身的尺度、准则、结构、关系、本性、价值的类似性展示，欣赏了自己的美生，实现了美生的自然化。

人的对象化，在把自然变成人中，形成了一个螺旋的自由结构：人的本原化—人的本体化—人的主体化—人的对象化—人的自然化—人的本原化。正是这种旋升，人使身外之己，在自然中普遍形成，实现了本己、多己、大己的一体，是谓自成自显了全己。这就在自然化与自足化的自显

---

① 参见〔德〕马克思：《1844 年经济学哲学手稿》，《马克思恩格斯文集》第 1 卷，人民出版社 2009 年版，第 163 页。

② 参见〔德〕马克思：《1844 年经济学哲学手稿》，《马克思恩格斯文集》第 1 卷，人民出版社 2009 年版，第 185 页。

中，发展了自由生态，促进了美生的自然化，丰实了美生天籁化的基础。

二、自由通长美生

天成的规律性与目的性存在，形成自在，为本元的自由；经验的规律性和目的性存在，可形成自主，为本然的自由。理性的合规律合目的生存，生境更适宜，环境更友善，可从自律走向自觉，呈现出天然自由的新常态。这就在自然与自足的耦合并进中，深化了自由本质，促进了美生的天然发展。

（一）自律的生态自由

生命体特别是人类的生态活动，自成自动，达成自控自导，为自然性自为；它合自身的规律与目的，可达本然性自律。自由的自律本质，是哲学层次的自范性规定。生命体的规律性与目的性活动，出于自设计、自组织、自控制、自调节，有本质规定的天成性与自成性，有本质活动的自为化与自范化底色，呈现了自律的机理。自律，于人类来说，能使基于本能、本性的意识性行为，更合物种尺度。物种尺度，是物种生态位确定的，是生态结构赋予的，是物种与自然的关系给出的，有着天成性与天定性。生命特别是人类的自律，使其意识性行为，有着自然尺度与物种尺度中和的规定，达到了自发与自觉的统一，体现了生态辩证法。

自律，是自在自主的机制，是自由的合理性缘由。处在生态关系中的生命，从本性与根性出发，使自在自主的行为自律化，使自身存在，和生境乃至环境的存在合拍，达成相适相宜性，有了感性自由走向理性自由的中介点。

自律，基于自在自主与自然自足，又规约自在自主与自然自足，可划分为三个层次。第一个层次是，四者都起于生命基因的自然设计与自为调节，不经潜意识和意识控制，即可形成规律性与目的性自为。第二个层次是，经潜意识和无意识调控的规律性与目的性行为。这有两种情形，一种是天性与本能所致，另一种是长期的理性化行为的内化所致。第三个层次是，显意识的规律化与目的化行为。这三个层次的自律，首先对人而言，其次是对间性关系中任何一方的要求。唯独如此，才可能形成间性的自律，才可能保证间性中的各方，保持独立的本质，保持自在自主与自然自足的自由，进而达成平等的自律，形成对生中的相律。由此可见，自律，是自发的自由向自觉的自由发展的跳板，是本然性自由向天然性自由运进的桥梁。

（二）自觉的生态自由

自律的发展，形成自觉，促长了自由的本质。自觉的自由，实现了合规律合目的与自在自主自然自足的一致。合规律合目的，是自由的机理与根由，条件与机制，前提与保证，是自由本质的深层规定与内在需求。生命自在自主自然自足的自由，进入感性与理性一致的区间后，也就从自律始，经由相律，走向共律，抵达公律，生发全律，趋向天律，有了天然自觉的梯次性发展。在这种发展中，生命以天合天，呈现出自然与自足耦合天进的自由本质。

相律，起于律己中的律它，成于律己与律它的一致。对生的双方或各方，为保持相互的平等与系统的整一，既形成自律又接受他律，既律己又律它，呈现出自由平衡发展的根缘。律己与律它，是同时进行的，是同一行为发生的两种调节效应。对生关系中的双方或各方，从自身的根性、本性、天性出发，形成规律性与目的性自为，既内在地规范了己方，也外在地规约了对方与各方，形成了天然化的相律，保障了自身、它者与群体协同生存的自由。

这种相律有多种形式，且递进生发。对生中的各方，以自己根性、本性、天性的生发，影响和参与它者根性、本性与天性的生发，是为潜质的相律。各自规律性与目的性之生发，影响和参与它者的规律性与目的性之生发，为品质的相律。各自本然的行为尺度，在形成律己的作用、显现自身的生态自由时，也发散性地形成了律它的效应，促成了它者的生态自由，这是效能的相律。这三种相律的梯次展开，形成了事物的耦合并进，推进了各方动态平等的生态自由，发展了群体动态中和的生态自由。

相律趋向共律。事物间的对生，发生相律，以成平衡的生态系统。平衡系统的各部分，互为存在条件，互为生存支撑，在互为因果中，多向调校，所发相律趋向共恰点，同结衡生点，可在匀生中初成共律。初成的共律，给出了各部分平等相律的尺度，初成了整一的自觉性自由，提升了自然与自足理性序进的自由质地。

公律，起于共律的整一化。大系统的各部分，在相抑相扬、相依相竞、相赢相胜的辩证耦合里，实现了统筹兼顾，产生了共适性、共利性、共通性、共趋性、共向性、共和性的运动，形成了总摄大系统运进的公律，即生态圈的规律性与目的性旋升的机理。公律，是整一的组织力与调控力，它给出了系统生发的规范，协同了各部分的运行，发展出生态圈的和旋性。现代生态圈，主要由文化生态系统、社会生态系统、自然生态系统这三大部分对生而成的。三者的规律性与目的性，构成了各自的共律。三种共律的对生，在交集、相适、和合与整恰之中，形成了生态圈的统一性机理，即公律。大系统公律形成于生态中和，运转于生态圈，使之呈现出系统化的自然与自足，扩展了自由生态。

走向生态全律。如恩格斯所说，人类"思维着的精神"，乃是地球上"物质的最高的精华"。[①] 它有了自然所禀赋的认知理性和道德理性，形成实践理性。其生命活动从自律出发，经由相律与共律，形成公律，走向全律，实现系统的、整一的、整生的规律性与目的性，以发展自由的自然性与自足性通进的质地。它有两个方面的发展。第一个方面是，从合自身整

---

① [德] 恩格斯：《自然辩证法》，《马克思恩格斯选集》第 3 卷，人民出版社 2012 年版，第 864 页。

生的规律性与目的性，走向也合它者整生的规律性与目的性，抵达更合系统整生的规律性与目的性；从合人类的规律性与目的性，走向更合生态系统与自然世界的规律性与目的性。这种整生态与自然态的自觉，从质与量两个方面，提升了自由本质的自然性与自足性。第二个方面是，从合自然之是，走向合整一之是。是，为规律性，也含目的性，为规律与目的之统称。人类的实事求是，是行为合是的前提。人类的行为达成了科学的必然是、人文学的应该是、社会学的必须是、技术学的最好是、哲学的全然是通然是超然是的统一，也就有了整一之是的规约，趋向了旋通与超拔的自觉化自由。有此自由做支撑，美生也就更有完形性。

趋向生态天律。生态自由，以自然自足为本质，也就是天成的、天赋的、天长的。它要形成跨越式发展，则要突破相应的质域。在本然的质域里，生态自由是一种自在自主式的自然自足状态。这是物种或曰人种的生态自由状态，是本能与基因设定的自然化和自足化自由。人突破所属物种的自由尺度，所在生境的自由场域，在地球特别是天域中，形成天然自足的自由本质，形成天律和天理同一的自然自足化活动，也就相应地提升了美生的自然化。

（三）自慧的生态自由

自慧，是自由的天然性和超然性诉求。自然，以本然为普遍性意义，以天然为高端层次的意义，以超然为最高层次的意义。自然的意义越发展，自足的质地越丰澹。自慧可通转天然与超然，以达自然的高端，以趋自足的顶端，以登美生自然化的鳌头。人的活动在天然地合规律合目的之后，达到超然地合规律合目的，有两个方面的标识。一是合乎宇宙系的生态规律与自然规律，形成全时空、跨时空与超时空的生态自由。这意味着人的整生性与自然性，已然突破了物种生态位的局限，突破了原有的地球生态域的局限，突破了本宇宙生态域的局限，突破了生命与生态存在的大限，形成了更大自足态和更广自然域的生态自由，形成了在宇宙系中超然永旋的生态自由。二是人的永旋性存在，是随心所欲不逾矩的，是完全自在自为的，一派本然天然与超然的。这当是自由最高的自然与自足境界，是自由的完全实现，是美生的自然化大成。

生命进入通律化与超律化的存在，冲出了"热力学第二定律"的怪圈，避开了物种灭绝与文明灭绝的宿命，因超然整生而绝对自由。超然的自由，是在超越相对性的规律与目的中形成的，它不是一种摆脱规律与目的之存在，从根本上说，它是在超然地顺应绝对性规律与目的中形成的。这种绝对性的生态规律，是一种通律，是一种大自然自旋生的规律。它是在有无相推相转中形成的，智慧生命把握了自旋生规律的这一内核，在随无生有中形成，在离无随有中旋进，在超然的自然自足中，有了永生的自由，有了超然美生的条件。

自然与自足同进的自由本质，是一个自旋生的结构。生物生命以本然的自由，生发天然与超然的自由，旋进大自然的本然自由。这就使大自然这一最大的生命，从自发的自旋生，走向了自觉的自旋生。生物生命与大自然生命，在通联通转中，都实现了超旋生，其自然与自足耦合的自由本质，也就日日新，日日进，终偕美生而永进。

三、整生使自由通转为美生的属性

自由从自在始，经由自主与自显，跨越自律与自觉，抵达自慧，形成了超循环的自然自足的本质。自然与自足，是自由的通质。自由的所有层次，都流通着自然与自足，都相变着自然与自足。自在，是自成其在，自发其足，自生其然；自主，是不需傍依，自使其然，自使其足；自显，是自彰本性，自呈其然，自展其足；自律，是自循本性，自守其然，自衡其足；自觉，为"蹈乎大方"，[①] 自和天然，天发其足；自慧，是旋升大千，

---

① 参见王先谦注：《庄子集解》，《诸子集成》3，上海书店出版社 1986 年版，第 123 页。

超转天然，通长其足。在生命的自然整生中，自由与美生，耦合地跨越了本然、天然、超然三个区间，贯穿了整个生态史，周转了整个存在史，对应地实现了自然化的通旋与自足性通长。在这种通旋与通长中，自由的本质规定，通成了美生的本质属性与本质要求。

自由，作为自然与自足相生并进的生态，是生命的规律性和目的性存在；整生，作为完承毕显大自然潜能的自足生态，提供了自由生成的根本条件，满足了自由增长的基本诉求，是为自由的基础，自由的根由，自由的保证，自由的动能。没有整生，自由无从发展自然与自足的通质；没有整生的左牵右携，自由与美生难以并肩天行与超旋周转；没有整生提供的同一性与同行性，自由难以内化为美生的本质属性。

整生是存在的本质，可通发与通领自由与美生的联动，并使前者通转为后者的本质属性。它既是最高的生态规律，也是最高的生态目的。最高的自然整生，统摄了一切社会系统的规律与目的，所有生态系统的规律与目的，整个自然界的规律与目的，全部存在的规律与目的，成为自由与美生共同的机理。生命处身其中，是一种规律性与目的性一致的本元存在和本然存在，并可望趋向天然性乃至超然性，实现完然的自由与美生。自由与美生，既必须也必然在整生中同发。有整生，必有自由与美生；无整生，自由与美生均难形成。离开整生，生命的存在，失去了本元与本然的规律性与目的性支撑，失去了生境、环境、背景的整一化托载，失去了系统化、天然化乃至超然化的生态规律性与生态目的性之保障，会成为无规律无目的之存在，会成为无关系无结构之存在，也就无所谓生态自由了，也就无所谓自由美生了。历史注定了自由与美生必须与整生同在、同行与同进，方才会有生生不息的元力、元身与元神，方能让自由秉承的大自然潜能，通换为美生的本质属性。

随着整生的天然化与超然化，生命的自由度也递进地转换为美生度。从生命在物种里的整生，到生物圈中的整生，到生态圈中的整生，还到地球圈里的整生，再到恒星系中的整生，一直到星系、星系团、超星系团、宇宙、宇宙系里的整生，其自然整生的时空域度和天然质度，也就逐级发展，并达极致。与此相应，生命的本元性、本然性、天然性与超然性跟着增长，逐步摆脱了必然性的控制，获得了彻底的解放，进入了无限自由的王国与永然美生的极境。这无限自由，也就转换成了永然美生的属性。

整生牵引自由与美生天然通旋。在这种通旋中，自由将自足与自然的质地，通转为美生的本质属性，促其自然化与天籁化；美生则以天然整一的存在性，提升了自由的自足与自然；双方实现了互生与通长。

第三节　审美生态是绿生美活存在

整生与美生天然通旋，为审美生态的生发原理。循此原理，生命与生境对生，通长绿生美活化存在。当这种存在，走向一切存在，成为一般存在，也就发展出了审美生态的通质，[①] 完生了本质规定。

一、审美生态元式的通发

审美生态的出现，虽在生物生命问世之后才有可能，然道存而器生，在大自然的自旋生中，早已为其准备了整生与美生和旋的元式。如果不是这样，它的本质形成，就没有机理，就没有底蕴，就没有远因，就没有生境。要是失去这种预定，它不能在自然史的起点潜生，也不能实现对自然史起点的螺旋复归，无法呈现与自然史同一的逻辑规程，美生学的质域将大打折扣。

大自然的生成、生长与转换，显示了自旋生的生态性，透出了生态的

---

① 党圣元曾在文章中说，袁鼎生提出的审美生态观，是中国三大生态美学观之一。参见党圣元：《新世纪中国生态批评与生态美学的发展》，《中国社会科学院研究生院学报》2010 年第 3 期。

周期性，可以看作是最早的生态圈。它环运周升的整生，是一种大结构的布局与变局，所显示的动态性平衡，变化性有序，非线性整一，当是美生的运式。这就在整生的格局中显现了美生的模态，实现了整生与美生原初的同发，有了潜在的审美生态。这是谓审美生态的元型，是谓审美生态的理式。

作为元式，整生与美生的和旋，预定了审美生态的基础模式。整生从依生、竞生、共生而来，为自足生态，含最全最高的生态规律与生态目的；美生从美然生存与审美生存而出，是整一存在，含最全最高的审美规律与审美目的；在它们的同旋里，自会有生态性与审美性的统一，自成绿生美活式存在，这是谓审美生态的元型，是谓元型呈现的基础模式。

整生与美生的天然通旋，预定了审美生态的理想本质：在自足生命与整一生境的对生中，以成天籁化栖息。对生，规定了双方的对应性与匹配性，对称性与互文性，进而达成互生性与相长性，最后形成共通性、共趋性与共生性。凭此，生命与生境均有了天生性与天籁性，且在相生互长中通成天籁化栖息，审美生态有了通质与顶质的一致。有此规定的审美生态，自会形成天籁美生场。

作为元式，它设计与孕育了生物审美生态，并使之有了自然化运发的深牢根基，有了天然化超旋的方向，有了向自己回升的旨归。大自然的圈生，是最大生命体的圈生，即生态元道的圈生，即一切生命之理的圈生，即一切生命之基的圈生，即一切生命之根的圈生，即一切生命之源的圈生，即一切生命之母的圈生。当其孕育出生物生命，生物圈的自旋生，展开了整生与美生的和运，审美生态从潜生走向了实长，进而向元式旋回。在这种旋回中，无机大自然的自旋生，渐成有机大自然的自旋生。审美生态的元式，也相应地通变为天式，实现了通发。在通发中，有了整生与美生天然通旋的总律。遵循这一总律，审美生态得以在自然史中通发，得以在全部自然界中遍成，得以在通转自然中，通现自然美生场，得以在超转生态存在中，完形天籁美生场。

二、生物审美生态的经验

在生物世界里，审美与生存的对生，初现了审美生态。如果说，生态，是生命与生境对出的绿活关系、情状、历程与结构，即绿活存在，那审美生态，则是生命与生境耦合出的绿生美活化存在。其理想的境界，是天籁化栖息。

（一）审美生产关系的生物性起源

在生物系统中，维系生存的生产活动，成为基本的生命活动，成为首要的生命活动，成为经常性的生命关系。它若结合了审美关系，也就成了生存审美关系，也就初成了审美生产，初生了审美生态。

生物世界里，包含审美关系的生产关系，主要有两种。一种是维系生计的劳动生产关系，另一种是实现物种繁衍的婚育生产关系。审美依托生产，进而与之合一，形成的审美生产关系，当是最早的审美生存关系。这是一种以生产为主的兼备审美的关系，是审美服务生产的关系，是审美与生产非平衡对生的关系。它成了生命与生境之间审美对生的起点，实际的审美生态由此初现。

关系与活动，是互为因果的。审美生存关系，与审美生产活动，同步发生，系统起源，耦合并进。随着自然的进化，植物与动物之间，在适应性的选择中，也形成了审美生产关系，引发了虫媒花等审美生产活动，传播与促长了审美生态。灵巧的动物，喜欢吞食繁茂之树的硕丽果实，并通过排泄果核广泛播种，实现审美生态的流布。这就形成了审美活动与两种生产活动的结合，初建了相应的审美生产关系，有了绿生美活性存在，引发了审美生态。

（二）生命与生境的审美对生

生命与生境的审美对生关系，是审美生产关系的发展。它既是生命适应自然选择的结果，也是自然整一进化的需要，是双方互为因果的产物，是物竞与天择的统一体。生命与生境中的关键性要素，相互选择，相互适应，相互需要，在对生中耦合并进，有了共趋性配伍，有了同向性进化。随着生境的色、形、质、性，面向生命需求的形成，生命则在迎合与适应中，有了身心的匹配式创生，进化出了相应的感官与心理。这就在双方的耦合并生中，形成了有审美潜能的感应关系与互成关系。经历漫长的对应与选择，互适与共变，相趋与共恰，双方稳定了感应和互成关系。动物也就从宜生性和适生性的衍生与健生效应当中，长出了快生性、乐生性与悦生性的美生效能。生命与生境也就有了匹配的审美对生，审美生态的问世也就顺理成章了，绿生美活存在的审美生态质地也就水到渠成了。

动物感官与心理的审美快愉性与乐悦性，与生境的色、形、质、性的美生性，对接匹配与相成共进，稳定了专属性的审美对生。生存的经验，特别是觅食的经验，使动物的感官与心理跟生境之物的形色与质性，形成了稳定性与肯定性一致的联系，产生了宜生适生与快生悦生统一的匹配性与适构性。这就使得动物想到、见到特别是享用到这些生境之物时，就对其形色与质性，产生了身心的适宜与快悦，链接起了审美对生关系。通过遗传的机理，通过集体记忆的机制，通过集体无意识的机缘，处在关系两端的生命与生境，形成了审美与生存稳定对生的物种结构，固化了审美对生关系，稳定了配对式的审美生态。

（三）物种与生境对生的审美生态结构

生存与审美对生，使物种—生境结构，有了互利并进的审美生态效应。它们在相互选择、相互支撑、相互生成与协调发展中，形成命运共同体和进化共同体，以共同适应环境变异与自然选择，一起应对生存竞争，也就有了共生共长的审美生态优势，也就有了审美生态结构化的合理性，有了审美生态与生态系统圈然同构的可能性。

物种的优生与美生同发，增长审美生态。美国黄石公园中的狼，捕食梅花鹿，所发生的审美与生存的对生，是一种非线性对生，复杂性对生，形成了物种—生境辩证相适的审美生态结构。在残酷的竞生中，留存下来的狼与鹿均是佼佼者，既促成了物种比例动态平衡的美生，又实现了双方生命进化的优生，发展了审美生态结构。在同类动物的雌雄之间，生存与审美的对生，除表现为物种的审美生产外，也常在物质生产、物种生产、艺术生产一致的基础上展开，形成了相适相长性更强的审美生态结构。像在澳大利亚的丛林中，有一种雄性精舍鸟，造出精美之屋，并施以华丽装饰，成了活脱脱的自然艺术，赢得了异性的青睐。这种相互选择的情投意合的两性，均是在天籁化的审美竞生中胜出的精英，有着优异的遗传基因。当它们在生产与审美对生的快适和愉悦中结合，形成了优化的共生结构，自然而然地实现了优生与美生，促进了物种的审美生态结构。在物种的审美生产中，整生与美生的对生，常通过优生与美生对生的方式来体现，以形成与发展审美生态。整生实现为优生，也就完承毕显了大自然的潜能，为自足生态。优生与美生对生，成了整生与美生对生的具体形式，有着优良生存性与天籁审美性结合的意义，是生物审美生态的重要制式。

物种—生境相适结构，在生存与审美的对生中，普遍地生发于同类物种内，普遍地生发于相关物种间，普遍地生发于自然系统中。生物审美生态也就有了网络化的布局，有了整生化的效应，初现了审美生态自然化。

生态关系网络化，诸多物种互成生境，形成多向往复的审美共生结构。与此相应，一个物种也可以与多个物种形成生存与审美的对生关系，促进审美共生结构向审美整生结构发展。这种交叉与重合，使物种与生境的相适共赢，成食物链的格局组织起来，促进了生态系统的超循环，审美生态得以在生态圈的运进中普遍生成，趋向双方的结构化同一。

（四）生物审美生态的原型意义

审美生态在生物择食择偶与择美同一的生存活动中形成，在服务生物的物质生产和物种生产中涌现，在推动物种的发展与自然的进化中增长。这就形成了生产与审美的一致，初发了审美生态，初成了审美生态的规定。也就是说，生态与审美统一，作为审美生态的基本规定，是从生产与审美一致开始生发的。

生物的审美活动与食色的生存活动结合，① 在美生与优生的一体中，初成了审美生态。这就以审美生产的方式呈现了审美生态，达成了审美性与生命性一致的基础性规定，有了起源性意义。人类的审美生态，承接了生物祖先的衣钵，发展出审美诗性与生态绿性一致的新意，开拓出审美文化性与生态文明性、生态自然性结合的多义，提升出审美天性与生态本性一致的深意，也就环进了审美生态的自然化。审美生态的数度发展，均未出审美性与生态性一致的框架，均未脱离整生与美生同旋的根本。这就说明，人类审美生态，经由生物祖先的中介，承接了大自然自整生与自美生和旋的元式，有了元初的设计，种下了基因，形成了预定。遗传学上的意义，确证了生物审美生态，才是原生性的，基础性的；人类的审美生态，属于次生性的，提升性的，旋回性的，通转性的。

生物审美生态结构的基元性。生物的两种审美生产活动，均以美生的存在为前提，以美生的欣赏活动为中介，走向美生的创造活动，构成了审美生态自旋生的格局。这是一个圈走环升的结构：审美生产—美生呈现—美生欣赏—美生创造—审美生产。在这一超循环的结构中，觅食、繁衍、择美相结合的审美生产，呈现美生，是为起点；对这种美生的欣赏，是为展开；对物种的美生化创造，是为提升；这种欣赏与创造，反哺与回馈了起点环节，形成了可持续旋升的审美生态结构。这是一个基础性结构，有着元结构的意义。随着动物的审美生态向人类审美生态发展，审美文化在其中萌发，原本存于美生欣赏与美生创造中的审美欲求、审美选择与审美

---

① 达尔文说中国赤鲤鱼，"雄类之颜色最美丽，胜过雌类，当生殖时节，彼等为占有雌类之故相竞争，展开其具斑点且以美光线装饰之诸鳍"。参见［英］达尔文：《人类原始及类择》第 5 册，马君武译，商务印书馆 1930 年版，第 105 页。

标尺，发展出了审美趣味与审美意识，并相应地形成了美生批评与美生研究的环节。这两者置于美生欣赏与美生创造之间，也就形成了"六位一体"的审美生态圈：自足生态—美生呈现—绿色阅读—生态批评—美生研究—生态写作—自足生态。动物审美生态四位环进的原构，是人类审美生态六位圈升结构的先导，是后者的生物学远因，对于理解其发生机理，不无启迪，不无裨益。

生物审美生态所包含的各种范式，在其后人类审美生态的发展中，一一得以历史性的呈现，其基因的意义更加凸显，原型的意味更加浓郁。从本原看，生物的审美发生，基于食色的生存需求，依从食色的生存需要，服务物种发展与自然进化的生态目的，其审美生态的形成，明显遵循了审美依生的范式。其美生展演，优胜劣汰，紧接着的审美选择，全部倾向胜出者，完全依照了审美竞生的范式。其美生创造，是雌雄优异基因的结合，显示了审美共生的范式。其美生繁衍，促进了物种优化，实现了审美整生的价值。其物种的整生与美生，促进了自然进化，指向了审美天生的目的。这些范式，似乎是对其后人类审美生态全程性生发的一种先定，一种预演。人类审美生态形成后，经历了古代的审美依生范式、近代的审美竞生范式、现代的审美共生范式、当代的审美整生范式，其后将和类人生命以及超人生命一起，共同生发审美天生的范式。生物的审美范式结构，浓缩在具体的审美生产中，即择食择偶择美一体的审美生存活动中。人类审美范式结构，逻辑地展开于整个审美生态的历史进程中。两相对比，前者仿佛为后者提供了范例，提供了制式，提供了规程，后者仿佛是对前者的创造性重演与超越式回旋。这就再次确证了生物审美生态，是一种原生性展现，是一种发端性样式。

食色，性也，即本性也、天性也。生物的审美生态，主要以食色审美化的模式运进。择食择偶是天性活动，择美是自然艺术活动，两相结合，既不乏绿生美活的审美生态规定，还有了审美生态天籁化的雏形。是谓人类审美生态的出处，是谓人类天籁化栖息的原动能。

三、人类审美生态的本质发展

远承整生与美生天然通旋的元式，近接绿色生产与自然艺术审美一致的生物传统，人类达成审美诗性与生态绿性的同一，走出了绿活生命与天籁生境对长审美生态的迢迢天路。这一路走来与走去，绿生美活渐成一切存在，趋向一般存在，完发了审美生态的本质规定。

（一）生态性与审美性合一的旋发

在整生与美生的同旋里，生命性与审美性的统一，是审美生态的基点性规定。它依次发展出生存性与审美性的统一、生活性与审美性的统一、生态性与审美性的统一、生态绿性与审美诗性的统一、生态自然化与审美天籁化的统一。这就递发了审美生态的本质层次，可成绿生美活化存在的本质结构。

审美与生态的梯次性统一，趋向绿生美活化存在，还呈现出历史与逻辑耦合的具体性。它们从倾斜状态的依生性统一与竞生性统一，走向平等状态与对称状态的衡生性统一，继而走向耦合状态与并进状态的共生性统一，进而走向周转圈升状态的整生性统一，再而走向地转天旋状态的天生性统一，最后抵达流转宇宙系与自然史的超旋生统一，这就形成了复杂性序进的本质规程。审美生态的绿生美活，也从具体存在，经由一切存在，变成了一般存在，并有了超旋式天生与天艺式美活同一的高端本质样式，有了天籁化栖息的理想质态。

从量、质、度方面，实现审美性与生态性的天然一致，可成绿生美活化存在。从量来说，在整个自然领域形成审美性与生态性的一致；从质来看，审美性与生态性的一致，达到自然化的极点，即天籁化栖息境界；从度来谈，审美性与生态性的一致，实现化合无痕天衣无缝的同一。在量、质、度通发的审美天生中，审美生态覆盖大自然的全程、全域和全时，绿生美活成了一切存在，成了一般存在。当绿生美活化存在，成了一切生命天籁化栖息的家园，可现完形的天籁美生场。

（二）生态存在与诗意栖居的同一

生态美学出现后，人类审美生态的发展，进入了快车道。共生期的生态美学，其审美生态的耦合样式、和合格局与中和架构，是在审美与生态的均匀并进、平等结合与平衡统一中形成的。它实现了审美方式的生态性转换，达成了审美范围的生态化扩展。审美者以生态存在的方式悦读美生，以艺术人生的方式绿色生活，构成了生态存在与诗意栖居结合的审美生态，已然有了自然化的特征与天籁化的向性。

初起的生态美学，要求审美活动，不再拘于单独进行的方式，不再囿于纯粹观赏的时空，可与其他生态活动耦合并进，可在生命全程与生境全域中展开。这无疑从两个方面解放了审美活动。一是将审美从依存生产中解放出来，建立了审美与生态平等交往的关系与平衡结合的结构，有了自主自觉的自由。二是将审美从时常受其他生态活动干扰与挤占的窘境中解放出来，实现了与它们的友好共处，相生并发，齐头并进，有了自然自足的自由。共生平台的生态美学，使审美的第二次解放，承接与发展了第一次解放的成果，解决了第一次解放带来的各种生态问题。审美的第一次解放，以艺术的独立为标识，它使审美从非自主的境遇中解放出来，但又丢掉了先前依存生态的优势，缺失了审美自足的自由。审美共生使审美时空与生态时空重合，造就了审美生态的最大化，解决了第一次审美解放所造成的审美自主与审美自足的矛盾，很好地将这两者统一起来，并实现了相互促进。这无疑是审美生态史上破天荒的大事，无疑是生态美学对人类与世界的存在方式，做了生态化与审美化统一的改革，对人类与世界的生存状态，做了绿色存在和诗意栖居结合的改革，这显然是一种革命性改变。正是这种改革，使审美生态向存在本身拓进了，向整生与美生和旋的元式遥归了。

整生平台的生态美学，其审美生态的构建方式，由审美与生态的平行并进、平等结合，提高为审美与生态的同一，升华为生态存在与诗意栖居的同一。这就使诗意栖居常态化了，生存化了。当生态存在成了审美生命本身，成了审美生存本身，进而成了艺术生存本身，诗意栖居也就生态存在化了，两者也就消除了差异，弥缝了区别，可以等值了、等域了，可以互文了，可以一体了。绿色生存与艺术生存的同一化，使审美与生态的合一，从审美方式，经由生存方式，臻于存在本身，也就接近完现审美生态的本质了。

在审美共生阶段，审美与生态是一种同行并进的关系，所形成的审美生态，是审美与生态的平等结合体。到了审美整生阶段，审美与生态从结合走向同一。这种同一是多方面的。一是审美成了生存本身；二是审美生态成了生态存在本身；三是一切生态成了整生样态，进而成了审美整生样态；四是真善益宜绿智美的类别生态，成了多维一体的整一质态，成了多维一体的审美天生质态。正是审美与生态的自然性同一，推进了审美生态与有机世界的同一，与大自然的同一，完备了绿生美活化存在的规定，也促成了生态美学向美生学的转换。

美生学是通过审美天生观来引导审美生态发展的。审美性与生态性的统一，从合一走向同一，臻于天然同一，是最终接受审美天生观规约的。基于审美生态本原观，审美性原本就在生态性之中，双方原本就是同构的。所以，审美与生态的全程性和天然性同一，是审美与生态共有的愿景，是双方共同的内在要求，是两者共同的禀赋，是彼此自在自为的契合，自然而然的融会。它们的同一，是各自的天性使然，是本然的相向性使然，而非某种外力的影响，也非对方的控制所致。审美天生的诉求，内在于自然整生与自然美生的通然和旋中，审美性与生态性的自然化同一，也就是生态存在的本然、应然与必然。

审美天生观规约了审美与生态的自然性同一，本然化显现，天然化中和。审美诗性与生态绿性的耦合发展，是双方的本然要求。就像诗性是审美的根性一样，绿性也是生态的根性，它们对应地走向诗性与绿性，是内在设计的必然显现，它们走向诗性与绿性的同一，是双方的基因共同规定的。诗于美，是本色，绿于生，也是本色，审美生态发展出审美诗性与生态绿性同一的本质样式，是本然的、天然的。基于"自然的人化同时也包含人的自然化"①，它们是以天合天的，是以天生天的，是审美之天与生态之天中和为存在的，是谓绿生美活化存在的高端样式。

"中也者，天下之大本也；和也者，天下之达道也"②。中和既是创生的天道，也是审美天生的通道。美生学较之生态批评与环境美学，更加强调审美性与生态性的中和天进与自然化同一，以成绿生美活化存在，当是中华传统审美文明的根性使然。

（三）天态存在与天籁审美的同一

天态存在，是大自然的自足生态。它是生命的本然存在与自然存在，是生态存在的普遍样式与顶端样式，是生态性的极致。天籁审美，是自然化的自足审美，是天成艺术的审美与天生艺术的审美，是审美性的极致。这两种极致性同一，会成生命的天籁化栖息，形成了审美生态的理想本质，绿生美活化存在，终成了一般存在。

天态存在与天籁审美的同一，是在审美诗性与生态绿性的自然化同一中，超然而发的，水到渠成的。审美诗性走向自然，审美量覆盖天域，审美质升至天态，是谓同抵天然，是谓共达天籁审美的极致。生态绿性的自然呈现，生态量弥漫天境，生态质凸显天根，是谓共至天然，是谓天态存在。审美的质与量和生态的质与量，"四位一体"，同臻天然，也就有了审美生态顶端的本质样式——天态存在与天籁审美的同一；也就有了绿活生命与天籁生境对长审美生态的最高规律；绿生美活化存在，也就从一切存在，臻于一般存在。

---

① ［联邦德国］A.斯密特：《马克思的自然概念》，欧力同、吴仲坊译，赵鑫珊校，商务印书馆 1988 年版，第 169 页。

② 《礼记·中庸》，《十三经注疏》（上），中华书局 1980 年影印本，第 1625 页。

天态存在与天籁审美的同一，未来可在星际与天际实现。就目前来看，它在地球时空的呈现，起码有三种样式。一种是审美生态的天然艺术化，所呈现的天籁化栖息情状。整个生态系统，其自然整生样态，也是自然美生样态，实现了生态绿性与审美诗性的天然化，可臻审美生态的极致。像桂林山水，其自然景观结构，具备了山环水绕的生态性。杜甫说："五岭皆炎热，宜人独桂林"，贺敬之讲："是山城啊是水城，都在山环水绕中"，刘克庄曰："千峰环野立，一水抱城流"。如此景观格局，既宜山、宜水、宜人，一派生态天性，又如诗如画如舞如歌，有如天艺。"人在荆关画里游"，所成审美生态，已然是天籁化栖息的样式。

再一种是审美生态中的人文与自然中和，趋向天籁化栖息境界。《庄子·天道》："与天和者，谓之天乐"①。自然与人文在层次、尺度、比例的搭配方面，在种类、样式、质地的组合方面，遵循了生态中和的规律与目的，增长了生态中和的关系与结构，可趋生态绿性与审美诗性天然同一的境界。像云南元阳与湖南紫鹊界，天艺般的梯田，牧歌式的生存，自然性山岭，在生态中和里，形成了诗、画、舞、曲、乐通发齐旋的绿色景观系统，是谓天籁化栖息的韵态。

还有一种是在自然、人文、艺术、科技的整生中，所达成的审美生态自然化。这种整生，是审美生态结构的有机天长，是生态绿性与审美诗性以自然为基座的天发。这两种生长，实现了审美生态的天籁化。"尤喜诗与歌，声出似天籁"②。像桂林山环水绕的自然景观生态，长出了尧山、虞山、西山等儒、道、佛的人文景观层次，长出了山水神话、传说、诗词、书画、摄影等生态艺术景观层次，长出了岩溶、洞穴、考古等科技景观层次。这就在层出无穷的土生土长与天生天长中，有了持续天籁化的审美生态格局。

---

① 王先谦注：《庄子集解》，《诸子集成》3，上海书店出版社 1986 年版，第 82 页。

② （清）方文：《宋遗民咏·吴子昭雯》。

　　地球时空的审美天生经验，为在地外时空实现天态存在与天籁审美的同一做了准备。当有朝一日，人类走向天心，走到天外，可在审美天生的导引下，无限地趋向天态存在与天籁审美的同一，绿生美活化存在，自当成为大自然的常态与普态，自会成为一般存在。

　　天然审美生态的生发，有着历史的必然性。一般来说，生态规律性与生态目的性，可分为依生、竞生、共生、整生等层次，表征它的生态绿性也依序递进。天然整生的规律与目的，包含并提升了以往的生态规律与目的，处于生态绿性的高端。审美诗性表征了审美规律与审美目的，在与生态绿性的分合中生发。在依存生态规律与生态目的时，审美诗性未能自主地发展。在独立于生态规律与生态目的时，审美诗性实现了自主自足的进步。在与生态规律和生态目的共生时，生态绿性有所发展，然审美诗性有所稀释。在与生态规律与生态目的天然整生时，审美诗性提升了，与生态绿性动态匹配，达成了天籁化同一，审美生态结构趋向了天然化完形。

　　整生与美生的天然通旋，成了审美生态的生发通式，个中有绿色存在与诗意栖居对长审美生态的核心规律，有天活生命与天籁生境通成天籁化栖息的理想境界。理想本质的出现，意味着绿生美活存在的大成。这种大成，有两条路径，一是从绿生美活性存在，经由绿生美活式存在，进入绿生美活化存在，抵达天然绿生美活存在，臻于天籁化栖息。二是天籁化栖息这一绿生美活的理想样式，从个别存在，经由一切存在，抵达一般存在。这两条路径的耦合通转，还使个别性的绿生美活特别是天籁化栖息，有了一切存在与一般存在的质地。从绿生美活存在走向天籁化栖息，也就成了审美生态的通质，成了审美生态的生长性规定。

　　审美生态是美生本原、美生本位、美生本体一气贯通的中介，是天籁美生场这一美生学的元范畴，由元型向实体生成的中介，从而有着理路中枢的地位，是为关键的美生本位。

第 *3* 章
美生本体

通常视本体为本原与本身，我认为它是本原，也就是元身，圈然生发的完身结构，是一个自旋生系统。以美学为例，世界为元身，美生客体、主体、整体分别为原身，美生活动为自身，美生活动、和悦氛围、和生范式对生同旋的审美文化为整身；在诸身的梯次相变中，审美生存世界出矣，这就旋归了元身；审美生态自旋生的完身结构——审美场生焉，美生本体成焉。美生场和天籁美生场，也循此道生发。

第一节　审美场

柏林特视审美场为审美生发的情景与背景，[①] 进而界定它是审美活动、审美情景、审美语境、审美背景的统一体。[②] 我吸纳了他的观点，认为审美场是审美生态的自旋生结构，为美学的元范畴。

---

① Arnold Berleant. *The Aesthetic Field: The Phenomenology of Aesthetic Experience*. Springfield, Ill: C.C. Thomas, 1970, p.47.

② Arnold Berleant. *Art and Engagement*. Philadelphia: Temple University Press, 1991, p.49.

一、美生活动圈

美生活动指美然生存与审美生存一致的活动。它在读者与文本的对生中圈长美生，内转大自然自旋生之元道，为审美场的基础层次。

美然生存者，展开对美生的欣赏、批评、研究、创造活动，有了真、善、美复旋的美生活动圈。

（一）美生活动圈的序发

从发生学看，欣赏是美生活动系统起源的形式。其他活动在欣赏中起源，以欣赏的方式起源。这乃因为最初的美，是天然整生的，是生命在欣赏中发现与确定的，进而品评与探究的，旋而仿造与再造的。

原初的美生活动是"多位一体"和生的。一体指欣赏活动；多位指批评活动、研究活动、创造活动，它们和于前者中，尚未自成位格。欣赏中的批评，是对文本审美价值的趋向与肯定；欣赏中的研究，是对文本审美价值规律的感悟与探求；欣赏中的创造，是对文本审美价值的再现与出新；它们是欣赏的有机成分和必不可少的机制。欣赏中的审美和生，显现了美生活动的系统发育性，是为重要的审美发生规律。

美生活动起源后，各要素逐步独立，由混沌的整一化走向有机的自旋生。欣赏活动占据了起始性位格。其后的批评活动，从对审美价值的感性趋求，走向理性评判与导引；再后的研究活动，则对审美价值规律作总结与探求；这遵循的当是从感性到理性的排序，走的是潜理性向理性发展的路子。创造活动紧随研究活动，符合从认识到实践的规范。美生活动的相变，包含着环环相扣、层层演化的生态逻辑，显示了圈进旋发的程式与图式，有着不可缺位和不可错位的组织性与规程性。

美生活动的系统起源，还体现为艺术活动与生殖、生产、文化活动的整一起源，种下了艺术审美生态化的基因，更加合乎生态审美的规律。

（二）美生活动圈的目的化环升

这种运行，形成了善态生发的格局。美生活动各种形态的序发，除了自组织的规律性，还有自控制的目的性。欣赏活动寻求新的审美价值，批评活动趋求这一价值，研究活动探求这一价值的生成规律，创造活动建构与提升这一价值，再起的欣赏活动则实现和更新这一价值。这种良性循环，实乃价值本质的增长使然，实为价值规律的发展所决定，实是价值目的所驱使所导引，有着生态系统的自调节特性。

美生活动的周期性运转，更新与实现审美价值的目的。当下的欣赏活动，既实现上一周期美生活动的目的，又在寻求更高的审美价值理想，批评活动则是趋求与倡导、明确与强化这一理想，研究活动应是探索这一理想的生发、构建与实现的规律，创造活动当是合规律地建构与升华这一理想。美生活动如此周进旋升，是谓规律化与目的化圈进，实乃指向创生审美生存世界的目的，有着创化美生场的向性。

（三）美生活动圈的超循环机制

一是内在价值的自增长机制。美生活动圈各环节的序进，形成了审美价值理想的寻求、趋求、探求、建构与实现的步骤，有了逐级生长与逐位提升的良性循环，有了超然自旋生的态势。

二是价值的整生性机制。美生活动圈逐位发展的价值与成果，顺向积淀，最后九九归一，集大成于欣赏活动，形成整生。欣赏活动，集上一圈的回归点与下一圈的新起点于一体，集驱动力与牵引力于一身，遂成周长环进的旋整生格局。

三是自调节机制。在美生活动圈里，各位格循序旋运，有赖自身的调控。批评活动和研究活动是调控机制，它们保证美生活动的运转，生发新的价值目标，不偏离新的价值目标，实现新的价值目标，提升新的价值目标。这就在真、善、美统一中，达成自由自觉的超循环运行。

　　四是审美和生的机制。在美生活动圈的运转中，读者与文本相互选择，相互适应，相互匹配，实现对称，渐成审美和生的关系与结构。他们相互成就，各增美生与同发美生，凸显了审美和生的功能。美生活动圈，是读者与文本的和生形成的。美生活动圈的超循环，是读者与文本的和生推进的。读者与文本的适构与同构的和生，无疑成了美生活动圈的机理与机制。美生活动圈可以视为读者与文本的和生圈，并生发出和悦氛围圈。

二、和悦氛围圈

　　和悦氛围圈，趣味满满，本意真真，和韵泱泱。它由和悦气氛、和悦风气、和悦情调、和悦趣向的依次生发与环回周升构成，是一种悦和与和悦互生的美生趣韵风潮。封孝伦教授说"日常生活中弥漫着的有社会时代特色的情感、情绪的浓雾或小雨，是人们进行审美活动时的心理大气候"，也是就审美场的氛围性而言的。①

（一）和悦氛围是通转的审美大气层

　　悦和与和悦同发美生趣向。喜闻乐见审美和生，是谓悦和的审美态度；因审美和生而起的和乐通悦，是谓和悦趣韵。和悦氛围是喜爱与快悦平和美生，所形成的气氛、风气、情调与趣向，透出了和乐快悦的美生风范，显示了与其他生命活动之氛围的分野。

　　审美和生尺度。美生从衍生、维生、健生、绿生、乐生走来，在多维的和生中而出，成为理想的生态。审美场中的和生，是生命样式，是生境样式，是人与自然的共生样式与整生样式；是人的美生样式，是自然的美生样式，是人与自然的共和美生样式与通和美生样式。平等共和与整体通和，贯通了审美和生的精神，成为和悦氛围的机理。它促发了悦和与和悦

---

① 　参见封孝伦：《人类生命系统中的美学》，安徽教育出版社 1999 年版，第 363 页。

互生互成的旨趣，形成人类普遍的和悦气氛、风气、情调、趣向，凝聚为普遍喜爱与快悦人类的共和美生、世界的共和美生、人与世界通和美生的风潮，集约地显示了审美和生的尺度，显示了和乐亲悦的美生向性。

和悦氛围圈的全球流转。在喜爱和追求审美和生的氛围圈中，和乐亲悦的审美气氛，弥漫各个时代，温润整个世界，成为普遍的审美心理律动，成为共同的审美情绪集结。和乐快悦的审美风气，是大众的审美意志，是公共的审美价值趋向。和乐快悦的审美情调，则标识了人类的审美流向，表征了全民的审美态度，显示了通认的审美价值要求。和乐快悦的审美趣向，形成了人类的审美风潮，是一种审美趋向，是一种审美大势。上述四者依次而发，回环往复，生发了人类同爱与普悦审美和生的情感情理情韵潮流。这种潮流，在和悦气氛那里，是相应气象的汇聚和蓄积；在和悦风气那里，是相应气息的萌动和催发；在和悦情调那里，是相应风潮的涌动和前行；在和悦趣向那里，是相应风范的通律与通引。和悦氛围的全球性环回圈进，使这一风潮，越积越深，越汇越巨，越流越广，越发浩浩汤汤，弥漫了人类的生活时空、生存时空、生态时空。它是审美的大气层，旋罩在地球审美场的四周，成为人类共通的审美情境与审美生境。

（二）和悦氛围的美生风向

美生活动圈生发审美价值，和悦氛围圈与其相向而旋，明确了价值态度，凸显了价值趋势，凝聚出平和美生的风向与风范。

1. 和悦氛围的情感向性

和悦情感，是贯通美生氛围的红线与底线，和悦情理与和悦情韵，都是在其基础上生发的，并共成美生风范系统。

和悦情感是美生氛围的基线，串起了各位格，并定下了整一的基调。在美生氛围中，其风气和气氛，是乐和性的情感情绪所透出的气象；其情调，是亲和态的情感情绪所形成的气韵；其风向，是亲悦态的情感情绪所显示的趣向；它们通显了美生氛围的和悦性，焕发出适人宜人性与亲人和人性，以区别其他生命活动产生的氛围。

和悦氛围是对美生的情感肯定。这种情感肯定，在情欲、情性、情趣、情韵的递进生发中强化。和悦情欲，是喜爱美生的本性渴求与本能冲动；和悦情性，是对美生平和特性的喜爱性体验与体认，属情感确认与情感肯定；和悦情趣，则是对美生平和特征的亲近与亲和，属情感趋向与情感追求。和悦情调，则是对美生平和特质的喜爱性感应和与感发；和悦情韵，则是对美生风神与风味的喜爱性感兴与感趋。这就逐步地强化了对美生价值特质的情感肯定与情感趋求。无疑，和悦氛围是人类心态与美生特质和生而出的情感气向与情感风向。

和悦氛围凸显美生的情感心理向性。和悦风气与和悦气氛，体现了喜爱平和美生的情感趋求，和悦情调与和悦情韵，则形成了喜爱平和美生的情感追求。美生趋向与价值目标，美生追求与价值理想，在双向对生中，相互调适，形成情感心理向性，形成和悦氛围圈与美生活动圈同式运转的机制。这是一个不断地合目的过程，是一个价值目标与情感心理动向持续统一的过程，耦合并进的过程。从中可见，喜爱平和美生的情感心理，内在于和悦氛围圈的运进中，成其为内核，成其为动能，成其为方向盘。

2.和悦氛围的情理向性

和悦氛围的生发既合规律也合目的。它的合目的形成了情趣化与情韵化过程，它的合规律，生发了情志化与情理化过程。和悦氛围，在喜爱平和美生中志趣化与情理化，不断地走向美生价值的规律化。美生氛围的情理化，表明其生发，特别是美生情调与美生风向的生发，是自然的、本然的，是美生活动圈超循环的必然产物；表明其志趣化与情志化，即美生风向的明确与集中，有着美生活动圈的运动规律特别是价值规律的支撑，是将上述规律包容其中的。总而言之，和悦氛围的情理化，指其本于真、据于真、发乎真、包含真、生发真的过程，是美生目的规律化的过程。这就使感性的审美风范，有了审美理性的支撑，有了向理性审美风范提升的动能与潜质。

美生情调由情欲走向情性与情意，发展出情志与情理，集中了美生特征，明确了美生风向，指向了美生风范。这种风范，与美生目标关联，是一个目的性范畴。合目的以合规律为内核，方能真正地合目的，方能真正地实现目的。这样，合目的也就有了合规律的前奏性和趋向性。通过美生氛围的情理化，美生情调特别是美生风向的情意与情志，所包含与凝聚的美生价值尺度和美生价值标准，也就有了走向真和发展真的可能性。随着美生活动圈的良性循环，美生情志的追求，包含并实现了审美价值目标，从而不断地获得了真的属性，步入既善且真的境界。这时的美生情调，特别是情意化的趋向与情志化的风向，不仅对应了包含了美生价值的目标，而且更符合更遵循了美生价值的规律，实现了由善而真的发展，获得了较充分的善质与真性，可成为科学形态的美生向性与风范。

3. 和悦氛围的情韵向性

和悦氛围的情韵化，在平和美生情调的展开中显现，在其统和中集约，通成了美生氛围的性命与精魂，呈现了平和美生风向的机理与机制。

和悦氛围的情韵化，是平和美生情调的极致发展。平和美生情调，依次展开和悦情欲、和悦情性、和悦情志、和悦情韵的层次，在美生欲求性、美生意向性、美生志向性、美生趣向性的叠发中，通成了美生韵向性的风范。

和悦情欲经情趣化而情韵化。和悦情欲，是和悦情调的基础部分，是生发和悦风范的前提性机制。它趋向美生价值目标，是一种本然的美生欲望，是一种本能的美生嗜好，是一种本性的美生态度，是和悦情调与和悦风范的原动力机制。和悦氛围，在美生情感欲求的流转成圈中，趋向更明确的情性追求、情理指向，集约出情趣化特征，凝聚成情韵化特质。和悦美生的情欲一经情趣化，也就表达出了和悦美生的意兴，显现了和悦美生的风韵。

和悦情性，对应与趋合了平和美生的趣性，明晰了平和美生的风向，是美生情调内置的韵向性尺度。和悦情性，其美生的追求与意向，含有选择与评价的尺度，和一定特征的美生价值目标相称相配，并相生互长。和悦情性，选择与追求美生价值目标，规范和推动美生活动遵循这一目标运转，成为指向稳定的美生动能。这说明，和悦情性有了明确的趣向性，有了具体的意向性，有了专注的韵向性，成为美生氛围情韵化环升的机制。

和悦情志是美生情调的制导部分，对准情韵化的目标。美生情调的圈发，运转出审美意向与审美态度，使情欲化经情性化走向了情志化，与和悦氛围的价值向性更为同构，更为匹配，更为契合，成其为动力机制、动力模型与调控机制，显示了明确的美生韵向性。

和悦氛围中的情韵，是情、意、韵的趣化所致。和悦氛围的趣性运发，从一般的情趣化，经由特殊的性趣化，走向特别的意趣化，趋于特定的志趣化，臻于特异的兴趣化，集于勃发的韵趣化，大成了美生的韵向性。

和悦情韵，内含和悦情欲、情性、情意、情志、情趣，是和悦情调的顶端部分与集约化形态，是更为稳定与特指的美生气性和情性，是更为特定的美生嗜好与趣求，是更为明确的美生尺度和美生意志的统一。它形成了更为具体与内在的美生向性，有了更为凝聚的美生特质，有了更为集中的美生风范。它显示出更为生动与独特的美生意兴、美生意趣和美生意韵，有了更明确的美生意向，和美生的价值目标达到更为天然的同一，更为内在的契合。美生情韵的升华，推动了美生价值目标的更新与发展，推动了各种美生活动为新目标的实现而循环运转。伴随着这种运转，美生风气弥漫，美生气氛浓郁，美生情意凸显，美生情志清晰，美生情趣洋溢，美生情调高扬，美生情韵盎然，美生风向明确，感性的美生风范显焉。

和悦氛围的情感化、情理化与情韵化，基于美生活动生态圈的真善美运转。母体生态的既真且善还美，带来了派生体的同构，这当是天经地义的事情。

（三）和悦氛围风化美生活动

和悦氛围形成了三个方面的价值向性。其自身运动，在情感化、情理化、情韵化的良性环回中，有了鲜明突出的价值特质，有了螺旋发展的价值向性，有了基本的价值风范。它往下范化美生活动，往上升华和生范式，有双向的价值生发功能。

和悦氛围促进美生活动。和悦氛围是美生活动的生境，为其加油增力。和悦氛围越浓郁，美生活动圈的运转就越成气候，就越发自在与天然。一个国度、一个民族，如果和悦的美生氛围稀薄，社会的美生心理淡化，人们的美生需求弱化，大众的美生情调低落，整体的美生风向疏散，时代的美生特征模糊，各种美生活动也就难以蓬勃展开，美生活动圈将运转迟缓，更谈不上良性循环。和悦氛围的当下生发，还基于历史的积淀，审美传统深厚久远的文明古国，和悦氛围的积累纯雅丰厚，愈发广泛流布，愈能为当下的美生活动圈的运转，提供驱动和牵引的机制。和悦氛围的浓郁，还有赖社会的进步。生态文明发展了，生态活动美生化了、天籁化了，美生氛围与生态氛围同一了，自可促成美生活动圈与生态圈同转，进而使生态圈通变为美生活动圈。

和悦氛围环卫美生活动。有了和悦氛围这一审美大气层的浸润与裹护，美生活动圈可不被有害的精神气体所左右，可不被相左的生命活动所异化，可不被低俗的美生风向所侵袭，始终保持和发展自己的根性。和悦氛围浓郁深厚的民族，其美生活动可在开放中，定力鼎然，活力沛然，吸纳消化力强然，能实现自由的发展与自主的创新。

三、和生范式圈

和生范式圈是美生精神圈，为美生活动圈与和悦氛围圈所共生。它升华了情志化情理化与情趣化情韵化的美生风向，在和谐美生运式、对生复回制式、天人合一理式的圈进中，形成美生意识结构，形成审美场的生发观念、标准与态势。

（一）和谐美生的运式

审美生态的进一步运动，潜运的美生风向，汇聚并显形为审美大潮，呈现和谐美生的运式。换言之，社会美生趋势的环节性发展，时代美生心理的位格性推进，形成了和谐美生的运式，呈现了人类美生大潮的图式。

在美生大潮中，美生时尚、美生风尚、美生风格、美生理想依次生发，构成了人类美生心态的递进格式，构成了人类和谐美生运式的四大层次。其中的风尚，是时代的美生意向，它涌动美生大潮，驱进美生大潮；顶端的理想，是人类的美生主潮，是美生大潮涌出的主体部分、前导部分，呈现了美生大潮的方向与目的，牵引美生大潮的运进；两者成了核心运式。

1. 风尚标识思潮

聚气成风，风趋成向。美生风向，标识了和悦氛围的趋势和走向；美生时尚接其而发，成为美生意识的范畴，成为感性升华与理性范生的统一体。它的感性升华部分，显示了和悦氛围目的化与规律化的直观走势；它的理性范生部分，揭示了美生价值的发展态势与价值规律的运行局势。作为感性与理性审美意识的结合点，它是由和悦氛围与和生范式对生而成。和悦风气连起了美生活动与和悦氛围；和悦风向与美生风尚一起，成为和悦氛围联通和生范式的中介；它们是审美生态结构三大层次圈对生的转换点，是审美生态完形为审美场的机制。

美生时尚是一种阶段性的社会美生趋求，有着易变性。众多时段的美生时尚，有着内在的同一性，它们关联起来，就成了时代的美生风尚。美生风尚在各阶段美生趣味与美生价值的联系与统一中，在各时期美生目的和美生规律的统一中，揭示了时代的美生思潮生发的内在依据，揭示了时代的美生思潮形成、发展、变化的规律。美生趣味与气韵属于目的性范畴，是构成时代美生向性的心理因素；美生价值属于规律性的范畴，是生成时代美生向性的现实因素；两者对应一致，共成和谐美生风尚，标识了美生思潮发展变化的态势，呈现出美生运式的机理。

美生风尚的发展，提升美生向性，结晶美生风格。美生风格标举美生思潮的风范，凝聚美生思潮的精神，概括美生思潮的本质，成为时代美生特质的标识。它显示和谐美生大潮运转的节点，标识和谐美生运式的进程。

2. 理想表征主潮

周来祥先生认为：审美理想构成美学主潮。[1] 和谐美生理想，是人类美生大潮的核心运式与主要潮流，是美生大潮的价值向性和价值理性的合流。美生风尚的幼芽，长出美生理想的大树；美生风格的初胚，形成美生理想的模型。美生理想是美生风气、美生气氛、美生情调、美生风向和美生时尚、美生风尚、美生风格依次生发的、节节托生的，显示出根脉深远的整生性，显示出美生运式的递进性。它凝聚着人类美生的基本特性和基本准则，包含着人类美生的核心关系和主导走向，代表了人类美生的价值尺度和价值模态，反映着未来美生的主导态势和中心形态，有着较高的审美理性。和谐美生理想，成了由审美核心规律与主干价值统合而成的运式，驱进力巨大，前导力强劲，推动与带动了人类美生大潮的奋进。

人类全程美生的理想，更定位于未来的美生目标，预测了未来的美生主潮运势，展望了未来美生核心价值的生成依据，提出了未来条件下美生主体价值发展的或然性、可能性甚或必然性。美生理想的预定，以过去的美生规律为前提，以当下美生的规律为依据，以未来的审美生态为参照，通转出整一规律，提高了对美生大潮的全程性规范力。

人类和谐美生的理想，走过了古代依和自然的环节，走过了近代不和趋和的环节，走进了现代共和的环节，走向未来不和而和的高端，呈现了非线性通和的运式。

在美生大潮的涌进中，和谐美生理想既是价值中心，又是价值标准，

---

[1]　参见周来祥主编：《西方美学主潮》，广西师范大学出版社 1997 年版，"前言"第 2 页。

更是推进器，还是导向灯，是审美生态自组织自控制自调节的重要机制。

（二）对生复回的制式

对生复回的美生制式，是审美生态的完形方式，是审美本体的构建图式。它是对审美场的组织模式、结构方式、生发环节的规定，是审美场的生发图式与程式，是审美本体的形成规律。它也是和谐美生之运式的生发依据。审美制式根据审美理式的原理，形成审美场的生发原则，展示审美生态整生体的旋成步骤，形成美生本体的蓝图，承转了最高的美生理性。

对生复回的美生制式，上承审美理式，使审美本原按程序流布与运转，使审美生态结构化，使审美生态完身化，以成审美场的构造。审美制式关于审美场的组织原则是：审美本原生发与流转审美本体诸位格，在天人对生中，增长同一性关系与质地，以成圈进环升的整生体。人类有史以来的三大审美场的构建，无不遵循了这一原则。古代审美场的构建，是自然本原的展开，在自然向人生成与人向自然回归的对生中，自成由天及人再由人及天的复回，有了自然整生体的圈发，有了天化的审美整生结构。近代审美场的构建，是主体本原的展开，在人化自然与自然人化的对生中，形成由人及天与由天及人的复回，有了人类整生体的圈发，有了人化的审美整生体结构。现代审美场的构建，是整体本原的展开，是生态平等的天人，在耦合对生中，在环回圈复中，形成系统的审美整生体。

整生体的生发环节，是审美场组织原则、结构关系的节奏性展开与位格性铺陈，体现了圈旋化组织、整一化结构、链环化生成的格局。审美场本原的展开，同一性关系的生发，遵循着层次性、等级性、递进性、回环性的规律，节奏鲜明的生态循环程式生焉。西方古代审美场，展开了神衍生人、人向神回生、人进天堂、与上帝同生四大生态位格。近代审美场，生发了理性主体、感性主体、个体主体、间性主体的序列性位格，使人化自身、人化自然、自然人化、天人同一的历程更整一。现代审美场，在天人整生体的展开中，凸现出平等、耦合、共生、同旋的位格，强化了天人

对生并进环回的整一性。

天人对生复回的审美制式，作为审美本体的完生原则与完生图式，规范了审美场的结构性生成。它还通过规范美生大潮的生发与运行，去规范悦和氛围与美生活动的循环运转，不偏离审美理式的原理，不偏离审美理式的宗旨，不迷失审美理式的目标。它标举和展开的是人类审美本体生发的普遍方式、普遍原则，反映的是人类审美场生成的普遍程序。

（三）天人合一的理式

天人合一的美生理式，是和生范式的顶端层次，是和生范式的基因。它更是审美场最高和最终的价值理念、价值依据、价值缘由、价值准则。它通过确立审美本原与本体，显示审美场生成的根本原理与最高规律。美生理式是审美场的生成基因，是人类审美场的最终根由。它通发了非线性的审美和生关系，是不同时代与不同民族审美场相互联系与相互区别的根本。

天人合一的美生理式，在对审美本原的规定中，浓缩了审美场的逻辑起点、逻辑过程与逻辑终结，隐含其整一生成的规范。古代的天人合一，天是双方合一的机理，是两者和生的根由。这就规定了审美场的本原是自然，神与道具有审美始基与审美终极的价值与意义，神与道及其衍生物的运动轨迹，构成了审美场的内在逻辑。审美场的生成，是神与道的对象化，是神与道的整一化。近代的天人合一，人成了双方合一的灵魂。审美场以人为审美本原，人成了审美价值的根由，审美场是人化自然的整一体。

天人合一的美生理式，规定了审美本体的整一生发，即审美本原衍化出审美本体结构。由本原走向本体，意味着审美场的系统生成。审美场的本体，有本原性的本体，派生性本体，整生性本体。三种本体的相变，有了结构张力与聚力的同步发展，有了结构层次与等级的有序铺开，呈现了生态谱系。像西方天态审美场，本原性的本体是神，派生性的本体是神化的人，神人同一，构成了整一性本体。天人合一的审美理式，规定了本原性本体，向派生性本体生成，派生性本体向本原性本体回长，以成整一性本体，以成天态和生的审美场结构。

和谐美生的运式，凝聚美生向性的发展成果，提升出对生复回的美生制式；美生制式概括审美发生的规律，升华出天人合一的美生理式，完长出和生范式。这就形成了从价值结构的运式，经由价值结构的制式，向价值结构元式的生长。美生理式范化美生制式，再而范化美生运式，使价值根性向和悦氛围圈与美生活动圈深植。美生活动是体，和悦氛围是气，和生范式是魂，三者对生出活韵盈盈的审美文化圈，有了美生整身。

审美文化前承生存世界，联运美生活动、和悦氛围、和生范式，反哺出审美生存世界，完显审美生态自旋生结构，完发审美场本质。它历史地演化出了三种形态。古代的天态审美场，以道本或神本世界为元身，以道态或神态美生为原身，以审美依生活动为自身，以道化或神化的审美文化为整身，有了道式或神式通转的审美生态完身，统成了天质美生本体。近代人态审美场，有人本世界的元身，人态美生的原身，审美竞生活动的自身，人化的审美文化整身，人式通转的审美生态完身，是成人质美生本体。现代的整体审美场，以天人平和的基准，通变了元身、原身、自身、整身与完身，所成美生本体，有着典范的天人和生质地。

元身—原身—自身—整身—完身的审美生态自旋生结构，通成了审美场。这与柏林特和葛启进的审美场论形成了联系与区别，[①] 也为后起的美生本体提供了理论模型。

第二节　美生场

审美化与生态化一致的发展，使审美生态绿然自旋生，可成生态审美

---

① 葛启进认为审美的"四维空间状态"构成审美场，并"随审美关系而变化发展"。参见葛启进：《审美场论》，《四川大学学报》1991 年第 1 期。

场。它转换出美生场，完生出自然美生场，通长出天籁美生场，达成美生本体的逐级自然化和通程天籁化，以长美生学的逻辑。

一、绿生美活圈

美生场的基础层次是绿生美活圈。绿生是什么？生态规律性与生态目的性存在之谓也，生态文化性与生态文明性存在之谓也。绿生美活，既是一种生态、环保、和平、安康、文明的美生诉求，更是一种生态化的美生结构。如果说，审美场是生命与生境、人类与自然、读者与文本共和的美生系统，那美生场，则是它们绿生美活的世界。绿生美活，使生态圈与美生圈的合一，进一步走向同一，通成自然化生长。它使美学转换出生态美学，当是审美生态史上的一场绿色革命与通体解放。

（一）读者与文本对应的整生化

绿生与美活兼备的活动，是在绿生读者与绿生文本的和运中形成的。在生态美学的视域中，不管是读者，还是文本，都是绿生美活者，有了审美生态化与生态审美化的相迎相和性，有了形成绿生美活圈的前提条件。

自足的审美生命，是生态潜能与审美潜能全面实现的生命。他既是绿生者，也是美活者，还是生态审美者，是谓审美绿生者。审美绿生者与绿美生境者之间，有了绿生与美活兼备的同构。他们在匹配与对称的互生中，同旋并转，生发了绿生美活圈。

读者与文本还进一步达成了整生化同构，提升了绿生美活圈。于读者而言，他从事科学活动、文化活动、生产活动，享受日常生活，都是一个绿活者，都是一个绿美者，都是一个绿色审美者，集大成为审美绿生者。他的审美绿生，成其为生存的全部，成其为生存本身，这就有了整一的审美绿生的读者。

这样的读者，所处的时空，其审美绿生，也是整一化的。它有了真态的存在、善态的存在、益态的存在、宜态的存在、绿态的存在、智态的存在、诗态的存在之一致，在"多位一体"中，成了绿生美活的文本。这就消融了绿色文本与读者生境的差别，消融了绿生文本与读者存在时空的差别。绿活美生的文本，成为读者生境的全部，成为读者的审美生境本身。这就形成了生命与生境绿生美活的整一化，有了整生与美生同旋的审美生态，逐步完成了审美生态元式。

生命与生境对应的审美整生，还有着共同的天然化向性。生命在生境中生发，并生发生境，在同生共长中自然化，为绿生美活的自然化提供支撑。于个体生命而言，物种是生境；于物种整体生命来说，生物圈是生境；于生物圈系统生命来说，生态圈是生境。生命永远在生境中，生命的整生与生境的整生，是耦合旋发的，可望——天转的。与此相应，作为读者的审美生命，与作为文本的审美生境，也就在共同的自然化整生中，可使绿生美活圈跨时空生成与周天性生长。

绿生美活圈天然旋发的向性，使美生场的自然化，有了前提性条件。美生活动圈是在审美时空中运转的，绿生美活圈是在生态时空中运转的。绿生美活圈可望在大自然时空中运转，实现美生场向自然美生场及天籁美生场的旋发。

（二）审美活动与生态活动同一

绿生美活，既是审美之道，也是生态之道，两者可达共生性与整生性统一。在整生的视野里，绿生美活是真善益宜绿智美的通发，可以分形出各种生态学科的范畴。在生态伦理学中，它们是以善态的伦理为核心的通发；在生态科学中，它们是以生态真理为核心的通发；在生态哲学中，它们是以智态的哲理为核心的通发；在生态美学中，它们是以美态的诗理为核心的通发，这就有了绿生美活的整一韵象。

绿生美活圈，消除了审美主客体的差异，形成了同质的审美绿生关系。在生态审美的发展中，扬弃了审美主体和审美对象的观念，改变了以往的审美主体与审美客体的关系，生命与景观有了俱为主位的耦合，读者与文本有了同为绿生美活者的身份。他们平等对生，平和互动，对称交流，形成了审美绿生的关系。这就模糊了欣赏者和被欣赏者的界限，双方均成了审美绿生的参与者。这种审美绿生关系，也是由他们共成的，审美绿生活动，更是由他们共为的，绿生美活圈无疑是由他们对生而出的。柳宗元的山水散文《永州八记》中，有潭中之鱼，往来游走，"似与游者相乐"的描写。在李白的诗里，有作者与敬亭山"相看两不厌"的情景。凡此种种，均有物我共呈绿生美活之状，均有不同物种者通成绿生美活圈的意义。

审美绿生关系遍及生态世界。审美绿生关系是动态的，它从读者与文本的对应关系，发展出审美生命与景观生态的对等关系，提升出审美人生和绿色生境的匹配关系，可实现审美生态化与生态审美化的同一。审美绿生的关系，在审美与生态的同一中生发，可使绿生美活圈与生态圈和进，拓宽了美生场的底盘。

绿生美活的存在化。审美场的基座是美生活动圈，它向绿生美活圈转换，当是一种审美方式的转换和存在本体的革命。审美场中的美生活动，是一种殊态，在整生体中所占份额不多，权重不大，谈不上自足。在美生场里，绿生美活，成了生命活动的常式，成了景观存续的常式；成了生命与生境和发景观生态的常式，成了人类与世界和发审美生态的常式。在审美与生命、审美与生活、审美与生存、审美与生态的同一中，绿生美活成了生态运动本身，成了生态存在本身；绿生美活圈成了生物圈本身，成了生态圈本身；这当可促成美生场与生态世界同一。

绿生美活使审美生态自足。从美生活动圈到绿生美活圈的变化，可使审美生态从生态殊相，经由生态普相，再向生态本相与生态整相变化；可使审美生态从部分生态，经由全部生态，再向生态本身与生态本体变化；可使审美生态从生态手段，经由生态方式，再向生态目的变化。正是审美生态逐步自足，使美生场从生态审美场中脱胎而出，有了破茧成蝶的自然。

（三）绿生美活圈的超循环

绿生美活既是生态审美的方式，也是审美生态的样式。审美生态"周行而不殆"①，绿生美活世界、绿生美活欣赏、绿生美活批评、绿生美活研究、绿生美活创造依序环进，圈走不歇。它的超循环活动，是审美绿生推进的；它的每个环节，都是审美绿生样态。绿生美活世界，是在大自然自旋生的背景下，由绿活生命与绿美生境对生而出的，是绿生美活圈的总端生态位。它生发出各种具体位格，是为以一生万。各种绿生美活位格，旋归总端生态位，实现以万生一，从而生生不息，圈圈旋升。绿生美活欣赏，是审美生命与景观生态耦合、审美人生和绿美世界对生的悦读活动，是绿生美活的欲求、态度、方式与感受的显现。绿生美活批评，是在批评中呈现绿生美活的活动，是绿生美活与生态批评结合、绿生美活与生态批评相发、绿生美活与生态批评一体的样式。它弘扬绿生美活的意义，揭示绿生美活的价值；倡导绿生美活的方式，探求绿生美活的方法。绿生美活研究，探求绿生美活之道。它概括绿生美活的价值本质，提升欣赏、批评、创造绿生美活的价值规律。绿生美活创造，按照绿生美活的欣赏、批评、研究的机理，提升审美生命和审美人生，生发整生景观和美生世界，提升世界整生和世界美生。它创新绿生美活，并将绿生美活序列化旋进的成果，回馈了总端生态位。旋升了的总端，分生出新的绿生美活的欣赏，拓展新的绿生美活批评、提高新的绿生美活研究，升华新的绿生美活创造，使绿生美活圈永不停歇的超循环，直至与生态世界同一。

（四）绿生美活世界的艺术化

绿生美活圈的超循环，使审美生命与景观生态、审美人生和绿美世界

---

① 饶尚宽译注：《老子》，中华书局 2006 年版，第 63 页。

耦合地提升，增长整生性，达成美生世界与生态世界的一致。这就形成了绿生美活世界，有了旋发生态艺术的底盘。

绿生美活圈的超循环，使审美生命圈进旋升，多维地发展审美整生性。生态性与审美性、科技性与人文性、自然性与文明性的对生耦合，所通成的审美生命，有了绿生美活的系统修为，是谓整生性的生成。审美生命集绿生美活的欣赏、批评、研究、创造者于一体，成为全能者，有了生态审美能力的自足，是谓整生性的发展。审美生命不间断地旋进，遍布生命活动的全时、全域和全程，绿生美活有了完然的实现，是谓整生性的生长。审美生命自足旋进，逐级逐圈地走向生态艺术化，是绿生美活的量与质同抵高端，是谓整生性的完然提升。

景观生态与绿美世界的整生化，也从三个方面展开。首先是，生态性和审美性、科技性与人文性、文明性与自然性的整一化。其次是，文本的绿色艺术化，即从纯粹的生态艺术文本，逐步拓展为科技文本、文化文本、社会文本、自然文本的生态艺术化，促使艺术世界渐次与生态世界重合。再有，文本最大的量态整生，与高端的质态整生同进，通发了生态艺术世界，和生了最佳的景观生态。

审美生命的旋升，耦合着景观生态的圈进，实现对应发展。两者互为因果，并生共长，在艺术人生与艺术世界同步的生态化中，使绿生美活与生态世界叠合后，走向艺术化同旋，为美生场的完然生发，提供相应的底座。

二、绿悦氛围圈

绿悦氛围是绿生美活形成的气象与气候，散发的气圈与气场。其间的气色气味、情调情韵、意性意向、风味风向，呈现了大众的绿生美活心态，汇聚了时代的生态审美风潮，透出了快悦绿生美活的趣向，呈现了绿色快悦的美生风范。封孝伦教授认为：审美场是一种氛围，"本身并不是一种审美活动，而只是特定审美活动的驱动素和染色体"①。这就确定了审美场的审美动力功能与审美规约意义。审美氛围确如他所说，培植了审美活动的特质，熏染了审美活动的色调，种下了审美活动的基因。绿悦氛围是一般审美氛围的特化与提升，也是更高平台上的普遍化，于生态文明时代的大众，全面地形成审美绿生的趋求与意向，有着潜移默化的作用。

绿悦，是健康的、环保的、生态的、适宜的、平和的、自然的美生快悦；是对绿生美活的情性肯定，情趣感应，情调感发，情意感奋，情韵感兴；是绿生美活散发出来的康乐气氛，激发出来的安悦气象，生发了快悦绿生美活的气候与气场。在这一气场里，氤氲着绿色快悦的气色与气味；盘绕着绿色快悦的情调与情韵；环转着绿色快悦的意兴与意向；旋升着绿色快悦的风味与风范；圈发出本然快悦的底色与基调，累积起审美绿生的向性与愿景。这就全面地承接与多维地区别了以往的和悦氛围圈，凸显出绿生美活圈的根基与底气。美生场的这两个圈层，是对生的、互为因果的。在根脉相通与质性相长中，它们的关系是那样的亲和。我说过，绿悦氛围圈反哺了母体，在其四周裹围，在其上方旋绕，在其之间蒸腾，染之以绿韵，熏之以生趣，输之以盈盈活韵，润之以满满绿气，进而烘其勃勃灵机，托其蓬蓬本性，给其审美绿生的向度。

绿悦与悦绿在互生中共发绿色快悦氛围。绿悦，因悦绿而起，在悦绿中累积。生命悦读绿生美活，生发了绿色快悦。绿悦与悦绿由此相生互发，共成共发绿色快悦氛围。悦读绿生美活，是喜闻乐见绿生美活，是悦绿的审美欲求、审美嗜好、审美选择之体现，是追求绿悦的动机使然，是绿悦的审美需求使然。在绿悦里，有悦绿的心跳；在悦绿中，有绿悦的律动。这就在对生中，强化了绿色快悦的审美心理，浓郁了绿色快悦氛围，并凸显了绿色快悦氛围的生发机理。

绿色快悦氛围的超循环。绿悦氛围圈有六个位格，分别为绿悦气氛与

---

① 封孝伦：《人类生命系统中的美学》，安徽教育出版社 1999 年版，第 364 页。

气象，绿悦气色与气味，绿悦气候与气场，绿悦情调与情韵，绿悦意性与意向，绿悦风向与风范。它们依次生发，逐级增长着喜爱与追求绿生美活的欲望与希冀，逐级明晰了绿生美活的需要与愿景，逐级明确了绿生美活的目标与方向，进而环旋为绿生美活的心绪心潮与心理心态，呈现出绿生美活的趣味尺度，彪炳了审美绿生的价值风范。

绿悦氛围圈的旋进，有着审美绿生心理动力的环推。这一动力环有四个环节，一是绿悦心理积淀，二是悦绿心理向性，三是绿读心理定式，四是读绿心理要求。它们在审美绿生中顺发，并环动于绿悦氛围圈中，成为后者超循环的动力机理与动力机制。作为动力机理，它在生命的绿生美活经验中，已然原型化了。绿色，是生命的本色，是生态的底色。悦绿，是谓生命的本然趋求；绿悦，是谓生命的心理定式；绿读，是谓生命的审美习性；读绿，是谓生命的本然取向；四者贯通着质朴的审美本性，是那样的绿色葱然，绿气盎然，绿意沛然，绿兴天然。在绿悦—悦绿—绿读—读绿的历时空环进圈升中，绿生美活的需求与风范，持续交流、集聚与承传，不知不觉地共生化与整生化，从而成了生命的集体无意识，成了生命的审美心理原型。这一原型生发出源源不绝的原动力，推动了绿悦氛围圈的超旋生。

在绿悦氛围圈里，审美绿生的感性风范，是一种绿色快悦的习性与嗜好，是一种绿色快悦的趣向与风向。它作为潜理性的审美意识，有着生长为理性审美意识的设计与向性。它升华的系统整生范式，是审美绿性、审美诗性中和旋进的审美哲性观念，贯通着审美绿生的主旨。

三、整生范式圈

整生范式作为哲学化的审美观念，实现了绿和理想、周进环升制式、超循环理式的圈走旋升，内在于美生场的运进。

古代依生范式，是人类依从、依存、依同自然的范式，是客体整生范

式。近代竞生范式，是人类认知、把握、驾驭、改造、征服、同化自然的
范式，是自然同于人类的范式，是主体整生的范式。现代共生范式，是人
类与自然互为主体，对生并进的范式，是天人和合的整生范式。当代整生
范式，是人类进入自然，实现人类整生汇入世界整生的系统整生范式。这
一范式，纳入了此前客体、主体、整体的整生范式，并加以提升，使之成
为自身本质结构的各个侧面，从而有了系统生成性与历史结晶性，是谓完
发的整生范式。凭此，美生场的系统整生范式，有了逻辑和历史统一的整
生性，同时也就有了逻辑与历史统一的普适性，还有了生态哲学范式的超
越性。

（一）绿和理想

在绿悦氛围里，孕生着时代的审美主潮。审美主潮从审美潮流中集聚
而出，成为审美理想。审美理想是审美氛围的系统性升华，为审美范式的
第一个位格。整生范式的绿和理想，是和生理想的发展，是生态文明时代
的审美运式。

绿生美活，是绿活理想的主要形成方式。绿和，是生态之道与审美之
道统筹兼顾的样式，是两者平衡结合与平等一致的格局。绿和，是生态存
在与艺术审美的同一，是两者在绿生美活中，达成的全域全程全时化的同
一，是双方质与量的同步自足。绿和，是真善益宜智美的绿色同一，是美
生内涵的绿色自足。显而易见，绿生美活的圈发，审美绿生风范的旋升，
必然托出绿和的时代理想。

绿和，还是美生理想的历史结晶。古代，审美之道服从生命、生活、
生产、生存之道，人类生态依存于自然生态，形成了非平衡的和谐美生。
近代，审美活动成为特殊的生态活动，与其他的生命、生活、生产、生存
活动相互分立，形成了审美生态与其他生态的竞生；同时，人类生态意图
掌控与同化自然生态，引发了双方生态与美态的冲突；这就离开了和谐美
生之道，形成了人类自由的美生理想。现当代，在审美绿生的运进中，古

代与近代两种非平衡的美生之道，相生互补，走向了绿和美生的大道。与此相应，人类与自然、生命与生境、个体与社会、精神与肉体在相互调适中，在绿生美活的一致中，统成了绿和理想。

古代与近代，自然与人，轮流成为生态的本原与本体，核心与主导，目的与宗旨，分别形成道式、天式、神式的自然美生与人式的自由美生，呈现出各自时代的美生理想，有了两水分流的格局。现当代，这两水流一，人与自然同成生态系统，有了共同的整体的生态规律与生态目的，有了共同的整体的美生规律与美生目的，有了绿生美活的共同性，也就有了贯通天人的绿和理想。由于古代天式美生与近代人式美生，都在各自的时空中充分的发展，现当代天人共同的绿生美活，所成的绿和美生的理想，也就顺理成章地走向了自足。

绿和理想，更在生态自觉中通发。人类生态、社会生态、精神生态、文化生态、自然生态一气会通，达成绿和美生，文化生态的自觉性，起着穿针引线的作用。在多元一体的生态圈中，文化生态来自人类生态、社会生态、精神生态、自然生态，又一一表征与作用它们。它处在各种生态的中介位置，承担了协同各种生态的天职，挑起了使各种生态走向绿和的重任，发挥了贯通各种生态以成绿和生态的作用。文化生态越自觉，越是各种生态真理、生态伦理、生态哲理、生态诗理的融合，越是生态科学的必然之是、生态人文的应然之是、生态管理的必须之是、生态技术的精然之是、生态哲学的通然之是的统一，就越能自然自觉地引领绿和美生理想的发展。

（二）周进环升制式

绿和理想的理论化，涌出了圈发周长的审美制式，是为生态美学体系的构造方式，生发模式。动态平衡、复杂性有序、非线性协同，都是审美结构的构造方式，它们在结构的圈进旋回中，通成了周进环升的审美制式，成了美生场的组织方式，成了生态美学理论的构造模式。

周进环升的审美制式，是生态美学大厦的蓝图，是美生本体的生发规程、生发格局、生发关系的集约。生态美学的美生本体，是在审美绿生的关系中，展开生态圈整生的元身，呈现生命美生的原身，和合出审美生态的自身，圈长出美生文化的整身，回旋至生态圈整生的元身，流转出超旋生的完身结构，活化为周转环升的逻辑体系。显而易见，这一体系的各个环节与整体流程，都是按照周转环升的原则与方式，逐一衡发和旋进的。也就是说，周进环升制式的各种样态，均可在美生本体的通旋中呈现。

周进环升是生发美生本体的标准。周进环升的动态中和质地，以静态中和为基础。衡生与匀生、稳定与有序，同一与齐一，偏于静态中和，偏于平等共生。在其上，形成有序的变化、递进的发展、合度的倾斜、适当的差异、相关的照应，实现非线性的整一，当可生发动态中和，增长动态共生，以合乎生态美学关于美生本体的生长尺度。平等与对称、稳定与平衡，是静态中和的机理；各部分的不平等不对称，可形成整一体的平等与对称，是谓变化的平等与对称，是谓动态的平等与对称，是谓动态中和，是谓周进环升的机制。在生态世界中，动物与植物，食肉动物与食草动物，高等生物与低等生物，是不对称、不平等的，然它们在食物链的回环中，特别是在生态圈的旋进里，有了非线性的通和，有了复杂性的衡生。它们既相生相克，又互利共赢，在动态的平等里，在变化的对称中，彰显了动态中和，呈现了生态周进环升的制式。生态圈是循环的，呈现了稳定的平衡和有序，有静态中和的一面；生态圈的环节是递进的、变化的，每一次环回，都是同又不同的，似又不似的，是谓动态稳定，动态平衡，动态有序；这即是周进环升的构造。生态美学美生本体的元身是生态圈，其周进环升的制式，也就有着原型的意义，有着标准的作用。它在元点的位格上，预定并规约整个美生本体圈的生发，按照周进环升的制式生发，以成美生场的模型。

周进环升的制式，还从生态圈的运发模型，分形为生态美学理论的构造方式。即生态美学体系的核心部分，也在周走圈行中成形，有了良性环生的逻辑走式。绿生美活世界、绿生美活欣赏、绿生美活批评、绿生美活研究、绿生美活创造，逐位环走，周而复始，始而复终，终始相转，环升不息，形成了绿生美活圈的旋进；接而旋之的绿悦氛围圈，生长出绿悦气氛、绿悦风气、绿悦情调、绿悦趣向的周行格局；进而生之的系统整生范式圈，呈现绿和理想、周进环升制式、超循环理式的旋升；这就在一圈接一圈的超旋生中，显示了生态美学环转圈升的逻辑构建程式。上述三大理论生态圈耦合旋升的图式，形成了美生整身，回馈了生态圈。这就通成了美生文化圈的回旋，完生了美生本体，完现了生态美学的构造图式。

周进环升的制式，因生态关系不同，有着历史的规定性与发展性。古代，人与自然主要是一种依生关系，在自然生发人，人回归母体的生态规程中，呈现了客体化的周转环升制式，以成道态或神态美生结构。近代，人与自然主要是一种竞生关系，在人化自然与自然人化中，呈现主体化的周转环升制式，以成人态美生结构。现代共生的关系，统和了依生与竞生的关系，在天人合一中，有了整体化的周进环升制式，以成主客体衡态美生结构。当代，在整生关系的规约下，人类生态进入自然生态，于生态圈的周进环升中，以成系统美生结构。

周进环升的审美制式，遵从大自然自旋生的元式，抽取了生态圈的结构关系、构造方式、生发规程，使之成为生态美学圈进旋升的理论模型，可进一步升华超循环的审美理式。

（三）超循环理式

超循环理式，居整生范式之首。罗素讲："科学观的核心是提供对世界进行认识的钥匙"[1]；库恩说范式是科学家团体共同的世界观[2]，他们所

---

[1] 梁国钊主编：《诺贝尔奖获得者论科学思想、科学方法与科学精神》，中国科学技术出版社 2001 年版，第 29 页。

[2] 参见〔美〕托马斯·库恩：《科学革命的结构》，金吾伦、胡新和译，北京大学出版社 2003 年版，第 94—95 页。

言，都可归入理式的范畴。整生范式中的超循环理式，提供了美生本原，提供了美生的原型，即提供了生态世界观与生态辩证法，成为美生场的顶层设计。

美生本原，是超循环的生态圈。在生态哲学的视域里，全部世界是一个生态圈。既包括生物圈，也包括环发生物圈的星体圈与天构圈，还包括上述诸者同运而出的大自然生态圈。这就形成了从天构圈到星体圈再到生物圈的环生，继而有了生物圈向星体圈再向天构圈的旋回，以成有机的大自然整生圈。这种生态圈化的世界观念，构成了整生范式之理式的核心内容，使美生有了超循环之存在的本原。

生态圈的超循环，在全世界通发的观念，是在生命的超循环观念中生发的。艾根说："在自复制循环之间的耦合必定形成一种重叠的循环，于是只有整个系统才像一个超循环。"[1] 这种生物大分子的超循环，是一种生态科学的描述，可为生态哲学提供依据。恩格斯说，在太空中，我们的宇宙岛和别的宇宙岛，处在相对的平衡中，这当是间接地提出了宇宙系的观念。[2] 他认为，地球上"物质的最高的精华——思维着的精神"毁灭后，还会在它处与它时必然重生。[3] 这就在宇宙系的背景下，提出了生命超循环的思想。生命错时空的旋生，当会在关联中，形成自然化的超循环，实现生态圈的星际联通与天际周转，呈现世界的有机化构造与超循环格局，从而为美生本体提供本原，为美生场的自然化提供原型。

世界是一个整一的生态圈，所呈现的超循环，预定了美生本体的运生图式。它引领了周进环升的制式和绿和美生的运式，在回环往复中，呈现了整生范式圈的超循环。整生范式进而与绿生美活、绿悦氛围对生旋进，

---

① ［德］艾根：《超循环论》，曾国屏、沈小峰译，上海译文出版社 1990 年版，第 16 页。

② 参见 ［德］恩格斯：《自然辩证法》，《马克思恩格斯选集》第 3 卷，人民出版社 2012 年版，第 863 页。

③ 参见 ［德］恩格斯：《自然辩证法》，《马克思恩格斯选集》第 3 卷，人民出版社 2012 年版，第 864 页。

显示了美生场大回环旋升的生发格局，确证了审美理式的整体规约性。

生态世界的超循环理式，作为美生场的原型，规约了生态美学逻辑的同式运进。绿生美活的圈长，上接绿悦氛围的环进，再接整生范式的周升；整生范式圈回馈反哺绿悦氛围圈与绿生美活圈；这就有了美生场三大理论层次的超循环。绿生美活圈、绿悦氛围圈、整生范式圈还在复合的周升中，共成了美生文化的超循环。美生文化在向生态世界的圈回中，完现了美生本体，旋发了生态美学的逻辑。

至此，对美生场可以做出界定：绿生美活、绿悦氛围、整生范式对生而出的与生态世界通旋的美生文化圈。美生文化圈的自然化，涌出了自然美生场，呈现出生态美学新境界。

第三节　天籁美生场

自然美生场，为大自然绿然旋发的审美生态完身。其审美绿生的时空域等同于自然史，等同于存在史。艺术美生的自然化，使自然美生场通长出天籁美生场，可成审美生态的天蓝色结构。

一、天籁美生圈

从美生活动圈，经绿生美活圈，抵天籁美生圈，标识了审美活动圈的生态化、自然化、天籁化发展。它是审美场经由生态审美场，转向美生场，通发自然美生场，臻于天籁美生场的缘由。天籁美生圈，是天人与天籁对生而出的与存在同一的审美活动圈，质与量都趋向了极致。

（一）天人与天艺在互生中共成天籁美生圈

有机的生命，经绿活，成天生，完承毕显了大自然的潜能，为天然美生体。他可由本然的自足，经天然的自足，抵达超然的自足，是谓完生之天人。天人与天艺，作为读者与文本的顶端形态，在相生互成里与耦合旋进中，成就天籁美生圈。

天人，首先是一个素人。他是一个本真之人、天真之人、率真之人、自然之人；是一个本性未被污染之人，是一个灵魂通透素洁之人，是一个保有赤子之心的人，是一个素质本然之人。这是一个有着天基天根的人，有着自然禀赋的人，有着自然向性的人。这种本然的天人，是成为天籁审美者的前提。其次，他是一个长出天智天慧的人，是把握了天理天律的人，是凭借生态文明的自然化，可以跨出地球，走向深空，进行星级与天际交往的人。庄子笔下的至人、圣人、神人，在"蹈乎大方"中，在身心的自然化中，有了超越物种的功能。"至人神矣，大泽焚而不能热，河汉冱而不能寒，疾雷破山风振海而不能惊。若然者，乘云气，骑日月，而游乎四海之外。"① 这种天人，是有天力天伦之人，是可游天之人，是可使天籁审美在宇宙内和宇宙间生发之人。再而，他是一个有着天趣天韵之人，有着艺术美生自然化趣求与能力的人，可使天籁审美在大自然中实际地发生。这天根、天能、天韵之人的"三位一体"，可成完然之天人，可成完然的天籁审美者。

天籁审美者，首先是本星球的审美生态自足者。他们有着本然的艺术美生趣味与艺术美生能力，是一些喜爱与能够悦赏天籁之音的生命。他们通过生态写作，使本星球成为一个生态艺术的家园，成为一个自然艺术的家园，从而有了天籁生境。这就达成了天籁生命与天籁生境的对应与匹配，可以在两者的对生中，使本星球的生态圈，成为一个天籁美生圈，进而成为一个天籁美生场。

天籁美生圈，在美生活动圈特别是绿色美活圈的基础上生发。它是读者与文本、生命与生境、人类与自然，走向本然的审美对称后，实现天人

---

① 王先谦注：《庄子集解》，《诸子集成》3，上海书店出版社 1986 年版，第 15 页。

与天艺的对生，发生以天对天、以天配天、以天合天①、以天生天的审美活动，所形成的自然艺术化美生圈。天籁美生圈以自然生态圈为底盘，也就有了无穷无尽与无边无际的发展性。它与自然生态圈同旋并转，所生发的天籁美生场，既与自然美生场等域等程等时，又在美生的自然艺术化质度与量度方面趋向了极致。这就在基础层次上，标识了自然美生场与天籁美生场跟存的同构性，也厘清了它们的关联与区别、相同与相异。

（二）天籁美生圈的旋升机理

天态生命与天艺生境互生和旋，有了天籁文本的呈现—欣赏—批评—研究—创造的美生活动，环进了天籁美生圈，构成了天籁美生场的基础层次。

生命的天活，是生态规律化与生态目的化一致的样式，是共生状态、整生状态，特别是天然整生状态，是谓完承毕显了大自然潜能的生态，有着最高的生态性。本然运转的生物圈，特别是天然旋进的生物圈，既是一个自足的生命体，更是一个自足的生境圈。它的天然整一化环升，呈现为审美天生的文本，即天籁之音的文本。天活生命与天艺生境的互生与通转，促发了天籁美生的活动。这种活动，与自然生态圈同运，为自然生态圈本身的运转。

这种与天活同一的天籁审美活动，首先呈现出天然悦读的样式，生发了天籁美生的欣赏环节。天然整生者，既是天然美活者，还是天艺的欣赏者，在"三位一体"中，体验与享受天籁美生，有了天活、美生、悦读的同构性。审美天生关系中的欣赏，也是梯次提升的、累进发展的，即在赏识中，进一步赏评、赏析、赏研、赏造天籁美生，欣赏持续地成为批评、研究、创造的基础性成分，依次叠加在后者中，有了累进的效应。特别是最后的创造环节，依次累积了前面环节的天籁美生蕴含，当它向起点回归

---

① 参见王先谦注：《庄子集解》，《诸子集成》3，上海书店出版社 1986 年版，第 120 页。

时，蓄积了满满的超旋生驱力。欣赏在所有环节的生发，奠定了天籁美生圈向欣赏旋回的基础；天籁美生逐个环节的累加、累积、累进性，产生了超循环性。

欣赏中的创造，是天籁美生活动累进的高点与拐点，是其圈进旋升的关键。除了前述的累进外，它还在四个方面创新创造了天籁美生，有了超旋力的集大成。一是审美者在天活中美生，生长了、创造了、提升了自身的天籁化美生，有了天籁美生的创造意义。二是审美者的天籁式美活，促进、发展与提升了它者与生境的天籁式美生，有了广泛而又集约的天籁美生的创造效应。三是天籁美生圈，环旋周转于生态圈之中，逐步同化了后者，使之成为自身，凸显了全面的天籁美生的创造功能。四是生态圈在天籁化之后，逐步地超然天旋，使天籁美生自然化，以呈现存在的终极目的。这种种创造，逐级地扩大了美生内涵，使其向欣赏起点旋归，实现了天籁美生圈的超循环天转。

在美生场里，审美绿生展开了从欣赏到创造的旋升，审美活动内在于审美生存中，审美圈与生态圈逐步同一，美生的疆域和质地，超越了审美场。在天籁美生场里，天活生命与天艺生境共发的天籁美生，达成了审美活动与生态存在的一致，进而趋向了生态存在与诗意栖居的自然化，终与大自然通转超旋。

（三）天籁美生的自然化规程

自然，是存在的统称。天籁美生，在一切存在中展开，是谓自然化。天籁美生的自然化，基于审美生命与审美生境的自然化对生，具体基于天活生命与天艺生境的互生周转，所成的自然化超旋。

天活生命所处天艺生境的逐级环扩，是天籁美生自然化进程的尺度。对于生命来说，生境较之环境，更为直接与重要。2010 年的一天，我和封孝伦博士、黎启全教授在贵阳森林公园里品茗论道。孝伦学长提出生命美学的元点是生命。我主张生态美学以生态中的生境为元点，以生命为基点。生境产生和承载生命，维系与发展生命。它是生命形成与活动的条件、要素、关系与处所。环境则是支撑与环护生命的条件、要素、关系与处所，是生境以外的时空。背景与远景则关联与影响生命，是环境以外和更外的时空。于人类来说，它们是天外之天，是自然的深处和远处，需经由多层级的生命自然化与文明自然化才能抵达，才能逐步将其变为生境，以统成生态。生命直接在生境中出现与活动，在天然的审美互生中，各成天活生命与天艺生境，同成天籁美生圈。天籁美生圈旋生于、环长于天艺生境圈之中。天艺生境圈是天籁美生圈的载体，也成了后者的尺度，框定了后者的疆界。天籁美生圈要实现更大尺度的自然化旋长，需先凭借天艺生境的自然化周升。

　　审美生境圈的星转与天旋，是生命特别是审美生命的内在需求与发展可能。生命直接来自生境，然经由生境，完承了环境、背景与远景的潜能，是大自然系统生成的，有着回归大自然的向性。当生命跃出直接形成自己的星球，旋游于星际与天际，依次与原本的环境、背景、远景系统，发生审美和生与审美绿生关系特别是审美天生的关系，后者也就一一成了它的生境、审美生境、天艺生境。这就见出，天艺生境的自然化，是天活生命的自然化造就的。两者的自然化对生，可使天籁美生圈转出本星球，继而在星际与天际旋发，形成规程分明的自然化跃升。

　　天人与天艺的对生，在生态文明自然化的背景下旋进。凭借生态文明的自然化，天性之人走向天游之人，成为天韵之人，成为自然文明化的天籁生命。伴随生态文明的自然化，艺术自然化与自然艺术化趋向一致，也就有了天艺生境的自然化。正是在生态文明的自然化进程中，天人与天艺的对生，成为天活生命与天艺生境的对生，进而成为天活生命与天艺生境的自然化对生，天籁美生圈也就有了自然化的无穷旋升。

　　在生态文明的自然化进程中，天人与天艺相生互进，以显天籁美生圈自然化的机理与机制。天艺熏染与塑造天人，使之成为天籁生命，实现双方的动态同构。天生的审美者，在原生的星球上，营造天艺生境，达成对生，实现天籁美生圈本然的自然化。天进的审美者，继而在宇宙和宇宙系营造天艺生境，一一旋拓对生，可成天籁美生圈天然与超然的自然化。在天人与天艺动态的对生互成中，天籁美生圈持续地走通这三个规程的自然化，也就有了周天通转的旋运，天籁美生场可望完生。

天人与天艺对应的自然化，实现了天籁美生圈的自然化旋升。这样的美生圈，是自然至真、自然至善、自然至益、自然至宜、自然至绿、自然至智、自然至美的天籁化环进，所成的天籁美生场，当可臻于天量、天域、天时、天质的一致与极致。由此可见，天籁美生场是在自然美生场的集大成中跃出的，天生论美学的逻辑终点，也就成了美生学的逻辑起点。

二、天悦氛围圈

天籁美生圈的运转，隐含着以往美生圈的环升，所圈发的天悦氛围，也就累积着和悦氛围与绿悦氛围，是谓沉淀了审美生态的历史化成果。就像绿悦从和悦中涌出一样，天然快悦，从绿色快悦中长出，在绿色快悦中升华。任何事物，绿性越足，生态性越本真，自然性越强盛，天然性也就越全面，天然快悦的增长也显示了这一规律。绿从天出，绿向天长，绿色快悦的环长，必然向天然快悦旋升，通显了天然美生的趣向。

天悦，是发乎本真的快悦，是起于天性的快悦，是由衷而发的快悦，是自然而然的快悦。基于美生氛围的一般模式，天悦氛围圈由天然快悦的风气与气氛、情调与情趣、风向与风范的环回周进构成。跟和悦与悦和共发、绿悦与悦绿共进一样，天悦与悦天也是相生同长的。天悦，既是天籁美生引发的本然快悦，也是对天籁美生的本然快悦。它是对天籁美生的情欲涌动、情感需求、心理嗜好、趣味趋向。这种欲望、需求、嗜好与趋向，汇聚起来，也就成了时代的、社会的人类的审美风向，成了全球共同的感性审美风范，从而规约与推进了天籁美生圈的全球化运转。

天悦的美生趣向与风向，成了天籁美生圈跨星际周转进而跨天际旋运的机理与机制。在生态文明的自然化旋进中，地球的智慧物种与其他星球的智慧物种，在天和中天悦，形成审美交流，产生审美共鸣，共推天籁美生圈的星际流转。这种流转在审美天生关系的规范下运进，使人类物种与类人物种乃至超人物种之间，生发快悦天籁美生的共同趣求与共同风向，也就形成了星际乃至天际智慧物种公认的感性审美风范。凭此，天籁美生场在地球本然地形成后，可望在宇宙中天然地圈进，进而可望在宇宙系中超然地旋发。

天悦氛围圈，贯通着质朴的审美天性、本然的审美天趣、自然的审美天范，有了环回旋升的审美天韵。天悦氛围圈，在本质上也就成了一种审美天韵圈。它由天籁美生的天性天趣、天兴天意、天风天味、天调天律的回环往复构成。这洪荒性与文明性兼备的浩浩天韵，弥漫在洲际、星际、天际间，驱动着天籁美生圈的自然化运转，驱动着洲际格局的天籁美生圈，汇入星际格局的天籁美生圈，最终汇入天际格局的天籁美生圈。这就形成了自然化的美生气候与气场，形成了氤氲着天性、天趣、天味、天韵的美生氛围大气层，通罩了与大自然同转的天籁美生圈。

三、天然整生范式圈

天悦氛围圈升华出的天然整生范式圈，为天籁美生场的理性风范。按托马斯·库恩所说："范式既是科学家观察自然的向导，也是他们从事研究的依据。范式是一个成熟的科学共同体在某段时间内所接纳的研究方法、问题领域和解题标准的源头活水"[①]。他把范式提升到世界观与方法论的高度，揭示了科学创新的深刻规律，呈现了科学发展的深邃机理。我认

---

① ［美］托马斯·库恩：《科学革命的结构》，金吾伦、胡新和译，北京大学出版社 2003 年版，第 94—95 页。

为范式是关于学科本原、构造、运动的学术大法。天然整生范式由天籁化存在的运式、通转超旋的制式、自旋生理式的回环往复构成。它呈现了天籁美生场的天根天本、天制天形、天式天运，内含了大自然的元道，有了世界运生的依据。天然整生范式应形成自然之道、方法之道与学术之道的天和与天运，使前两者依次显现于美生学的逻辑中。

天然整生范式，是大自然生发的依据。它含有大自然自旋生的元生范式，自然生一与一生自然的基本范式，以天生一、一生万万、万万一生、一一旋生、旋生周天、周天生一的主要范式。六大主要范式，通现了基本范式与元生范式，自成了一个范式系统。它为天籁美生场提供了蓝图，使其循天道天式而发，走向与存在的同一。

（一）天籁化存在的理想

天籁化栖息，或曰天籁化存在，是美生存在化与天生艺术化的一致，是自然美生的极致。它从和谐美生与绿和美生走出，成为美生理想的最高层次。

天人与天境的审美对生，所形成的绿生美活，在与存在的同一中，在与自然的和旋中，实现了时空的最大化。这种量域走向极致的美生，在天籁化中臻于品质的极致，有了量与质的天然同进，是谓最高的理想。天籁，是生态的艺术、本然的艺术、天然的艺术、自然的艺术，是走向巅峰的艺术生态。它有三种样式。一种是纯粹天生的，完全自然而然的，一派本然的原生态艺术。再一种是本真化的纯粹艺术，是"大巧之朴"与"浓后之淡"的艺术，① 另一种是基于天生又超越天生的身体艺术与行为艺术，是生态人文化、生态科技化、生态文明化的天生艺术，是超越本然的天然艺术。后两种艺术，"虽由人作，宛自天开"②，是不见人为痕迹的艺术，

---

① 参见（清）袁枚：《随园诗话·卷五》（上），人民文学出版社 1982 年版，第 150 页。
② （明）计成著，李世葵、刘金鹏编著：《园冶·园说》，中华书局 2011 年版，第 27 页。

是更像自然的艺术，是更加自然的艺术，即更合生态天理与审美天律的超然艺术。它们是天籁的螺旋发展形态，充满了自然辩证法的意味。天籁化存在，指美生在绿性与诗性同一之后的天然通发，是指美生与存在同一之后的自然艺术化运发。这是谓生态文明自然化时代全人类的美生理想，有成为一切智慧生命共同理想的潜能。

这种美生理想，也是全人类与地外智慧物种实现审美沟通，达成超越性天籁美生的机制。人类天籁化存在的美生理想，会在星际乃至天际的审美交流中，成为大自然一切智慧物种的"共同语言"，引发广泛的审美认同，升华为宇宙和宇宙系的美生理想。这样，天籁化存在的美生主潮，也就会涌出地球，流向深空，流向天外，漾洄于整个自然界。

天籁化存在的理想，有几个方面的具体规定性。一是天籁美生的存在化，这既指美生的方式为存在，有着自在的本然的元美生意味，有着自然而然的元美生样态；又指美生者为存在者，存在与美生达成一致，美生已然最大化，已然常态化，已然普遍化，已然绝对化。二是美生的自然艺术化，美生既以本然的质朴的艺术化状态运转，还以化功般的天然艺术化样式运转，是谓美生的最优化。三是艺术美生的超然化：天质式艺术美生，达成天域式遍布，实现周天式通转，有了永生式天籁化。

天籁化存在的运式，将经由星环、天旋、通转三个环节，以至无穷。星环，指美生体在作为原籍的星球上，本然艺术化地旋发。天旋，指美生体在本宇宙内，天然艺术化地圈升。通转，指美生体在宇宙系中，超然艺术化地周转圈回，以达美生质、量、域、时的顶端理想化，以实现天籁美生与自然史的同旋，与存在史的通转。

在天然整生范式中，天籁化存在，是审美整生体的运式。它包括美生理想的自然艺术化运式，也包括审美生态的天旋化运式，还包括自然美生场的周天环进运式，更包括天籁美生场的天然回升运式。从自然美生场中通长而出的天籁美生场，作为最大和最优的审美整生体，其天籁化是超循环的。它由元绿与原绿的本然艺术化样态，经由祛绿与复绿的复杂性环节，形成艺术自然化的祛魅与复魅样式，走向新绿、深绿与至绿的超越本然的艺术化形态，最后回到元绿的本然艺术化上方。这就在天籁化存在中，通现了审美整生体与自然同行的运式。

（二）通转超旋制式

在大自然的自旋生里，美生随整生天行，美生按整生天转，美生同整生周天环旋，通转超旋的审美制式从中生焉，天籁美生场由此发焉。通观美生本体史，审美场的生态化，涌出生态审美场，转换出美生场；美生场的自然化，通发自然美生场，通出天籁美生场。与此相应，审美制式，也从对生复回，经由周转环升，抵达通转超旋，实现了与美生本体的耦合递进，环发不歇。与自然史耦合的通转超旋制式，内含了与生态史耦合的周转环升制式，还内含了与美学史耦合的对生复回制式，成为审美制式历史发展的结晶。

在大自然的自旋生中，天体自整生的展开，同时为自美生的呈现，是谓天然同旋。只不过，这时的美生仅是天物的美然存在，而非生命的绿然审美。但它形成了整生与美生天然同旋的元型，提供了审美生态的元式，并有了天成美生场的格局。这是谓整生与美生通转超旋的起点，乃至审美生态甚或美生场通转超旋的起点。

无机自然的有机化，通发超然自旋生，成就了审美生态通转超旋的制式。有机生命为无机大自然整生而出后，获得了美生的基因，有了美生的呈现，有了与母体和旋的气象。由此而始，生命逐级地趋向天籁化美生，生境逐步地走向自然化整生，最后达成生命的天籁化美生与大自然周天整生的同旋。这是谓完然地实现了元型的潜能，有了元型到完形的通然超转，也就通成了审美生态通转超旋的制式，通显了天籁美生场的生发图式。美生学也因此有了理论结构的组织法。

在大自然超然自旋生的背景下，整生与美生的通转超旋，其核心形态为生命自美生与生境自整生的通转超旋。它所形成的审美生态制式，除了往上增长与发展为天籁美生场的构造标准外，还往下分化出序列化的组织图式。这主要有：绿生与美活对生的样式，生态性与审美性中和的模式，绿色栖居与诗意生存一致的方式，天生的至绿化与天籁的至美化同一的格式，从而使审美生态的通转超旋，有了更明晰的环节，有了更广延的质面。它以此通成审美生态通转超旋的构建模式，以显天籁美生场的营造方式、构造规格、构造标准、构造规程、构造通则，以显天籁美生场的生发程式、增长格式、完形图式，以成天籁美生场的通法。

这一通法，使各层次审美生态在复旋中天然完形。天籁美生圈、天悦氛围圈、天然整生范式圈对生复旋，中和出天然美生文明圈，是为整身化的审美生态结构。地球生命的天然美生文明圈，逐步和各层级的星体圈、天体圈对生复旋，最后与大自然的自旋生对生复旋，超然地回到了审美生态的元身。这就通成了审美生态通转超旋的完身结构，创生出美生本体系统，通显了天籁美生场的制式。

正是在整生与美生的天然通旋里，审美生态有了通转超旋的自然化。我在《天生论美学》的内容简介中说："审美生态遍及自然界，是谓疆域的自然化；审美生态达成诗性、绿性、天性的'三位一体'，是谓属性的自然化；审美生态实现生态存在与诗意栖居的天然同一，是谓质地的自然化。审美生态超然天旋，时、域、性、质同步自然化，完生了自然美生场。"[①] 这完生的自然美生场，就是天籁美生场。它呈现了美生学与自然史同发的理论规程和逻辑时空，是谓美生学的制式。

（三）自旋生的理式

黑格尔说哲学的部分是圆形，整体更是圆形；周来祥先生说文艺美学是一个"圆圈形的逻辑构架"[②]；天籁美生场周走环升的构造；都可接通大

---

① 参见袁鼎生：《天生论美学》，科学出版社 2017 年版，内容简介。

② 周来祥：《和谐论〈文艺美学〉的理论特征和逻辑构架》，《文史哲》2004 年第 3 期。

自然自旋生的本原。

生命的自旋生，首指大自然的自旋生。它是审美生态的天然生发理式，成为天籁美生场的本原。审美理式是审美范式的世界观部分，须敞亮世界的本体，须显示物自体的奥秘，须呈现世界形成、变化、转换、旋回的全程，须成为后起的审美世界的本元，审美世界的始基，审美世界的缘由，审美世界的依据。这些条件，生命的自旋生均可满足。

大自然的自旋生是世界的元道。原初的大自然，即尚未有机化的自然，是一个最大的生命体。它以自旋生的方式，展开自整生与自美生合运的图景，呈现了审美生态的生发元式，呈现了天籁美生场的生发元理。这就为其后的有机世界实际地形成审美生态，实际地生发天籁美生场，提供了范型，提供了原设计，提供了蓝图。

大自然的自旋生，规约它生发的有机生命，同样以自旋生的图式环进，同样以自旋生的方式，展开自整生与自美生的同转，以成审美生态的星转天旋结构，生长天籁美生场。这就确证了大自然的自旋生作为审美理式的身份与地位，显示了它范生天籁美生场的价值与功能。由生物生命发展出来的生物谱系、生物圈和生态圈，均是系统的有机生命，它们的自旋生，展开了审美生命与审美生境合一的星转与天旋，历史具体地发展了审美生态结构，历史具体地增长了天籁美生场。

大自然的自旋生，还规约了它生发的生态圈在星际化和天际化的运进中，进入自身的运程，共成周天旋进的生态圈。大自然有机化的自旋生，旋出了周天式绿生，旋出了天籁式美生，旋出了圈转周天的审美生态，大成了天籁美生场。

大自然的自旋生，在从无机化向有机化通转的超旋生中，形成了周天式整生与天籁式美生的和旋，造就了审美生态通转超旋的新格局，呈现了天籁美生场通转超旋的新图式。由此可见，大自然有机化的自旋生，为审美生态通转超旋式运进，增加了新元气、新元力、新元质；为天籁美生场的通转超旋式完形，提供了新天理、新依据。这无疑是美生学体系的生发基因、生发依据、生发理路、生发目的。可以说，大自然在有机化的自旋生中，成就生态文明的自然化，成就天人与天境的自然艺术化，成为天籁美生场自生成、自组织、自控制、自调节、自运进、自增长、自完形的本原、机理与机制。

天籁美生圈、天悦氛围圈、天然整生范式圈的对生，汇就了美生文明圈的天然旋升，有了新的美生整身，可在反哺本原中，创新美生元身。从生态圈起，经由系统整生、审美绿生、绿色悦读、生态批评、美生研究、生态写作诸环节，旋回至起点的上方，是谓美生文明圈的绿然旋进。随着生态文明的自然化推进，美生文明圈由绿旋而天转，是谓美生本体圈的向天而进。经由无数次的——天旋，生态圈的本然化、天然化运生，最终与大自然的自旋生同一，实现大自然的有机自旋生与无机自旋生的通转。这就有了美生本体的新元身，可以环发出天籁化的审美生态完身，增长出与存在同式的美生本体，也就大成了天籁美生场。

天籁美生场是存在的归宿。我在《天生论美学》中说过，"自然美生场是一切生命的家园，是一切物种的家园，是自然史和生态史上已经出现和将会出现的一切生命与所有物种的家园，是他们和它们的共同家园。"[①]现在看来，从自然美生场中通出的天籁美生场，是生命在自然家园中栖息的最高样式与理想模态。无机自然孕育的生命，承担着通成有机自然的使命。天籁美生场的通成，是和自然的有机化同进的。美生本体的生存化、生态化、天然化旋回，依序扩展了有机自然，依序推进了自然的有机化，依序增长了美生元身，使之——圈长为审美场、生态审美场、美生场、自然美生场、天籁美生场。生命与物种的无尽天行，最终通成有机自然，通成艺术化的有机自然，通建出自然艺术化的生命家园，在相应的天籁化栖息中，通长出天籁美生场。这当是自然、生态、生命的最终目的，也是美生学的最高意义。

---

① 袁鼎生：《天生论美学》，科学出版社 2017 年版，第 184 页。

天籁美生场从审美场和生态审美场发展而来，特别是从美生场和自然美生场升华而出，成为顶端的美生本体。它有大自然自旋生的元身，自然整生的原身，审美天生的自身，天籁美生圈、天悦氛围圈、天然整生范式圈对生复旋而出的美生文明圈整身；诸身的相变与环回，有了周天通转超旋的审美生态完身，有了美生本体的天籁化完转永旋规程。简言之，天籁美生场，是大自然的自旋生通转出的天籁化栖息结构，是在天籁家园和天籁化栖息的对长中，超然回归元型的。

第 4 章
美生世界

生态美、美、形式美，发于自然整生，通成美生世界，通成自然艺术化的家园。凭此，生命的天籁化栖息有了可能，天籁美生场的自觉完形有了基础。

第一节　生态美是生命与生境潜能的整一实现

生命形成与活动的场所，场所中的事物和关系，均是生境。生境托载与促长生命，生命的超越性活动，扩大与提升生境，自成一对互为因果的范畴。生命与生境对生，通成绿活存在，促发生态。生命与生境对生，潜能走向自足，走向耦合，走向整一实现，形成生态美。生态美与生态同进，与生态圈同旋，同趋自然化。

一、生命与生境潜能的自足对生

徐恒醇说，生态美"是人与大自然的生命和弦，而并非自然的独奏曲"①。

---

① 　徐恒醇：《生态美学》，陕西人民教育出版社 2000 年版，第 119 页。

天人共发的生态美，当基于生命与生境潜能的对生。

　　潜能是事物的基元性、根本性存在，是事物隐态的本质与本质力量，是事物显隐生发的基因，即其自设计、自组织、自控制、自调节机理。生命与生境同发于存在，其潜能天然自足，可在对生中互长与耦合，通成整一实现，是谓生态美的基础。

　　存在生出一切，完形自身，生命与生境的潜能也就有了自足性，有了天然对应性。这就为它们的对生与耦合，准备了先天条件。一棵草，一羽鸟，既标识了所属物种的进化成就，又接受了生命史与生态史的慷慨馈赠，还成为整个自然历史的结晶，有了自足的潜能。每个人在母体中的十个月，走过了人类几百万年的进化史，接受了生物乃至整个自然界进化的成果，名副其实地成为大自然的"儿子"，无疑是整生者。基于发生学上"以一生万"的整生，一切生命均同祖，人类个体间的自足潜能，也就有了"自相似性"，可互为生境，在对生中耦合，整一地实现为生态美。人类与其他物种的生态背景一致，都是大自然的后辈，其自足潜能有了同构性，也能互为生境，对生耦合，整一地实现为生态美。生命与无机生境同出于大自然，也能对生耦合整一化，普现生态美基础。

　　生命与生境，通过诸多中介，承接自然整生，以发自足潜能。它们以"父母"的直接共生和所属系统的整生来接受大自然的天生，以达自足。由于中介不同，特别是制约、影响中介的条件与环境不同，其自足潜能也就有了区别。只有那些完承了"父母"的本质，进而完承了所属物种的本质，最后完承了大自然本质的生命与生境，其潜能方趋自足，方能自足对生，方可共发生态美的基础。如果说，他们本身的潜能是个别性的，秉承"父母"的综合性潜能则是特殊性的，通过"父母"秉承的物种潜能是类型性的，进而秉承生物乃至大自然的潜能则是普遍性与整生性的。经此层层"传递"，他们达成了系统发育，成为整生体，其自足潜能可在对生中耦合，整一地实现为生态美。

　　生命与生境潜能的自足性越充分，自相似性越完备，对应域也就越宽，对应的层次和对应点也就越多，就越能在对生中耦合，达成整一实现。这是谓生态美的本质条件。

有机生命与自然生境互生，对发自足潜能。生命从自然来，自有元能；它向自然去，通长潜能。这一路天行，它反哺了母体，通成自然的有机化。双方通转状对生，潜能持续天长；双方环回式耦合，潜能天然整一化通现，自可通成生态美。也就是说，生命与自然通转，其潜能天然自足，天然对生，天然耦合，天然整一化实现，生态美有了自然化生发的通律。生命、生境、生态之美，均有赖生命与生境潜能的自然化互生，均有赖双方的自然化耦合，均有赖双方的自然整一化实现。这是谓生态美的生发机理。

同祖于自然，生命与生境有了相应的自足潜能，有了对生耦合整一化，以成生态美的可能。生命与自然对生天旋，生态美有了与存在同一的条件，有了走向一般之美的基础。

二、生命与生境潜能的对称性耦合

事物相生互发，是谓对生。耦合则在互生并进通发中，趋向整一，形成生态美。生命与生境，均出于存在，潜能天然自足与相称，可对生互长，可在耦合中整一化，实现为生态美。对生，使生命与生境的潜能持续自足，构成生态美基础；对生达成的对称性耦合，使双方的自足潜能整一化实现，是谓生态美的机制。

（一）生命与生境耦合出生态形式美

诸如形态、数量、体积、速度的生态形式美，是生命与生境共成的。生命的感觉结构与功能，与生境的构造与运动，同为自然所整生，有了相应的自足性，有了对称性，有了配伍性，有了适构性，可在对生中耦合，达成整一化，以成形式美。比如圆形，就不是纯粹的物体样式之美，而是生境之物的形体结构与生命的视觉结构共同生发的。生命与生境，均出于大自然的自旋生，因共同的生态背景，有着相成性与相进性，有着相适性与相应性，这就有了对生的基础，有了耦合的可能，有了整一化的条件。有此大前提，生境物的相应形体，有被生命感觉为圆形的潜质；生命的视觉结构，有将其感觉为圆形的潜能；两者适构对生，各趋自足，并在耦合中整一化，生态物的圆形之美生焉。

复杂的生态形式美，也不外乎生命与生境的对应性耦合。生态系统的形态与构造，跟生命体感官的结构与功能对应，在匹配中谐构，在对生中自足，在耦合中整一性实现，复杂的生态形式美生焉。在生命与自然的对生中，生态系统跟生命体的潜能同步自足，均有了完备形态，增长了同构性与适构性，也就耦合出了生态美的复杂形式。像耦合对生、生态平衡、生态循环等生态美的形式，无不是生命结构、社会结构、生态结构、自然结构完备形态的共同抽象，无不是生命与生境的对生、共生与整生关系的结晶，如果没有大自然这一共同母亲，也就没有双方潜能的对应与匹配，其对生与自足、耦合与整一，当无由生焉，生命认同与创新整一的生态结构，也失去了可能。生命与生境的自足潜能，在相应中对生，在对称中耦合，以成整一化的结构样式，不仅有了生态形式美，还为一切形式美的产生提供了生态学依据。

（二）生命与生境耦合出生态内容美

大自然的自旋生，为自然元道，有原生之美。以之为基础，生态美的内容有真（含绿性与哲性）态、善（含益值与宜值）态、真善统一态。它们均有着生命与生境因同祖而对称、因对称而对生、因对生而耦合、因耦合而整一化的生发规程。真，是智慧生命对生境本质合乎实际的反映。就生境而言，它是自身潜质与潜性的整一显现，就智慧生命而言，它还是本己认知潜能的实现，就整体而言，它是生境的潜质与生命的智慧适构对生，耦合同出，整一化显现的。单有生境本性的实现，而没有相应智慧生命的发现，没有两者对生耦合的运动，本然的道无法呈现为真，无法整一化为生态的真之美。一切生态的真之美，包括自然形态的、社会形态的、自然与社会统一形态的，均是生境本性与生命智能的对生耦合物，都是两者的适构性共生物与整生物，全是双方自足潜能对生耦合的整一化实现。生命处于蒙昧阶段时，大自然的生态系统自在自为地发展本性，自含其道，自有成为真的潜能，然无所谓识道而得真，无所谓生命与生境潜能的对生耦合与整一实现，也就无所谓生态的真之美。凭借实践与进化的机制，生命智慧的生发达到一定阶段，与生境的某些本质适构耦合，初生出生态的真之美。生命的智慧结构进一步发展了，与生境的系统性本质适构耦合，共生出深绿的真状生态美。随着自然的进化和社会的发展，生境的本质结构与生命的智慧结构实现了历时空的耦合，对生出深邃整一的、至绿至哲的生态真。生命智慧与生境本质动态适构，可在对生耦合中，持续整一化，使原生真态美，经由一般的人造物真态美，向高科技真态美拓展，以成超越性的仿生真态美系统。这就说明，真状生态美，是生命智能跟生境本质在动态适构中耦合，所达整一性实现。

善状生态美，以真状生态美为基础，在审美生存关系和实践价值关系的一致中生发。它是生命的意志及需要，与生境的功能及价值，在对生耦合的整一化中，所成的生态目的性之美。善状生态美主要有宜之美、益之美、伦理之美、系统价值之美。宜之美，是生命与生境对生而出的相适性价值，审美绿性突出。益之美，是生境功能跟生命欲求对生耦合的产物，是生境的潜在价值，与生命的实践目的、实践智能、实践体能的整一化实现。生态伦理之美，表现为生命合乎生态道德规范的行为，是生命的意志与目的跟生境的意志与目的耦合的产物，是生命自律与生境他律的结晶。人间的生态伦理之美，是社会的生态规范和生态目的，与人的生态伦理意志和生态伦理能力的耦合物，是个体与社会伦理价值的整一化实现。社会与自然共组的生态伦理之美，在人与自然可持续协同发展中涌出，它是系统的生态规范和生态目的，跟人的生态伦理实践的耦合物，是人类与自然伦理价值目标的整一性实现。凭此，生命系统与生境系统的伦理意志、生态目的、生态行为、生态效应全面契合，促进了社会生态系统的稳态发展，推动了大自然生态系统的良性循环，有了生态大善之美。像生态工程和循环经济，"一带一路"与人类命运共同体，都属此列。生态大善之美，当是智慧生命与自然生境巨大潜能对生耦合的整一性实现。

绿与智跟宜与益，既可分别包含在真善中，又可以作为独立成分，与真善同成整一体。生命与生境的自足潜能，序列化对生耦合，真善益宜绿智通出，在诗态的同一中，有了整一化实现，生态美成焉。

生态文明的自然化，增长了生态美的普遍性。它既是美的一种类型，有着独立存在性；它还含美的一般性，存在于一切美的深处。所有美都可以做生态性阐析，以发掘其生态性机制——生命与生境自足潜能的对生；以揭示其生态性本质——生命与生境潜能的整一性实现；以呈现整一性机理——生命与生境的序列化耦合，特别是序列化的环式与天式耦合。经由生态美，可对美本质做更高的概括，呈现美—生态美—美的螺旋生长轨迹。

三、生命与生境潜能环式耦合的整一实现

生命与生境潜能的环式耦合，是序列化耦合的发展。它基于生态圈的运式，可在超循环中整一实现，以长生态美。

（一）生命与生境潜能的各自环发

古代和近代，生命与生境潜能的对生，分别走向依生式与竞生式的自足，各自在环式耦合中整一化，所生成的生态美，主要是一种生态要件的整一化之美。它们或是生境潜能的整一实现，或是生命潜能的整一实现，分别属于生境美与生命美。这就为生命与生境平等对生平和环旋，以成生态的整一化之美，做足了历史的准备。

古代生命潜能向生境潜能的依生性实现，所成生态美，本质上是生境美。它是生境潜能面向生命的对象化实现，是生命潜能同于生境潜能的整一性实现。道与神生发生命后，生命转而向母体生成，这就在双方环回的耦合中，成就了道与神潜能的整一化实现。老子说："道生一、一生二、二生三、三生万物"①，进而提出"人法地、地法天、天法道、道法自然"②。这就在道为本原的前提下，在道与人潜能的对生中，形成了人对道的依生，形成了人依同于道的环回式耦合，整个世界成了道的整一实现，成为道化的生态美。西方基督教哲学与美学认为，上帝三位一体：圣父展开圣子的位格，化生人与万物；进而展开圣灵的位格，道成肉身，使万物与人以耶稣基督为榜样，向自身回生。在这神人潜能的对生环回中，构成了人对上帝的依生。上帝与自己的创生物耦合于天堂，有了自身潜能的整一化实现，有了神式存在的生态美。

近代生态美，是生命潜能的整一性实现，本质上是一种生命美。它是人的本质力量的对象化之美，是人化自然与自然人化通转，所成环式耦合的整一化，是谓人类生态美。在人与自然的冲突性对生中，人类的潜能充分地外化与扩张，以图成为自然的本质。自然在竞生中暂时落败，仿佛被人类征服了、同化了，成了人类的对象物，成了人类潜能的肯定、确证与认同。它向人类生成，在圈转环回的耦合中，使人类潜能整一实现，整个世界通变为人式生态美。

（二）生命与生境潜能的立体环式耦合

当代生态美，既有生境潜能的环回式耦合及整一化实现，也有生命潜能的环回式耦合及整一化实现，更有生态系统潜能立体环式耦合及复杂性整一实现，发展出生态圈的系统生态美与个体生态美。

---

① 饶尚宽译注：《老子》，中华书局 2006 年版，第 105 页。
② 饶尚宽译注：《老子》，中华书局 2006 年版，第 63 页。

生态圈中，生命潜能与生境潜能在自足对生中、立体环合里，呈现出动态平衡、良性循环、网走周流的整一化样式，深化了生态美的规律。

生态圈的运进，使对生与耦合环式运发，可成动态中和的整一化样式。生态圈中，生命潜能与生境潜能的每一次对生耦合，都中和出新形新质，有了持续的整一化环现。像家庭成员间，于冬去春来里、斗转星移中，各守伦常，对生耦合，以达中和，推进了美满亲情的整一化序现，环展了生态美。生命与生境对生耦合、交互发展、协同前进，可成动态平衡的整一化结构。在其中，生命潜能与生境潜能制衡地相生，协同地相发，于圈增环长中整一化，有了系统衡旋的生态美。

周转式对生，使生命与生境耦合环进，发展出良性循环的整一化样式。这种对生耦合，既可以是生命与生境潜能的平和环进，又可以是它们的非线性环行，呈现出超循环的整一化机制。像循环经济显示的生态美，就是人与生境潜能在逐环对生与逐圈耦合中旋发的，既契合了生态圈的整一化运转，又有了超越性的仿生意味。

生态圈里，网走周流的对生，立体环进的耦合，完生出四维时空超循环的整一化样式。生命与生境潜能，既可以形成点状共时的对生耦合，又可以形成点、线、环、体历时的对生耦合。这种体状历时的对生耦合，整合了点、线、环的对生耦合，可在四维时空的超循环中，完现整一化。复杂的生态系统，形成网状的生态位，生命与生境的潜能在所有网结上对生，进而在所有网结间纵横对生，于网走周流中，与立体往复里，呈现非线性耦合，以成复杂性整一化。这当是"万万生一"的整一化。万万所生之一，是生态系统完生之一，它在网走周流中，流布到各生态位，有了"一生万万"的整一化。这就保证了结构张力与结构聚力的活态平衡，显示了生命与生境深刻的耦合机理与辩证的整一化路径，生态美有了系统生发形态与个体生发形态，可与生态系统同一。生态圈由此而遍旋生态美与通转生态美，并成了生态美自然化的载体。

同是生命与生境的环式耦合，既有古代道与神潜能的整一实现，也有近代人类潜能的整一实现，更有当代及未来生态系统的潜能，在网状往复与立体耦合的超循环中，所成的整一实现。这说明，生命与生境的环式耦合，取决于生态圈的运式，生态美是在生态圈的环进旋升中生发的，生态美的生发规律与生态圈的运转规律一致。

在生命与生境的环式耦合里，每一个环节的对生，增长的自足潜能，依次汇入终转的环节，即终点与新起点一致的环节，达成以万生一。依托生态圈，生命与生境潜能每一个周期的环式耦合，都是累进的以万生一，都是累加性的整一实现，生态美长焉，生态美随生态圈的一一旋生长焉。

四、生命与生境潜能天式耦合的整一化

司空图说的"万取一收"①，可理解为万中取一和以万生一，属于整一的要求与方式。在美生学的视域内，整一，是生命潜能与生境潜能的对生耦合，所同成的美生性；是生态性与美态性本然、全然、天然、超然一致的状态；是双方的自足性与天籁性同构的状态。

生命与生境潜能的天式耦合，与生态圈的自然化同步。生态美长满生态圈后，可随生态圈的天旋，长满自然界。可以说，生命与生境潜能的天式耦合，是环式耦合的自然化，是生态美随生态圈回归大自然的规律，是生态美与存在同一的规律，是生态美走向一般美的规律。

（一）生命与生境潜能本然耦合的整一化

生命潜能与生境潜能本然耦合的整一化，是双方的自足性与天籁性对应生长，并融合为一的过程，是天然呈现生态美本质的过程。

生命与生境潜能本然耦合的整一化，基于共同的自然禀赋，是其内在要求与必然趋向，也是生态系统自组织、自控制、自调节以达动态平衡的

①　郭绍虞主编：《中国历代文论选》第 2 册，上海古籍出版社 1979 年版，第 205 页。

需要。也就是说，这种本然耦合的整一化，为自然整一化，为天然整一化，如强行抑制，则违其根性，有损事物的天然联系，有碍世界的自然有序性。生命与生境潜能的整一化，是它们的共同意愿与共同需要；其组织机制、动力机制是双方自动恰合的，是双方自动配伍的，也就是本然的、天成的。生态系统的目的，也是双方目标的中和，其调控机制也是内共生与内共组的，只要有相应的环境条件，就可按照预定的程序，自在自为与任性任意地整一化实现，凸显出自足性与天籁性融合为一的生态美本质特征。

这种本然耦合的整一化，双方或各方均出于同向性内需，即基于欲求与本能的共趋性与共恰性，是性情之共至，本意之同趋，志趣之通适，天韵之所钟。"看万山红遍，层林尽染，漫江碧透，百舸争流，鹰击长空，鱼翔浅底，万类霜天竞自由"。在毛泽东描绘的这幅秋景图里，生命与生境的潜能，一任天性地共恰、同组与耦合，于内在的同一中，有了自由天性、自然生机、生命活力的整一化实现，有了集约万类主宰沉浮的浩然生态美。人"依赖于自己和按照自己的爱好而生活"[1]，也就超越了物欲的控制，清除了奢望的羁绊，摆脱了外在舆论的压力，解散了周围情势的逼迫，有了内外皆然的自在自为性，从而与生境的自然自在性合拍，本然地趋向了整一化。陶潜"少无适俗韵，性本爱丘山"，李白"举杯邀明月，对影成三人"，都是率性任心的行为，都是生命的本真追求，也就与生境之本性相通，从而在自足性与天籁性的一致中，有了本然耦合的整一化，有了天籁化的生态美。

（二）生命与生境潜能全然耦合的整一化

生命与生境潜能本然耦合的整一化，是生态美自然化的要求；在此基

---

[1]　[法]卢梭：《爱弥儿》，转引自张逸庭主编：《西方资产阶级教育论著选》，人民教育出版社 1979 年版，第 97 页。

础上，生命潜能与生境的潜能，走向尽性尽意与尽质尽能的全然耦合，自足性与天籁性对应地增长与整一化实现，可发展生态美。

生命潜能与生境潜能全然耦合的整一化实现，以生态社会的形成与生态文明的发展为条件。当人处在平等、和谐、文明的社会生境中，社会关系、社会规律、社会制度已然生态化了，不再是约束个性与压抑生命的必然，而成为发展素质、个性、情趣、才能的保证与基础。生态化的社会文化，还成了人与生境互生耦合的中介与机制、纽带与桥梁。随着生态文明的自然化，人与自然全面地构成了可持续互生的关系。自然既不是外在于自身的异己对象，也不是被征服转而否定自己的对象，而是使自身、它者、整体自足的力量。凭此，生命潜能与生境潜能在本然和全然的耦合中，自足性趋向完形，当可生成完备的生态美。

生命潜能与生境潜能的全然耦合的整一化，可纵向历时与横向共时地展开。前者指生命与生境按照程序——实现预定的潜能，构成了秩序井然、比例匀称、层次分明的序列化耦合，自然而然地形成了整一化的生态美结构。人的幼年、童年、少年、青年、中年、老年，均与生境完备地对生了预定的潜能，在全域全程的耦合中整一化实现，也就有了全景式拉开的生态美，可谓人生全美。后者指生命运动的鼎盛阶段，其各个方面的潜能与生境的潜能全向对生，有了聚焦式的整一化实现，有了通发通和的生态美。像文艺复兴时期，通才辈出，形成了巨人群。诸如达芬奇，军事、政治、艺术、历史、哲学、科学、技术等诸方面的潜能，趋向巅峰，且相生互长，与相应的生境达成结构化对生，构成了全然整一化的生态美。生命潜能与生境潜能的结构化对生，可成本然基础上的全然耦合，以达历时空的整一化，呈现出理想的生态美。

生命潜能与生境潜能全然耦合的程度，或曰尽质、尽性、尽能实现的程度，在很大程度上是由两者的生态关系决定的。在古代生态美中，生境成为对生关系的主导，其潜能完备而本然地通现，而生命则难如愿。古代西方人压抑感性趋同于神；古代中国人牺牲个性与欲求趋同于天，趋同于群体；均属于以自身潜能的未完备实现，成就生境潜能的完备实现，成为生境潜能完备实现的一种确证，一种目的。近代的生态美则与之相反，人类在压抑、征服、否定自然中，全然地实现自身潜能，并通变为整体潜能完备实现的形式。现代的生态美，人与自然潜能耦合并生地实现，双方彼此生发，彼此约束，交互共进，既达到了各自潜能的结构性实现，又同步地达成了整生体潜能的结构性外化，所生成的生态美自由度高，整一性强。当代生态美，生命与生境潜能趋向四维时空的结构性实现。这是一种立体旋进的整生性潜能，可在生命与自然关联贯通流转不息的整一化中，形成理想的生态美。

（三）生命与生境潜能天然耦合的整一化

生命潜能与生境潜能的各种对生耦合，有自然整一实现的同向性。其本然耦合，是任性任意地耦合；其全然耦合，是尽性、尽意、尽能地耦合。这两种耦合达成的整一化实现，都是必然性实现，即规律性与目的性实现，即按性按质和依性依质的实现，即天然性实现，有着自然整一性实现的共通性。

表面看来，规律与目的，有着刚性的必然与硬性的规范，于美生的自由属性有距离。但现代特别是当代的生态美，基于生命潜能与生境潜能的天然耦合，其整一化实现，所循的规律与目的，都是内在的、恰合的、自然而然的。其规律，是事物属性与质地的展开和所在系统属性与质地的展开，是一种本然的关系；其目的，是事物和所在系统存在与发展的要求，是一种天然的向性；均不是外在的、异己的必然。究其缘由，是生态美的自然根性使然。一切与一，秉承自然的潜能而成；生命与生境都从大自然获得自足的潜能，可天然耦合，达成自然整一化实现，提升了生态美本质。

生命与生境潜能，在本然耦合中的整一性实现，是任性任意的自然实现，是自在自为的自然实现，未出自然整一化实现之右。生命潜能与生境潜能，其结构性对生，为尽性、尽意、尽质、尽能的全然耦合，凸显了生态系统的目的与规律，更接近自然化的整一实现。生命潜能与生境潜能的天然耦合，其自然整一化实现，则更加达到了老庄哲学倡导的"无为而无不为"的要求，进入了孔子所言"从心所欲不逾矩"的天籁化境界。

生态美走向天籁化与自足化一致的境界，其生态文明价值、生态和谐价值、生态艺术价值在"三位一体"中，达成超越本然的增长。凭此，生命潜能与生境潜能的对生耦合，有了本于天然又胜于天然的效应，所成的自足性与天籁性的同一，基于自然又超越自然，也就提升了生态美的本质。

在往后的时代里，生命潜能与生境潜能的超然整一化实现，可使生态美永续发展。凭借历时空的整生，生命提升了本质力量，有了跨越性的生态自由。他可以在地外时空，甚或在天外时空，拓展生境并与之对生，形成天转式耦合，以成自然整一的生态美。凭此，生命与生境的潜能，于存在化与永在化的通转中，超然耦合，趋向天域、天量、天质的整一实现，完发生态美的本质。

和谐，主要呈现了古代的美本质；人的本质力量对象化，主要标识了近代的美本质；主客体潜能的对应性自由实现，主要成就了现代的美本质；生命潜能与生境潜能的整一实现，则对各时代的美本质作了生态性通解。它从各种美的本质说的肥沃土壤中长出，还能在今后的时空通长不歇，扩展普适性，以完生美本质。

第二节　美是整生的韵象

将"美是整生"，发展为"美是整生"的韵象，是理论的具体化。整生，是世界大道的哲学概括，科学、伦理、实践、生存、审美均对其分形。美于存在元能的自旋生中，大成整生韵象，有别其他学科中的整生之理。

一、存在元能的自旋生——美本质的一般模型

自足生态曰整生。秉承存在与自然的元能，一切事物的元能，在显隐互发的圈回中，同步自足与韵化，有了整生的韵象，呈现出具体的美本质，又通成与通证了一般的美本质。

（一）事物元能的自旋生

事物的元生潜能，是谓元能。它是存在史与自然史的结晶，是大自然自旋生的成果，有着根脉深远的整一性，有着先天的自足性，有在旋发整生中以成韵象的可能性。

本于存在元能的具体元能，是相应事物的元质，是相应事物的本根，是相应事物的基元性生态。作为元生态，它是基因，为事物的总体设计，全部蓝图，无疑有着整一化实现的可能。事物基因态的元能，按显隐互生方式，在耦合并旋中，展开系统发育的成果，实现总体设计，环长出整一的本质圈，以成整生韵象。这就有了万类向美而生的趋势，有了美满自然与美满存在的向性。

事物元能的自旋生，于圈进旋升中，环长整生，曲发韵象，以成美本质。在基因态元能的总体设计中，潜能第次实现为实质，并在与生境、环境、背景的对生中序长，最后向元点回生，有了立体超旋生的本质生发格局。元能延展出本能、本性、天赋，依次实现为素质、性质、品质，有了潜能系列与实质系列的显隐互生，有了两大系列与生境、环境、背景的逐位对生。这就在四维时空的环进中，实现了本质的整一性圈发。当最后一个环节的互生与对生形成后，走向极致的潜能，带着周期性发展与实现的成果，回馈基因态元能，提升了基因态元能。这就构成了元能逐级实现与逐圈往复的整生化运动，事物同步地走向整一与韵化，有了整生韵象，呈现出美的规定。

存在元能的自旋生，既是整生的元型，也是韵象的元模，同出整生与

韵象，通成美本质。古希腊美学认为，在所有的线条中，曲线最美；在所有的图形中，圆形最美。存在元能的自旋生，显曲走之韵律，生圆发之韵调，有了整生的形韵与气韵。存在元能的自旋生，有黄河九曲入海复还的生命激情，有薄云轻环淡雾漫绕的生命柔情，是谓自然的情韵。存在元能的自旋生，循元道而圈发，显万象环生之理式，生大千圆通之意韵。存在元能的自旋生，于环环不尽圈圈不歇中，生生不息，尽显造化的伟力与灵性，是谓活性之韵盎然，生趣之韵沛然。这自然的形韵，与造化的情韵、意韵、气韵、趣韵和合，于存在元能的自旋生中，同整生而通出，整生韵象生焉，美本质长焉。

大自然的自旋生，通发存在，通聚存在的元能。存在元能的自旋生，通旋整生韵象，为美本质的一般模型。它分生出自然、生命与生态元能的自旋生模型，以成美本质的基本模型。它分生出一切事物元能的自旋生模型，以成所有美本质的模型。这就有了美本质的一般模型统摄的模型系统，可解说一般美与一切美。

（二）以学术元能的自旋生为例

试以学术人生为例，说明元能的自旋生，形成整生韵象，生发美本质。在大自然向人的生发中，特别是在人类文明的积淀中，形成了基因态的学术元能。它首发的学术本能，为学术潜质，经过与生境、环境、背景耦合的学术实践，实现为学术修养，是为学术素质。它继而展开的学术本性，为潜在的学术修为，通过与生境、环境、背景对生的学术实践，实现为学术能力，是为学术性质，或曰学术属性。它再而展开的学术天性，为创新创造的独特天赋，经由学术生境、环境、背景所规约的学术实践，实现为独特天质。有此天质，可原创技术和技能，可首创范式和原理，是为学术品质。这独特的天性、天赋、天质，处在学术潜能旋进与实现的顶端，是纵横网络整生的成果，创新创造的品位超过了原设计，呈现出自旋生的格局。它们超旋地回至并融入学术元能，明晰其独创与原创的向性，提升其独创与原创的秉性，呈现了学术本质的超循环运发，有了天韵圈升的学术人生之美。

学术元能的展开与实现，所成的递进性环回，自谓自旋生。它在生发整生韵象方面，有典范性意义。一是本质，为元能的自旋生结构，并非固定的质地与属性。即它生发的潜能，耦合实质，并与生境、环境、背景对生，形成立体超循环的运动，圈发本质生态。也就是说，事物的本质，为元能的旋整生结构，能够韵化为美。二是元能，成为本质整生的元点；所序发的潜能，成为与实能乃至本质耦合圈发的底盘。三是元能序发的本能、本性、天赋，依次与素质、性质、品质耦合，进而与相应的生境、环境、背景对生，通成本质的整一化运转，有了回环旋放的韵律韵态，有了自足、天然、独特的韵味韵致，形成了整生的韵象，显现了美的本质。

（三）美是整生韵象的普适性

美是难的，这不只是古希腊先哲的慨叹，也是数千年来美本质探索之实情。美是整生的韵象说，试图迎难而上，以求形成普适性与美生学本体性。

美起于洪荒，从古入今，并走向未来。面对广延无尽的时空，其本质界定主要有四种困难，一是美与生命的问题。鲁迅先生说美以人为目的："并非人为美存在，乃是美为人而存在的"[①]。然美与其他生命的关系，又该如何通含呢？二是原本对应的界说，因美的内涵拓展了，外延扩大了，已经不合身了，难免捉襟见肘。三是美的界定，一般着眼美的现实，未顾及它的前生与后世，缺乏通解性。跨人类与跨时空的普适性，就这样汇成了界定美本质的最大难点。要解决这一问题，须立足天顶，通视存在，"望尽天涯路"，使美的本质抽象，遍及美的全程，使美的质域，等同存在

---

① 《鲁迅全集》第 4 卷，人民文学出版社 1981 年版，第 208 页。

的全界。在此基础上，清理它的生长环路，盘点它的生长圈程，使各种美本质的生发，与历史节点合拍，呈现逻辑的位格，共显圈进旋升模型。如此，各种美的界定，可在历史位格的序进中，通现逻辑的生长，以通成一般美的界定，以成周全的美本质。四是缺失美学站位，即论者分别从哲学、科学、伦理学、艺术学的视角界定美，鸠占鹊巢，未成美本身的规定。像美是自由、美是善、美是典型等等，主要是相关学科的质态，见不出美学自身的核心诉求，遮蔽了美学本体性。美是整生的韵象说，尝试通解上述四大难题。

美是整生的韵象，从美的环长中见出。事物的旋整生，虽自显韵象，各成其美，然深究起来，它们均是在存在元能的自旋生，以及生态圈元能的自旋生所提供的美型与美范中成形的。存在元能的自旋生，展开了美的旋长单位，显示了美的旋长环节，构成了美的旋长格局，呈现了美的环生圈升的全景，持续地深化了超旋生的韵形、韵趣与韵性、韵质，通长了整生的韵象。所有时空的美，包括未来时空的美，通显存在元能的自旋生，都是环态整生而出的，自生旋韵。不同时空的美，是不同构架的环态整生韵象；它们的有序相接，形成了环环旋升的整一化生长图式，有了活气盈盈、灵机满满、曲调款款、趣意深深的韵态。这就使美是整生韵象的界定，有了过去、当下、未来的适应性，通显了存在元能自旋生的机理，通证了存在元能自旋生模型的永效性。

二、整生韵象的环发——美本质的生长

伴随大自然的自旋生，存在的元能，在圈回环长中，通发整生韵象。它由天的环态整生韵象，走向人的环态整生韵象，经由天人耦合的环态整生韵象之中介，走向生态圈的环态整生韵象，臻于生态圈的天旋整生韵象。整生韵象的逐级环进，使美本质有了——旋升的规程。

（一）从天的环旋整生韵象到人的环旋整生韵象

洪荒时代，无机大自然元能的自旋生，形成了天的环旋整生韵象，是为美的元型。远古之时，人是自然物，天人同质，所成天旋整生，是原生的韵象。人从天出，离开母亲怀抱，天成了本原与本体。在天生发人，人回归天，人依同天的三个规程中，显示了天的元能的环旋整生，生成了人对天的依生之美。

天化，显现为道化和神化两种形态。在中国，天的元能自旋生，分为三步：道生万物，万物回归道，万物与道同于自然。这就有了完备的道化，成就了天韵泱泱的自然大美。

在西方，天的元能自旋生，为神生万物，万物神化，神与万物同在，也是一个圈回，韵象自生。神生万物，为上帝宇宙化，即上帝将自己分形于创造物中。万物神化，为宇宙上帝化，即耶稣基督带领神造物上天堂。神与物同在，即上帝与所造物同居天堂。这就在上帝元能的自旋生中，有了"圣三位一体"的韵象化，成就了神味胀胀的宇宙大美。

天的元能自旋生，所成环态整生韵象，是为依生之美的本质要求。它能通解美是道——中国的儒、道、佛之道，以及三道合一的天道；也能统括美是神——西方的数、逻各斯、理式、纯形式、太一、上帝；还能包含美是和谐、美是整一、美是适宜、美是崇高——它们均为神态，即天态。这就凝聚了美是整生韵象的第一个本质侧面：美是天的环旋整生韵象，玄奥神圣的气性气象洋溢其中。

从天的整生韵象到人的整生韵象，是生态关系的逆转造就的。在古代的生态结构中，天是本原本体，处于生态元能地位，可主导生态运转，可成生态目的与宗旨，可成生发与同化一切的生态循环运动。近代生态关系转换了，人成为生态元能，成为生态本体和生态目的，主导了生态循环，造就了人的环旋整生韵象。

天的整生韵象潜生暗孕人的整生韵象。在《圣经》中，人秉神旨和人靠神力主导自然，"管理海里的鱼、空中的鸟、地上的牲畜，以及全地，和地上所有爬行的生物。"① 这就使人有了僭越的机会。早期的基督教，是穷人的避风港，富人进天堂，好比牵着骆驼过针眼，难之又难。其后，上帝预定者，方能进天堂。再后，上帝拯救与苦祷清修兼备者，可入天堂。《神曲》中，诗人维吉尔是人类理智的化身，他引领但丁遍游地狱和净界；比亚德里彩是但丁年轻时的爱慕者，引其升上天堂；这是谓人类凭智慧、爱情、美德就可与上帝同一了。人从天态整生的代理者走向主导者，人态整生也就露出了曙光，有了历史的必然。

人化，是人的环旋整生韵象的机制。首先是人自身的人化。经过文艺复兴和启蒙运动，人觉得自己是"宇宙的精华，万物的灵长"。他要从依生者，变换为主宰者和主导者；要从次生态，转换为元生态。主体意识的生发与升华，所形成的竞生之美，主要是人的自由之美。人化的第二个环节是人的对象化。人通过实践，以图生态元能的换主，以求生态结构的人化，势必与自然形成反复的冲突、拔河式的对抗，也就有了崇高之美。人化的第三个环节，为自然的人化，标志着人的元能达成了自旋生，实现了整一化的环回，有了人的环旋整生韵象。人态整生，一旦覆盖自然，也就打破了和谐的生态秩序，错乱了正常的生态结构，荒诞的悲剧与虚幻的喜剧也随之而生，竞生之美臻于极致。

近代以来，各种美的本质说，诸如美是自由，美是移情，美是自然的人化，美是人的本质力量的对象化，美是社会属性等等，均深深地打上了人的烙印。其所含情象、意象、趣象，趋向人格化。其所成整生韵象，不难见人曲满满，人调昂昂，人气傲傲，人性狂狂。

（二）从共和整生韵象到中和整生韵象

主体间性哲学先在社会领域，主张人与人生态平等，互为主体，后在

---

① 《圣经》（新译本），香港天道书楼 1993 年版，第 4 页。

整个世界，要求人与自然生态平等，互为主体。间性主体元能的自旋生，圈发天人共和的整生韵象，是生态元能的自旋生，圈发系统整生韵象的前奏。这和但丁的《神曲》，终结神的整生，发端人的整生，有相似处。它们均是两种整生韵象的转折点。

在工业文明向生态文明的转换中，以人与自然的互为主体生态平等为基点，发展对生并进的关系，形成天人衡生结构，是一种生态哲学观念的极大进步。它力图在间性主体元能的环态整生里，即二元共和的并旋中，彰显出现代衡生之美的质地。

将主体间性，作为人与自然的基本关系，是值得商榷的。从空间看，人在自然中，人类生态系统与社会生态系统，在自然生态系统中；从时间看，人类社会史，在自然通史里出现，仅是某一断代史中的专门史；人也就不可能与自然对等并立。在多元一体的自然生态系统中，天人二元共和，仅是生态单元，仅是局部关系，不可能是整体结构与整体关系，也不可能平等共成生态元能，通发自旋生。可以断言，人与自然互为主体，二元共和，很难对称，无法匹配，不可持续。人硬要与自然并驾齐驱，久而久之，历史的车轮会倾斜的。

"自然之外并无一物"[①]，人不可能与自然平起平坐。他也就从天之外回到天之中，从天的对面进到天的里面，成为系统生态圈的一部分。他与自然大家庭中的其他物类，平和相待，兄弟姊妹相称，在对生耦合之中，并进环升。这就有了生态系统元能的自旋生，有了中和整生韵象的圈发，有了共生之美的质地。

从衡生之美的质地到共生之美的质地，有美是关系的和谐之意味，有美是主客观的统一之精神，有美是主客体潜能的对生性自由实现之义理。它中和了古代和近代的主流之美和主导之美，即统一了依生之美和竞生之

---

① ［美］阿诺德·柏林特：《环境美学》，张敏、周雨译，湖南科学技术出版社 2006 年版，第 10 页。

美，所成整生韵象，天人一体，和风熏熏，和性真真，和气团团，和趣淳淳。

三、自然整生韵象的通转——美本质的完形

随存在元能的自旋生，自然整生韵象通出，流转自然史和生态史，美的天生普遍化，美本质臻于完形。

（一）存在元能的超然自旋生

自然整生，是从天到天的通转式整生。存在元能的自旋生，显示出以天生一与以一生天的环回，呈现出天然超旋生的韵格与韵象。它以此达成了世界元点的整生，生态元点的整生；形成了生命的整生，生态圈的整生，天成整一化环回的韵象，完形了美本质。

存在元能的自旋生，通发自然整生韵象，为所有事物分形，以达完形。以是观之，卡尔松说"全部自然界是美的"①，诚非虚言。每个事物，都可以在从天到天的超然通旋中，从一到一的整一环升里，即于存在元能的超然圈发与螺旋通转里，实现自足的韵化，呈现天生之美的本质。

同是存在元能的超然自旋生规程，以天生一，是宇宙元能与生态元能的系统旋成格局，以一生天，为天体世界与生态世界的系统旋成格局；万万生一与万万一生，是整生体的圈发完布格局；一一旋生与一一天生，是生态圈的天然旋长格局。这三大格局，均是存在元能超然自旋生的主要节点，它们通成的整一化与天旋化，完转了存在史，完生了自然整生韵象，完发了美的全部本质与最高本质。

---

① ［加］艾伦·卡尔松：《环境美学——关于自然、艺术与建筑的鉴赏》，杨平译，四川人民出版社 2005 年版，第 109 页。

（二）天成整生韵象

以天生一与以一生天，既含世界元点和生命元点的整一生成，还含天体世界与生命世界的整一生成，为自然元能与生命元能的形成方式与自旋生模式，为美本质的生发模型。

元能天成。以天生一，自成元能。宇宙的生态元点，是大旋爆，为各种存在条件的整一化，是最大的以天生一，也是最初的以天生一，是谓世界元能的形成。地球生命的共同祖先，即起点性的生命，不会由某个具体的"妈妈"直接生育出来，而是由存在的总体条件所孕发的，是谓系统生成的，是谓以天生一，是谓生态元能的初成。世界上的生命，多为"雌雄"所"共生"，也为存在所整生，即以天生一的。像每一个人的生命，为父母所共与，但他在娘胎中的 10 个月，经历了系统发育，获得了存在演变与自然进化的成果，接受了生命演化和人种发展的馈赠，也就在以天生一中，成了自然的整生物，成为自足生态。来于自然的生命，有了存在的元能，有了向自然旋回的原设计，有了形成天然整生韵象的可能。这就见出，以天生一，或曰存在生一，是世界与事物元能的生成方式，是生态与生命元能的生成方式，并有了元能天然自旋生的元力与向性，打下了美本质完形的基础。

元能的天然自旋生。以一生天，是世界元能旋生出天体圈构，是生命与生态元能，生出生物与生态圈构，均有了旋整生的韵象。大旋爆的那一瞬间，形成了宇宙的元能，其后的旋胀，是宇宙元能的展开。它在以一生天中，圈发了星球、恒星系、星系、星系团、超星系团、宇宙，通旋出层级分明的天体世界，有了自然整生韵象。生命元能，潜含着生物圈升环长的图式，它在以一生天中，圈发有机世界。从生命元能而来的生态元能，依据基因的设计，比照蓝图的标识，在自旋生中逐步地呈现生态层次，有机地增加生态环节，依托良性环行的生物谱系与生物圈，勃发出生态圈，有了生态世界的环发，有了周旋整生韵象的模型。

天成整生韵象，成为人类美生的范型，有着先导的意义。像欣赏活动，是人类审美活动的起点，它序长出批评活动、研究活动、创造活动，最后环回自身。这就在自旋生中，形成了良性循环的审美活动世界，呈现了整生韵象。审美活动圈第次耦合文化生境圈、社会环境圈、自然背景圈，有了超然整生的旋升。这就在天然圈发中，构成了自然整生的韵象。

（三）圈转整生韵象

万万生一与万万一生，为整生体的形成方式，为生命整一地存活于生态圈的方式，为生态元能自旋生的表达方式与存续方式。它使系统整生体和个别整生体在圈升环长中，保持了环旋整生的韵象，发展出自然整生的韵象。

万万生一，是一切生命元能通和为一的自旋生方式。所有生命在序态生发中，在整一联系中，形成生物谱系、生物圈、生态圈，有了系统整生体。这种万万生一，在所有生命元能的耦合中，通成自旋生，有了系统旋活的韵象。

万万一生，是生态元能非线性自旋生的方式。生态圈一经生成，就进入了自旋生的存活过程。在生态循环中，系统整生体向所有个体反哺回馈，成就个别整生体，实现万万一生，广泛旋发整生韵象，有了美满自然的趋向。所有个体存活于生态圈中，存活于生态圈的所有环节中，存活于生态圈运转的一切时空中，是成万万一生的韵象。一切生命在圈旋中整生，同趋自然化，然未造成同质化，各发韵致而显美。它们以独一无二的个性质，各成生态圈的本质侧面，通成系统整生体。这就实现了生态圈的非线性整生与多样性整生，有了既异彩纷呈气性各具又万象通和万律通协的整生韵象。

万万生一与万万一生协同，使生态元能的自旋生，有了生态辩证法的韵味。生态圈的个别部分，形成本质结构的各侧面，并在共通、共趋和共恰中，增长整一性存在，是个别整生体提升系统整生体的一个方面。所有个别整生体，还在相辅相成和相反相成中，异质协同，多元共体，是它们同长系统整生体的另一个方面。它们的共趋性与异质性匹配，形成非线性衡发，是同发系统整生体的再一个侧面。这就通长了系统整生体，互发了个别整生体。生态圈的各局部，个性独具、特色各异、韵致相别，且比例不等、尺度相差、数量各殊，既属自身元能的自旋生呈现，又缘于系统元能复杂性自旋生的需求。它们各处其位，各尽其能，既是自身元能的自旋生使然，也是系统元能自组织自控制的整一化要求。它们在相克互抑中相生互补，在相争相斗中相胜相赢，既受自身规律与目的制导，更因系统规律与目的把控。正是万万生一与万万一生的耦合，成了生态圈动态衡旋的方式，成了生态元能自旋生的实现方式，成了整生韵象的辩证生发的方式。

生态圈与所属环境圈所依背景圈复合运行，达成了立体的圈进旋升。这就使系统整生体与个别整生体，都在元能的超旋生中，持续地圈长了自然整生的韵象，发展了美的内涵；这就使自然整生韵象，所含气象气性与气质气味，有了个体性、系统性、存在性的一致，一派天风浩浩，天趣绵绵，天性蓬蓬，天姿翩翩。

（四）天旋整生韵象

——旋生与——天生，为存在元能特别是生态元能超然自旋生的完式，为韵象的整生大道，特别是韵象通然超转的整生大道。循此完式与大道，自然整生韵象系统旋长，天然旋回，有了更为悠长与和婉的旋律，可和大自然从无机自旋生到有机自旋生的通转，同曲共调，以完形美本质。

作为生态元能自然化环旋的方式，生态圈在——旋生中，向世界元点与生态元点超越性复归，有了周转圈回的整生韵象。生态圈的良性循环，在系统旋活中，叠加着周期性量变，直至临界点，完整地生发出某一侧面质。在新的周期性旋进中，它又展开了另一侧面质的完发。这些侧面质一一关联，通成拐点，以向世界元能与生态元能螺旋复归。这就在周全的一一旋生中，完形了自然整生韵象。

生态元能的自旋生，使整生韵象系统旋长，有两种形态。一是在同一质区里，通过万万一生的延续，即生态圈不断的良性循环，形成小格局的一一旋生，显示出某一侧面质的周备性生长。二是在整体质域里，不同侧面质的螺旋递进，相接成全景式的一一旋生，形成整体质构的超旋生，完显整生韵象，完生美的本质。

生态元能的自旋生，还转出了一一天生，以完形整生韵象。生态性与审美性的一致，达到自然状态的耦合旋进，可成天然整生韵象。事物依本性生长，可成最高的质态——自然。老子的"道法自然"，不是讲道效法自然，而是说道的法相与本性为自然。生态圈中的所有事物，于万万一生中，全部成为个别整生体，进而一一天生，有了最大量态的自足。事物的审美性，也以自然为最高的质性。庄子说："朴素而天下莫能与之争美"①，人工创造也在返璞归真中，臻于一一天生，获得天籁化质态。天生之美的生态质与审美质有了自然整生，生态量和审美量也有了自然整生，这就在"四位一体"的天然圈进中，旋回了以天生一的始端，完显了存在元能的超然自旋生，完发了自然整生的韵象。

随着存在元能回环不尽的自旋生，整生韵象从天到天的生发，呈现出超然自旋生的模型。这一模型，来于大自然的自旋生。大自然的自旋生，旋出了有机生命，旋出了生态圈，规约它们天然环升，周天通转。这就完生了有机自然，完发了生态存在，反哺了存在元能，成就了存在元能的超然自旋生。存在元能的超然自旋生，成就和包含了生态元能的超然自旋生，成了美本质的机理。存在元能的超然自旋生，既呈现了存在与自然、生命与生态的整生，也呈现了这种整生的旋韵化，同成了整生化和韵象化

---

① 王先谦注：《庄子集解》，《诸子集成》3，上海书店出版社 1986 年版，第 82 页。

的天然一致，通发了自然整生韵象，完形了美本质。

整生韵象中的情象、意象、趣像，同趋天籁化。这种情象，是快悦之象，和悦之象，绿悦之象，天悦之象。这种意象，是自然与文明统和，大成系统生态圈之后，旋发的存在规律和目的之象，通转的真、善、益、宜、绿、智的整一之象，是为天道化与天理化的快悦之象。这种趣像，是个性化与特征化之象，是情趣化、理趣化、天趣化的快悦之像。情象、意象、趣像叠出，在"三位一体"中天量化和天艺化，以成天籁化韵象，是为美的理想本质。

第三节　形式美是整生的律构

事物的关联性、共同性、统一性、稳定性、必然性，生成聚力；其离散性、个别性、对立性、变化性、偶然性，生成张力；这两种关系力的对生，既达各自的整生，也成相互的整生，更抵系统中和的整生，以发展出和旋、通旋、超旋的韵律结构，以达成形式美的规定。

聚力与张力的对生，展开和旋，促进整生，完形律构，涌现形式美。整生的律构，是曲律、格律、节律、旋律、韵律的整一化，是形式美的本质规定。形式的要素，诸如形体、色彩、声音、气味、线条等，在不同关系力的组织下，达成整一化旋运，律化为审美结构。张力与聚力的和旋而生律，律动可生韵，美的本质与形式美的本质，也就走向了"韵"的一致。基于生态元能的自旋生，整生的律构，包含在整生的韵象里。形式美的规定，成了美的规定的重要部分。

一、聚力整生的和旋律构

大自然元能的自旋生，是形式美的本原；事物据此而成律动结构，是形式美的本位。曾永成教授论证生态秩序,[①] 揭示节律感应,[②] 呈现自然本体。这很有见地,很有韵致,很有和律,也可通达形式美本质。在生态序进中,张力依同、依合、依和出聚力,既成聚力整生,又发和旋律构,可生形式美系列。

(一)张力依同聚力的律构

周来祥先生指出:"古典美学强调遵循形式美的规律,要求严格的和谐、平衡、对称,符合比例,中节适度"[③]。对称、整齐、划一等形式美,经过千百年的洗练,已然定型。它们一旦表征整生的格局与关系、规律和目的,也就有了同律和旋结构,也就成了同生的形式美,也就有了并生与齐生子范畴的展开。

事物的对应性特别是对称性生长,呈现出耦合并生的关系格局。事物整齐划一的生态形状与生长样式,显示齐生态势。它们使同生具体化,展现了张力同旋而出整生律构的图景。

并生,为生命结构的常态。人和动物的器官,诸如眼睛和耳朵,是并生的;人和动物的肢体,诸如人的手与脚、马的前肢与后腿,是左右并生的。并生,是张力简明的整一化运动,所成的同运、同旋、同律结构,是张力同发聚力整生律构的重要方式。

齐生,是生命群体的结构常态。同一物种,呈现出同样的组织关系与结构状态,形成同律性运发的整生结构。并生与齐生,在张力同发聚力的和旋中,形成了同旋式等调式的整生律构,表征了生命和物种稳定与平衡

---

① 参见曾永成:《文艺的绿色之思——文艺生态学引论》,人民文学出版社 2000 年版,第 132—135 页。

② 参见曾永成:《文艺的绿色之思——文艺生态学引论》,人民文学出版社 2000 年版,第 66 页。

③ 周来祥:《现代辩证和谐美与社会主义艺术》,载《三论美是和谐》,山东大学出版社 2007 年版,第 147 页。

的生态规律和生态目的，成为美的基础性形式。

在事物特别是生态系统的生发中，聚力生成与稳定结构，张力发展与变化结构，张力与聚力统一，稳态地发展和创新结构。与此相应，生态系统的组织关系和结构形态，以同为基座，逐步走向合、和、不和而和，呈现出非线性和旋的韵律化形式。并生和齐生，是张力同发的聚力整生律构。它们的各部分，在形态、性态、质地、数量、尺度诸方面凸显了同，实现了同形、同量、同性、同质、同构的节律运动，有了聚力的整生，有了依同式和旋的整生律构，有了基础性的形式美。

这种形式美，在张力同成聚力中，各部分凭借同质与同性、同形与同构、相近与相似、相反与相成，实现组织的关联与集合、稳定与平衡、协同与统一，凸显了和旋韵律的一致性，或曰同调性与等式性，有了匀称、有序、庄重、规整的形式美品质。

（二）张力依合聚力的律构

生态系统，序变性演进，等差性推移，在张力依合出聚力中，以成聚力整生式律构。此种合生形式美，张力在生成聚力时，适宜地保持与发展了自身，趋向聚力式和旋。它所发律构，灵性渐生，活韵渐成，生趣渐长。它主要有匀生与分生两种形态。

均衡、渐变、节奏等一般形式美类型，本就具有生命的节律性，自可重组和升华为生态化的形式——匀生。匀生反映了事物关系与组织的适度性，在结构的布局、种类的分排、数量的分置、比例的安设、尺度的确立、位置的经营、格局的推移等等方面，呈现出匀变性与递进性的韵格与旋律。它在等而有差、同而有变中，以成聚力的整生式旋进，所生律构，曲调回环而序变，节拍反复而渐异。其整齐的聚力，为张力的不齐之齐旋成，其和合的聚力，为张力不和之和合成，其整一的律构逐步消解了僵硬与呆板，相应地萌发了生机与活趣，增长了形式美的生态性。

匀生，适量地逐步地生发了张力，并一一趋向了聚力，合成了聚力。

匀生，渐生张力是手段，渐成整生式聚力是目的。匀生中和了传统的均衡、渐变、节奏等形式美，以在序变与匀变中形成和调，生发律构。系统的各部分，在物种、数量、形体、色彩、质地诸方面的比例大致相等，并序态地生长与逐步地变化，显示出各生态位的循序渐进，有了共趋与共向的匹配性与组织性，也就渐成了聚力的整生，也就渐发了和律。它产生的差异、个性、变化，是按照均衡的规范展开的，符合递进规程的，显示了渐变的秩序，有了等差的节律，有了不和之和的曲韵。其结构张力的生发，在等而有变中共成聚力，在差而有序中合成聚力，于不齐之齐中趋向了聚力式整生。

匀生渐次拉开位格间的差异性、个别性与变化性，使张力与聚力同步产生，使张力的产生，服从聚力的产生，共成聚力的产生，共存于聚力的产生，统一于聚力的产生，是谓聚力式整生。由此可见，张力的生发，成了聚力整生的形式，成了聚力整生的过程，成了聚力整生的确证。匀生的张力，有了过程性和手段性的存在，没有完全消融于聚力之中，这就既通生了整一值和整一质，增长了系统的亲和力、凝聚力，还同时显现了差异性与个别性，有了张力与聚力的和合式律构。匀生一定程度地避免了并生与齐生的同旋，趋向了张力与聚力的和旋，促发了律构的灵性。然它的共性值、稳定值、整一值是自主生发的，有着自在舒张的律态，个性值、变化值、丰富值是节制性生发的，有着委屈求和的律性，张力与聚力的生发不对等、不匹配、不平衡，并合入了后者，通成了聚力整生式律构。如果说，张力依同于聚力，可能成为增熵的结构生态，会使系统在封闭、收缩中失去活力与生机，长此以往，将会丧失生态性与活律性。匀生，凭借张力依合于聚力，形成了减熵趋势的结构生态，有了存在的合理性与必然性，显示了依同的韵律结构，向依合的韵律结构发展的取向。

事物的相似相近性序发，形成了分生的形式美。分生同样整合了均衡、渐变、节奏等形式美规律，并和分形的生态格局与关系、生态规律与目的统一，升华出聚力整生式旋律结构。分生以均衡为底座，在渐变与节奏的展开中，以成生态协和性律构。分形理论认为，事物的整体与各部分之间，部分与部分之间，存在着自相似性。像一棵树，其树冠、树枝、树叶，在形状上相似，显示出整体、部分、个体之间的分形性。分生，抽象了分形的生态格局和生态关系，标划了张力合生聚力的律动规程，以成整一生发的律构。均衡、渐变和节奏，表征了生态结构的分形性，在等时等量等形的发展与变化中，序成匀态分生，所发聚力整生式律构，整一而非划一，曲和并非调同，共同促进了形式美的格律化与韵律化。

匀态分生体现的生态关系，为张力合生聚力的关系。它在杂多如何走向整一中，呈现了格律化与节律化的机制。个体是对局部的分生，局部是对整体的分生，整体规约了局部，进而规约了个体，造就了整一性，形成了强大的聚力。这就规定了分生是一种整一性的分发与分置，是一种整生的聚力渐次匀分的形式美。分生形成的自相似性和自相近性，是张力统一于聚力的形态，是聚力整生的形态。一方面，它在一定程度上显示了个性、差异性、变化性、丰富性，构成了张力；另一方面这种张力通显通证了共性、同一性、统一性，通成了强劲的聚力。在这两种力的对生耦合中，聚力发挥了主导和节制的功能。它分生了张力，使之确证与肯定了自身，又使之合于跟归于自身，这就在整一化的环回中，有了各音谐振与诸声通应的和旋律构，通成了内在回环的和声与和调，深化了形式美的律构规范。

匀生与分生，以张力序发与匀发的样态，通现聚力整生的轨迹，通成聚力整生的目的，是为形式美的生态性机制。匀生靠增长与变化的等时等量，来调和变化，实现聚力式的统一，分生则靠相似相近的递次性分形，来呈现聚力的整一性生长。它们都靠差异性的适宜与个别性的序生，来形成与发展同一性与同构性。同一性的增长，伴随的是差异性的和合；统一性的生发，是个别性的相通；稳定性凸显的后面，是变化性的序生。这就在彼生此成中，实现了个性、差异性、变化性、丰富性对共通性、同一性、稳定性、统一性的趋合，有了张力合成聚力的和旋，有了聚力式整生的律构。

（三）张力依和聚力的律构

古希腊的毕达哥拉斯学派主张把"杂多导致统一，把不协调导致协调"，标划出了张力和生聚力的路径。① 和生，有三种聚力性整生机理。一是各种张力中，存在着同一性，包含着一致的聚力；二是张力各因素在矛盾运动中，共生了聚力；三是张力各因素，在矛盾的调和中与对立的统一中，走向了聚力。张力内存聚力，生发聚力，和于聚力，同成了聚力的整生与和旋的律构，有了高于同生与合生的形式美——和生。

在和生的形式美中，矛盾对立形成张力，矛盾中和形成聚力，形成了张力走向聚力的生态运动，构成了张力依和聚力的生态关系和生态格局。表面看，它的张力与聚力是对称的、平衡的，可共旋出平和的韵律；实际上，其张力融合在聚力里，属于聚力性整生的形式美，可成稳态存在的韵律衡旋通转的结构。

和生，有衡生与中生两种主要形态。"执其两端，取其中间"，可成中和旋发的韵律结构，是中生之美的图式。对立双方，在相反相成和相反相济中，形成亦此亦彼、非此非彼的"中生"之美，形成一体两面的聚力整生性律构，晏子主张"一气，二体，三类，四物，五声，六律，七音，八风，九歌，以相成也；清浊，小大，短长，疾徐，哀乐，刚柔，迟速，高下，出入，周疏，以相剂也"②。他从多样性与对立性的相成互就里，阐明了音乐的中和律构，凸显了中和对立、调和矛盾以成聚力性整生的本质要求。

---

① 参见 [古希腊] 尼柯玛赫：《数学》，载北京大学哲学系美学教研室编著：《西方美学家论美和美感》，商务印书馆 1980 年版，第 14 页。

② 《左传·昭公二十年》，《十三经注疏》（下），中华书局 1980 年影印本，第 2093—2094 页。

矛盾各方，相互调剂，在生态平衡中生和，在彼此照应里生律，形成形式美。中国古典美学要求各种因素造成"和"，避免"整齐划一"形成"同"。衡生反映了生态系统"和而不同"的深层生态关系，在多要素张力的相和中，整生了聚力，显示了韵律通和的形式美要义。

衡生，基于生态制衡机制。依生和竞生的统一，可成衡生。生态系统的各部分，是个体性个别性与相通性共趋性的统一，有了生态间性的制衡设置。部分为保持自身的相对独立性，与它者相离相拒，甚或相克相抑，相争相斗，构成竞生；为实现自身与系统的整一性，和它者相倚相靠，相合相和，相生相长，构成依生；两方面辩证统一，形成衡发的系统生存性。中国古代哲学认为，金木水火土，相生相克，推移回转，可均匀分布生态格局，可平衡通发生态结构，也就有了韵律的中和旋进。太极图中的阴阳鱼，也在相生相克中，维系了矛盾事物的中和运转，表征了世界衡生式旋发的律构。张力衡生聚力，以成和旋律构，所成衡生形式，当是矛盾双方耦合并转的生态结构、相生相克的生态关系、守中守衡的生态格局的抽象，当是中和旋运的质韵与形律的一致。

张力形成聚力，聚力统摄张力，形成了张力同生、合生、和生聚力的整一化运动，有了律构序发与形式美递进的机理。张力的同生以及并生与齐生，全部生成为聚力，并功成身退了，消隐于聚力的整生中。这就在聚力的整生化里，在同一性的反复中，呈现出张力依同聚力的律构。张力的合生及其匀生与分生，形成整生式的聚力，有了张力依合聚力的律构。张力的和生及其中生与衡生，中和出整生性的聚力，以成协同式旋发的律构，有了在非线性有序与复杂性中和里旋发律构的趋向。

作为聚力的核心样式，同生合生与和生，分别展开并生与齐生，匀生与分生，中生与衡生，既形成了韵格节律与曲调，又生发了聚力的整生，同成了整生的律构，显现了形式美的本质。张力在同于、合于、和于聚力中，同发聚力整生与和旋律构，是为形式美的机理。

二、张力整生的孤旋律构

近代涌出了自由的美生主潮，在张力的整生中，在非和旋、反和旋与无和旋中，形成了和律渐消、孤律渐长的结构，有了无美的形式。

（一）孤旋律构渐出的四个阶段

近代人类不再安分于从属的生态位，不再满足于依附性生态关系，与自然形成了争夺生态结构首位与主位的竞生关系，以及争做生态运进主宰者和主导者的竞生活动。这就跟原有的自然本体，形成了双峰对峙、矛盾对立，乃至对抗冲突。与此相应，生态张力和生态聚力从势均力敌之抗衡，经此长彼消之变局，趋向此存彼亡之结局，和旋律构也随之被孤旋律构取代，有了与主体自由的美本质一致的形式。

近代爆发的生态张力，未趋向生态聚力，未促成聚力的整生，反而替代了聚力的整生。这就于张力的整生中，启动了一边祛和旋律构，一边生孤旋律构的规程。形式美由此向非美的形式转换，从而与古代和谐往近代自由的审美转型一致。

生态张力，在与聚力的竞生中，逐步地走向整生。正是在生态关系力的换主中，张力持续地祛聚力、祛耦合、祛有序、祛和旋、祛和律，乃至祛和旋律构，最后在祛美的形式中，生出了非美的"形式"，即孤旋的律构。在祛和旋律构中生孤旋律构，一共经历了四个阶段。一是张力抗争聚力，生发整生趋向的张力；二是张力冲击聚力，以发整生性张力；三是张力否定聚力，形成整生态张力；四是张力冲决聚力，解除张力与聚力的耦合，消散和旋律构，完成祛美的形式，完成张力的整生化，完生孤旋律构，完生无美的形式。张力的整生化，与祛聚力、祛耦合、祛和旋、祛和旋律构、祛美的形式同步的，是孤旋律构的形成缘由，是生发非美、反美与无美之形式的机理。也就是说，张力的整生，是和旋律构与孤旋律构此消彼长的根源。

（二）张力整生——在失和失序中潜生孤旋律构

张力整生，首成失和，潜生孤旋。抽象人与自然拉锯式拔河般的对抗性生态关系，以及由此形成的僵直僵硬、扭曲变形的生态系统样态，形成了丑生的形式。这是一种力图在天人对抗中，实现人类生态统一自然生态，改换生态序，用张力驾驭和统一聚力，形成聚力和于张力的形式。这当是一种显示张力整生化趋势的形式，是生态崇高的形式。它在生态换主中失和，在生态改序中失序，消减了聚力与张力和旋的韵律，暗生了张力的孤旋，显示了祛形式美的态势，也为祛美的形式做了准备。

失和的加剧，导致失序。失序的形式，是生态结构的错乱形式，是祛和旋律构的展开，是孤旋律构的潜发。随着主体性的发展，人类高扬了理性本体观，形成了理性自由理想。他凭借工具理性，主宰和改变生态运动的方向，使自己成为生态发展的目的。这就使抗衡的态势变化了，向主体一边倾斜了，生态系统原有的平衡与稳定被打破了，生态结构出现了震荡摇晃与破裂缺陷。从失和到失序，有了在明祛和旋律构中暗生孤旋律构的效应，有了祛形式美的向性。

失序的生态格局，是主体的生态自由与自然的规律与目的之间的冲突造就的。它形成了连锁反应，引发了双方生态关系力、组织力、结构力、完形力的全面对立，生态系统从和走向不和，原本聚力的整生走向张力的整生，形式臻于失统失和失美的境地。生态的个体性、个别性、变化性、差异性、对抗性、离散性暴涨，呈现出孤生独长的态势。这就逐步解除了系统的共趋性、同一性、统一性与稳定性，生态聚力消减了，生态结构扭曲变形了，似破欲裂了，"杂旋胡转"的律构面世了，丑怪的形式一涌而出了。这种持续加速的祛聚力与祛和旋，在祛形式美中，启动了祛美的形式之程序。与此相应，曲调孤旋律构独生的非美形式，也将浮出水面，堂而皇之地成为审美形式的主角。

（三）张力化整生——孤旋律构的生发

生态反序与无序的形式，是悲剧性和喜剧性形式。它们在祛聚力中，完成了祛和旋、祛和律、祛形式美；它们在祛耦合中，展开了祛整生结构与祛美的形式，在张力化整生的极点，生发了孤旋的律构。

从生态失序到生态反序，表征了主体生态自由的变化，以及生态矛盾的激化。在现实的生态关系中，主体凭借工具理性，改变生态系统的规律、目的与格局，以凸显自身的规律，以实现自身的目的，即形成自身理性的生态自由。在生态规律与目的后面，是十分强大的不容破坏与违背的天道天理，它以生态灾难的方式，惩罚了人失控的工具理性，否定了人的理性自由理想。大自然的报复与教训，让人类看到了自身理性的局限性，看到了理性自由的难以实现，形成了关于感性本体的哲思，萌发了感性自由的理想。感性本体的价值观、感性自由的理想，更为加剧了人类生态与自然生态的对立、个人生态与社会生态的矛盾、精神生态与物质生态的冲突。这种对立与冲突，由过去人类片面的规律与目的与生态整体的规律与目的之间的矛盾，发展为主体的反规律反目的与生态系统的规律与目的之间的矛盾。其结果，是社会生态系统、精神生态系统、自然生态系统的规律与目的被否定，形成了反序的生态关系和生态格局。

感性化的生态结构，即非理性的生态结构，是一个否定聚力的张力整生结构。作为张力的个体性、差异性、变化性、对立性，在竞生性的对生中，否定与放逐了共通性、同一性、稳定性、统一性，破除了聚力，放逐了聚力。这就在张力式整生中，形成了随意杂陈无机拼凑的反序结构，形成了反和旋的律构。在这种结构里，各部分的生态关系全是偶然的、随机的、倒错的、变幻无居的、荒谬绝伦的、不可理喻的。无法找到它们之间的生态联系性、生态稳定性、生态规律性、生态目的性，有的只是共属非理性的同一性与统一性。理性的聚力全被感性的张力驱走了，维系生态结构的理性聚力全被感性的张力取代了，感性的张力同时成为感性的聚力，把同属非理性的各部分"结构"成非稳定的反序状态，反和旋反和律的状态。抽象这种反序关系与格局，也就形成了结构"错生"的形式。"错生"的形式，失去了形式的规律性与目的性，较之结构扭曲破裂的"乱生"形式，在祛聚力、祛和旋、祛和律、祛形式美、祛和旋律构的运进中，自成错旋反律之构。这与独往独来的孤旋律构，仅一步之遥了。

张力整生化，消解关系力、组织力、结构力与完形力，导致的无耦合、无和旋、无和律、无形式美，与人类自由追求的无序化结局对应。物自体的不可把握，见证了主体理性自由的局限性，激发了主体否定理性的感性自由。感性联系，也使主体有了束缚，无法彻底自由。个体化、个性化的主体，斩断了一切历史根由，摒除了一切现实关联，断绝了一切未来趋向，成为无关系规约者，成为无组织统领者，成为无结构框定者，成为完全彻底的自由者。然这样的自由者，则失去了确定性，成为游离飘忽的、恍恍惚惚的、似有若无的、似是而非的、无根无据的"非主体"。这种虚幻的非主体自由，和孤生独长的"无耦合""无和旋""无和律""无和旋结构""无美的形式"形成了对应。也就是说，孤生的非主体自由之质，与孤旋独律之构，随生态张力的整生化，同抵极点，高度一致。

在人与自然的对立冲突中，生态系统从失序与反序，走向了非序；生态关系从失和与反和，走向了非和。这就在生态张力的整生中，消解了聚力，消解了张力与聚力的耦合结构，消解了张力与聚力的和旋律构，消解了形式美，消解了美的形式。这就在生态关系力、组织力、结构力、完形力的烟消云散中，生发了杂旋乱律之构，错旋反律之构，孤旋独律之构；生成了丑怪之形式，荒诞之形式，虚幻之形式；通成了主体自由之形式，自由悖论之形式，无美之形式。

三、张力与聚力整生的超旋律构

周来祥先生认为新型的和谐美，"向古典和谐美的复归，只是形式上

的复归，实际上是一个螺旋式的上升"①。当代形式美也如是，它在不和成
和、无序出序和周转超旋中，展开张力与聚力的对生并进，以成非线性整
生与辩证性通和，以成通旋与超旋的律构，深化了形式美的本质，升华了
形式美的规律。

（一）不和成和

生态结构的组成部分，各有其形质，显示出个别性、独特性、变化
性，甚或矛盾性、对立性、对抗性、冲突性，显示出不和的关系；同时又
从中生发出共同性、共通性、有序性、平衡性、统一性的通和关系；这就
在一体两面的耦合并进中，形成了系统关系力的辩证整生，进而有了系统
组织力、结构力、完形力的辩证整生。从辩证整生的生态格局和生态关系
中，抽象出不和成和的整一化模型，以在复杂性和旋与非线性和旋中，涌
现韵律结构，以成当代形式美，当具有普遍性意义。

不和成和之后，序发不和生和、不和长和与不和升和的规程，完备地
呈现了和出于不和的辩证规律。不和成和，含在不同、相反、对抗中，持
续地生和、长和与升和，有了三种递进发展的形式美模态。

不和成和，首先是在不同中生和、长和与升和。系统结构的各部分，
俱不相似，更不相同，显示出多样的生态，呈现出杂多的格局与不和的
态势。然这种简单的不和，成就了、发展了、提升了复杂的和；外部的不
和，成就了、生长了、升华了内在的和；局部间的不和，通成、通长、通
发了整体的和。不同成和，可以表述为多样地生成、生长、生发和。这种
多样性，一方面表现了各自的独特性、独立性，以及相互之间的不同性与
排他性，显示了关系张力的整生与不和的特性，另一方面，它又表现出了
相互的关联性、共通性、共趋性，以及共似性和共同性，形成了关系聚力

① 周来祥：《现代辩证和谐美与社会主义艺术》，载《三论美是和谐》，山东大学出版社
2007 年版，第 145 页。

的整生与和的特质。这就有了一体两面性。一面是整生的张力，是不和；另一面是整生的聚力，是和；两面在对生中，促进了对方的整生，实现了整体关系力的整生。这种一体两面的整生，是不和、生和、长和、升和的图式之一，可成正反相生对立相济的超然和旋律构。桂林俗称山青、水秀、洞奇、石美，可谓各不相同，张力十足，抵于整生；然山为俊秀，水为婉秀，洞为奇秀，石为清秀，有了秀的共通共趋性和共似共同性，同时整生了聚力；这两种关系力的整生态对生，通发了不同成和的超拔律构。

不和成和，其次是在相反中生和、长和与升和。生态结构的组成部分之间，在相异之中走向相反，张力生发更为自由，更为率性，更为全面，更为彻底，整生的程度更高，不和的特征更为突出。与此相应，关系聚力的整生与和性和质的整生也随之水涨船高，耦合旋发，超然圈长。在桂林景观结构中，山与水的形姿意态相反。坚硬之山，拔地直立，一派俊秀；柔软之水，龙走蛇行，通体灵逸；两者通转了俊逸的通性与通韵。"千峰环野立，一水抱城流"，山走龙蛇里，水飘罗带中，生发了桂林山水整体圆和的韵律超转的结构，显示了大自然鬼斧神工的伟力。

不和成和，最后是在对抗中生和、长和与升和。不同显示不和，相反更加显示不和，对抗则达不和的极端，是为关系张力整生的巅峰。在对抗的顶级不和里，形成增长与升华了顶级的和，关系张力与关系聚力在耦合中同抵极致的整生。凭此，对抗成和，是为不和成和的最高形态，凝聚了生态辩证法的精魂。拉弯到极点的弓背，与绷紧到极点的弓弦，持续地增长着对抗，持续地生发着不和，持续地整生着关系的张力。同时，它也在对应地整生着关系的聚力，持续地生长着动态平衡，并最后通和于向前飞行的箭。这就显示了系统整生的关系力，在不和成和中，有了荡气回肠般的黄钟大吕式的韵律和旋，是为复杂而又超拔的形式美。

（二）无序出序

生态秩序性，由生态稳定性、生态平衡性、生态组织性和生态结构性形成。生态无序，则是生态系统的失衡、失稳、失散状态。与不和成和一样，无序是关系张力的整生，出序是关系聚力的整生，两者在相发并长的整生中，有了韵律的辩证和旋，生发了高端的形式美。

序出于无序，也含无序生序、无序长序与无序升序环节。首先，失去旧序完长出新序。生态系统的发展，有历史与逻辑统一、时间与空间结合的节点性。新环节的秩序，往往在旧环节秩序的失去中形成、生长与升华，于彼伏此起里，前偃后扬中，有了律动、律变与律和，有了生生不息的深沉悠远的超转性律构。

其次，失去浅序完长出深序。生态秩序还有深浅之分，静态的平衡、简单的稳定、直接的因果联系，是一种浅层的有序。动态平衡、复杂性稳定、非线性的整生，则是一种深层的有序。后者在对前者的扬弃中，造就了关系的张力与聚力耦合同出通长的整生。像兴安灵渠的北渠，从分水潭流入湘江故道，七歪八拐，任意东西，毫无秩序，显示了整生的关系张力。然正是这种随意弯曲，舒缓了水流，减轻了水力下行对渠堤的冲击，合乎水渠的修建规律与目的。静水流深，可以浮起重载之大船，并减弱了上行之阻力，深合通航漕运的规律与目的，这就完发了深层的秩序。这种深层的有序，是水行之理和漕运之理的中和律态，是关系张力与关系聚力的对应整生，所生发的非线性和旋的韵律之美。

再有，局部失去秩序完长出整体秩序。生态结构的各部分，缺乏对称性、稳定性、平衡性与统一性，显得杂乱无序，整生了关系的张力。各部分的无序，却完生、完长、完升了整体的有序，完成了关系的张力与聚力的对应性整生，有了韵律辩证和旋的形式美。达芬奇的名画《最后的晚餐》所指绘的场景中，当耶稣说出："你们当中的一位出卖了我"，十二门徒立乱，结构的震荡和原有秩序的失散，起于对耶稣之言的反应，受耶稣所言的规约，这就完发了整一关系的有序。同时，各门徒俱不相同的失序，衬托出了耶稣的泰然与超越，生发了另一种整一的有序。这种在各局部的失序中，生长出来的整一性有序，和旋出整一的韵律结构，所成深刻的形式美，有着超越时空的意义。经典，虽生于以往，然有着更属于未来的趣味与韵致，是言不虚矣。

（三）周转超旋

在大自然自旋生的背景下，事物结构特别是生态系统，逐位生发，回还往复，在圈生环长旋升中，形成了韵律通转曲调超旋的形式美结构。

周转超旋是关系张力和关系聚力耦合整生的集大成形态。圈生环长的结构，时刻都在发展中、变化中、生长中、运进中、旋升中、超转中，自由地整生着关系的张力。然这种发展与变化、生长与提升，是一种良性循环，是一种有机化的周转，是一种系统化的生态有序，同时整生出了关系聚力。周转超旋结构上的每一个生态位，处在网态往复的因果联系中，是以万生一的关系聚力和以一生万的关系张力耦合整生的结果。每一次周转超旋，都是关系张力与关系聚力周期性的耦合整生，都在和旋着、通转着韵律结构，都在生发着形式美。周转超旋，把不和成和、无序出序的辩证整生包容其中，提升了动态性平衡、发展性稳定、复杂性有序、超转中通和等非线性整生，有了通转化与超旋化律构。是谓和旋律构的高端样式与理想样式，是谓一切形式审美发展的逻辑结晶和历史成果。

结构聚力与结构张力，有了各自时空的整生，并在当代共时空统一。这就在各自充分的整生之后，有了中和的整生，有了非线性和旋、通旋、超旋的律构，大成了形式美的本质。特别是周转超旋，表征了无机存在向有机存在旋升的整生格局、整生关系、整生规律、整生目的，抽象出生态圈真、善、益、宜、绿、智、美周转超旋的和律，成为天然整一存在的形式。它完承了大自然自旋生的悠古元律与苍劲元韵，成为最具情韵、意韵、气韵、趣韵、天韵的律构，成为天籁之美的形式，自然也就彻里彻外地成为天籁美生世界了。

第5章

美生范畴

生态中和、生态崇高，均是美生的范畴，包含了美生学的重要规律。它们关联地布满世界，在生态艺术化和自然艺术化中，通发出生态艺术，通成诗意栖居，通成天籁化栖息的家园，通长天籁美生场的元范畴。

第一节　生态中和

生态中和有着中国美学的深牢根性，有着生态文明时代的勃勃生机与蓬蓬活性，成为美生学的核心范畴。

一、从中和走出的生态中和

生态中和，是生命与生境对生，所发的生态平衡性与生态整一性格局。它是各种生态要素的辩证统一，合乎共生的规律与目的，特别是合乎整生的规律与目的，成为生态和谐的理想样式，成为自然美生的机理与机制。

（一）生态中和承接与发展传统中和

中国传统的中和，是一种平衡之美，是一种各部分恰到好处且整体合适的美生形态。董仲舒说："中者，天下之所终始也；而和者，天地之所生成也"①。中和在经天纬地中，成为发育生命的天理天道，成为美生的本原与本体。古代中和的雅正之美，还融进了儒家伦理之善的标准。孔子就说过："质胜文则野，文胜质则史。文质彬彬，然后君子。"② 中和之美还包含着益与宜的思想，所谓"乐而不淫，哀而不伤"③，既宜于保持君子形象，也益于身心健康。可以说，中和，是各要素的适度自足与恰切匹配所成的整一性存在。它化育万物，并使之美生。

生态中和秉承了传统中和的育生机理，弘扬其衡与正的审美特征，使真、善、益、宜、绿、智、美的内涵，在最佳结合与最优配伍中走向整一，以实现生态圈形与质的平衡旋发。生态中和既是生态关系、生态结构、生态质地的动态平衡，又是诸种生态要素的各安其位与各得其所，更是它们相生互发的生态圈，呈现的平衡环升，平和周旋。可以说，在生态中和里，有生命体与生命体对生和旋的样式，有生命与生境对生和旋的样式，有生物圈与生境圈对生和旋的样式，有生态圈与大自然的星球性、星际性、天际性对生和旋的样式。生态中和如此自然化，可成自然美生圈，可达天籁美生圈。

传统中和的衡与正之美，在"执两用中""无过无不及"的规范中生成，在适度适宜中显示了辩证精神。生态中和承其辩证根性，发展为生态辩证法，以和与不和的统一、不和生和的方式，超越静态平衡走向动态平衡，从局部的不稳定走向整体稳定，有了诸多非线性有序的模式，显示了生命与生境非线性对生和旋的审美生态新规范。

---

① 苏舆：《春秋繁露义证》，中华书局 1992 年版，第 444 页。

② 刘宝楠：《论语正义》，《诸子集成》1，上海书店出版社 1986 年版，第 125 页。

③ 刘宝楠：《论语正义》，《诸子集成》1，上海书店出版社 1986 年版，第 625 页。

（二）生态中和的对生与竞生机制

生态中和有着各种非线性生成路径，内含整一化的生态关系机制。对生与竞生是其中的两种，它们共同促使生态结构由线性中和向非线性中和发展。

生命与生境在对生中走向中和，形成生态圈动态平衡的旋升。对生是生命体相互生发共成整一质的生态行为。处在整生系统中的对生，表现为以万生一和以一生万的互生形式。系统的整一态本质，是"万"态的个体同生的；"万"态的个体，是"整一"态的系统范生的；每一位个体都生发了其他个体，全部个体都同生每一位个体。这两种对生，使系统、局部、个体既相互制约又相互促进，均在动态中和里，走向了整生与美生。对生造就的衡态整生，使系统的各部分，在遵循整生规律、趋向整生目的的前提下，在合乎整生比例的格局中，协调协同地发展。这就使发展不仅没有破坏系统结构关系的合理，反而使其更加适度，更加合乎动态衡生的标准与尺度，更能形成非线性的生态中和。

竞生是生命体在生存与生长中，相互比拼与争夺，以赢得和发展生态自由的行为。整生系统中的竞生，可使对立诸方，在相生相克与相发相抑中，求得彼此的衡生和整体的衡进，在动态稳定中实现生态中和；进而在相争相胜与相竞相赢中，形成彼此均衡发展与系统稳定，促长生态中和。生态系统中的竞生关系，是动态整生的机制，是可持续整生的机制，强化与升华了生态辩证法。竞生呈现的生态辩证法，包括两个方面，一是相生相克的制衡，二是相竞相赢、相竞相胜、相竞相长的耦合并进。这两个方面的统一，造成了生态系统中和发展的机理。衡生是生命体彼此匹配地生长，彼此合理地发展，以求得结构平稳与生态平和的状态。生态系统中的各部分比例匀称、搭配合理、尺度合适，能构成线性的生态中和。在此基础上，根据物种的属性，进行种类、数量、比例、位置、尺度的调配，使它们在整生的规范下竞生，形成更有活性的景观生态，可成非线性的生态中和。对生、共生、整生中的竞生，可成内在的复杂的协和，可成内在的复杂的平衡。对生促成的非线性生态中和，有着深刻的、全面的动态整一性。线性的生态中和服从非线性生态中和，并纳入后者，成其为有机成分，成其为稳定性、平和性与有序性的基础。

（三）生态中和的整生机理

生态中和，既是系统整生的结果，又维系和推进了系统整生。影响生态系统和谐存在与有机发展的因素，主要来自两个方面。一是超稳态运转，二是失序、失稳、失衡的运转。前者如依生性的统和，抑制了生态系统的灵性与活力，导致了系统的增熵。后者如非和性竞生，导致了生态系统的扭曲、振荡、错乱与解体。生态中和消除了这两方面的隐患，在整生规律与目的规范下，各方既相互约束，又彼此促进，有了适度发展、协调发展与整一发展。适度发展，可从三个维度衡量。一是各部分永续发展，需要自身各个时期的发展适度，以葆潜能；二是各部分的共生，需要彼此的发展适度，避免木桶的短板缺陷与长板浪费；三是系统的良性环生，需要各部分的适度发展，形成兼容点，形成恰合力。也就是说，各部分的适度发展，是自身发展、其他局部发展、系统发展需要的最佳匹配，是一种综合的权衡，包含了中和整生的意图。协调发展，是凭借相互关联、相互照应、相互制约、相互促进，所达到的局部与局部、局部与系统、系统与环境适合适度的发展，是一种合乎系统规律、指向系统目的之发展，显示了中和整生的机理与结果。这就既抑制了系统的增熵，又避免了系统的失稳，形成了中和整生格局。这有点像宋玉《登徒子好色赋》中的东家处子，增之一分则太长，减之一分则太短，施粉则太白，施朱则太赤。她在各种尺度的相适点上，各种要素的共恰点上，匹配出整生结构，有了整一的美生。

生态系统各部分的本性与潜能的适度对生，形成生态中和，最富可持续整生的机理。各部分的本性与潜能、系统的本性与潜能、环境的本性与潜能，都预留了发展与实现的空间，中和的生态结构富有弹性与张力。这就消除了木桶理论中的短板，消除了影响整体效能和可持续发展的隐患，消除了某些局部的过度发展或某些局部的发展受限所形成的比例失调与结构失衡的现象。生态中和，还使得生态结构的整体与各部分有较大的自调节潜力、自调节余能、自调节余地。当生态系统因外部原因产生振荡时，它有可能调节自身的结构与属性，以适应外部变化的环境，形成与新环境的动态平衡。生态环境是生态系统的支撑体，生态系统的中和运转以及与环境的中和运转，构成了相生性，减轻了环境的负荷，增加了与环境的友好性及自身的稳定性。可见，生态中和有着较为充分的抗振荡、抗侵入的预设，包含着丰富而又深邃的生态平衡规律，多方面地形成了系统稳定存在与永续发展的整生机理。

生态中和最富整生的目的。在生态中和里，各局部的生态价值与生态目的，汇入整体。整体的存在与发展强化了，个体与局部的独立存在性与自主发展性淡化了。个体对整体的责任与义务似乎是天经地义的，而整体对个体的责任与义务则是不足轻重的。这种生态伦理，片面追求整体价值与目的，显然存在着重大的缺陷。因为，漠视个体价值与目的，不仅不公正，而且也会涣散个体对整体的凝聚力，难以持久地维系整体价值与目的，最终有违整生的目的。共生结构，突出了各部分价值与目的之相生互长性，强化了各部分对整体价值与目的之共生性，形成了整体对个体价值与目的之分生性。个体与个体、个体与整体间，形成了互惠互利、公平公正的生态伦理关系。然而这种共生性的合目的，是建立在共生规律的基础上的，需要更深刻、更系统、更科学的整生规律的支撑。在生态中和结构里，各部分相生互发，于自身、它者、整体、环境是适度的；各部分聚生整体，于自身、它者、整体、环境也是适度的；整体分生个体，于整体、个体、环境都是适度的，可保证生命共同体与自然整生体的永续发展；这就形成了以整生规律为基础的、更为公平公正的、更为科学合理的生态伦理，实现了系统整生之善与个体整生之善的一致，可形成更为周全的自然美生圈。

生态中和，形成了统领全局的整生质、全面协同的整生关系、匹配适度的整生结构，成为美生自然化的机制，有着美生天籁化的向性，成为生态文明时代的美生学理想。

二、生态中和的形态

经由生态文化与生态文明，人与自然更为自觉地联系起来，形成相长的生态关系与通转的生态结构，生态中和有了三种主要形态。一种是在天人共生中，形成的生态平和；另两种是在天人的圈然整生中，旋升的生态通和与生态天和。

（一）生态平和

生态平和有生态并和与生态共和的重要样式。

现代人从制天的误区中走出来，和自然重归友好，形成了循天的规律性与利人的目的性一致的生态中和模式，即真善并生的中和样式。重构的生态结构，是协调的、统一的、合生态规律的，是真的；它还是宜人的、利人的、为人的，是以人的需求为主导、为核心、为目的、为宗旨的，是善的。循天是为了利人，求真是为了向善。它本身的生态自足性尚不够全面，然可发展出生态耦合骨架，形成生态并和样式，呈现中和美生的价值功能。

循天利人的生态结构，遵循人与自然共生之规律，实现人类生存发展之目的。它忽略了自然的生态目的，形成了非平衡的合目的。它从合乎人与自然双方的整体生态规律出发，追求合人类的生态目的，仅有平衡的合规律，缺乏平衡的合目的，统筹兼顾尚嫌不够。它是生态崇高向生态中和发展的中间形态，是生态平和的初步样式。

在人与自然的耦合同进中，有了生态共和的结构。它走向对称性平和，在很大程度上，得益于生态伦理与主体间性的理论。主体间性的理论，已有了生态哲学的意义，它是一元化的生态和谐结构向二元并生共进的生态和谐结构进发的理论基础。哈贝马斯说："纯粹的主体间性是由我和你（我们和你们），我和他（我们和他们）之间的对称关系决定的。对话角色的无限可互换性，要求这些角色操演时在任何一方都不可能拥有特权，只有在言说和辩论、开启与遮蔽的分布中有一种完全的对称时，纯粹的主体间性才会存在。"① 这种对称化主张，由人类社会向自然界拓展，和生态伦理学一样，强调了人类与自然生态权益的平等性、人与自然生态自由的平衡性。这就形成了二元并发的生态平和。与上述人类一元化宗旨的生态和谐相比，它的共生性更完整。在遵循共生规律方面，两种前后生成的生态平和模式有着共同的出发点。在实现共生目的方面，两者形成了明显的区别。后者既遵循人与自然共生的规律，又实现双方共生的目的，构成了相互平衡发展的合目的。在生态自由方面，双方更见出了高下。生态自由，是建立在合规律合目的基础上的。不管是自在的自由，还是自主的自由，离开了合规律合目的，将无法形成与持续。一般来说，合规律与合目的平衡度、统一度越高，生态自由越发大。天人二元共发的生态结构，在双方耦合并进的合规律合目的中，发展了生态共和的美生模式。

（二）生态通和

现代人类重入自然，走向天人生一，构成良性循环的智慧生态圈与文明生态圈。这种生态通和结构，是整生式的，是自然化的，与大自然自发的自旋生向自觉的自旋生圈升的元道，是一致的。

1. 天人生一

天人合一，是中国古人提出的极富理论潜力与理论张力的生态模型。当下的生态文明、生态文化、生态美学，从其发展出天人贯通为一的理论

---

① 转引自周宪：《20世纪西方美学》，高等教育出版社2004年版，第230页。

内涵和结构样式，并和生态循环的科学规律结合，有了天人生一的圈态。它在良性循环中，呈现了生态智慧化与生态文明化的大自然圈构，成为生态通和的机理。

在人与自然圈然整生的结构中，一切物种各据既定的生态位，相互生发，相互制约，构成生态平衡；进而相争相胜，相竞相赢，走向良性循环，螺旋提升，形成通然整生态势。处在整生圈中的物种，其生态活动，合乎自身、它者、系统一致的生态规律，实现自身、它者、系统相向而行的生态目的，构成自身、它者、系统相进的生态自由。这种生态自由，是整生体动态平衡的自由，是在自在、自主、自律、自觉的生态自由的基础上，形成的自慧的生态自由。它是人类将存在的整生规律与目的，对接生态系统，所成的智慧的、文明的、自然的生态通和圈。

人类作为天人整生圈或曰大自然整生圈中的最具智慧与良知的物种，其生态活动，既遵循又不局限自身的生态规律，既合乎又不局限自身的生态目的，既实现又不局限自身的生态自由。他不仅兼顾其他物种的规律目的与自由，更把系统整生规律作为最高法则，更把系统整生目的作为最高宗旨，更把系统整生自由作为最高理想。他以自身的规律化与目的化生态，关联与促进其他物种的生态自由，并最终融入与促进自然整生圈的自由自觉的运进，在和异生同中，走向天人生一的生态大和境界，以成自然美生。

天人圈态整生的追求，有系统生态学的理论渊源。格尔茨认为：生态系统有着相互交错影响的多重网络关系，凭此，生命体、无生命体通过能量流和物质循环，建构动态流程关系，生存的其他问题得以解决。[①] 天人圈态整生系统的运转更为复杂，需要社会的自然的大网络关系作协同，需要系统发展的生态文明来支撑，需要整一发展的生态文化来规范。

---

① Cf. Clifford Geertz: Agricultural Involution: The Processes of Ecological Change in Indonesia, Berkley, University of California Press, 1963, p.10.

从天人和生到天人生一，形成了不同的生态中和境界。它们的区别，主要体现在三个方面。一是在对大自然的看法上，双方形成了环境与生境的分野。天人和生的审美观，把自然视为环绕人的环境。环境一词，是以人为基点而言的，有着以人为出发点和归宿点的意义。环境，表达的是自然围绕人类、他者围绕自己而转的言外之意。天人生一的审美观，把大自然作为人和其他物种共同的生境，即共同的生态母体，共同的生态载体，共同组成的相生、竞生、共生、整生的境地。生境，是物种间、各物种与载体之间的关系，所共同构成的生存依据、生存境遇、生存境况、生存境界。于生命而言，整个大自然生发了自身，都可视为生境，这就消解了人的生态中心地位。它确立了整生这一最高的规则，显示了整生这一最高的价值，张扬了整生这一最高的自由。生境观的生成，使美生之境从生态中和的发展中跃出，更显自觉自然性。

二是在天人关系上，一者是主体与客体的二元分立，另一者是局部整生融入系统整生的一体化，也有着天壤般的区别。天人和生的审美观，将人与自然的关系，确定为主体与客体的关系。这是一种二元分立的关系。由这种关系发展不出物我一体的生态结构，也就难以形成天人一体的生态和谐。天人生一的生态审美观，在和异生同中，使人与自然的生态关系走向整一，逐步淡化与模糊了二元分立的界限，走向了物我两忘，天人一体。正是在天人一体中，人与自然螺旋式地回归了局部整生体融入系统整生体的图式，构成了自然整生的一体化格局，生发了生态通和与自然美生境界。

三是在生态结构上，两者产生了并生与圈然整生的差异。天人和生的生态审美观，将近代人对自然的单向人化，改变为自然的人化和人的自然化的统一，构成人与环境双向往复的对生，构成耦合并进的生态格局。天人生一的审美观，将人与自然的对生，或拓展为人与各物种双向环回的对生，构成生态系统良性循环、螺旋提升的整生，或拓展为人与各物种网状纵横的对生，构成生态系统整体周流、立体环进的大整生，构建了圈进旋升的生态通和样式与美生世界格局。

天人和生的审美文明，走向主体间性哲学和深生态学，蕴含了自身与它者、人类与自然相生和共生的规律；天人生一的美生文明，蕴含了自身与它者、人类与自然整生的规律；后者是对前者的承续与创新，包含与超越。后者更有自然整生哲学的理论支撑。

随着审美文明的发展，天合于人的唯我，提高为天人衡生的物我，升华为天人生一的无我。这种化入自然美生圈的无我，是一种整生化的大我与整我。正是在从唯我的竞生，经由物我的共生，走向无我的整生过程中，人类正一步一步地与自然一起，走向高尚的、理性的、文明的、超越的、美生的存在，一步一步地从自主自律的生态自由，走向自觉自慧的生态自由，一步一步地从人与自然对称的生态平和，走向人入自然的生态通和，以成天籁美生。

2. 通和天人而生一

从生态科学的角度看，人作为特定物种，在大自然的生态圈中运行，构成整生性中和。从生态哲学的角度审视，天人整生，呈现出全球自然生态圈、全球文化生态圈、全球社会生态圈复合运行的态势，在天人通和中生一，有了美生文明天旋化的格局，可成全球乃至大自然立体环行的生态通和。

全球文化生态圈、社会生态圈、自然生态圈，是构成全球生态系统的三大结构元素。三圈同运于全球，可成大整生的通和。在三圈通和同运中，文化生态圈起着中介、协同、调节甚或导引的功能，形成更高程度的非线性中和，生发全球乃至大自然整一运行的美生文明圈，是谓生态通和的高端样式，是谓生态中和的极点形态。

文化生态圈处于三圈通和同运的中介地位，基于它是自然与社会的共生物。文化生态是社会生态和自然生态共同孕生的，是两者的共生物。从发生学的角度看，文化首先是人类社会适应自然的产物，尔后成为人类社会认识自然，进而规律化目的化改造自然、驾驭自然、征服自然、同化自然的工具与力量。这样，它就历史地成为社会与自然相互作用的结晶，成为自然生态和社会生态共生的中介形态。文化生态学所描述的环境决定文化、文化改变环境、文化与环境互动的各种独立的观点，可以看成是一个连贯的逻辑与历史统一的过程。环境决定文化、文化改变环境，是双方互生的阶段，是其后双方互动的基础。如果在自然、文化之外，加上社会的因素，形成自然—文化—社会的整生结构，当更能反映天人整生关系的生发。社会创造文化，以适应自然，可以看作是自然决定文化，归根结底是自然生发了文化。人类社会利用文化，使自然人化，从机理与机制看，是人类社会生发了文化。可见，文化是自然与社会的共生物，文化是自然作用于社会和社会作用于自然的中介物。正是在社会与自然双向往复的对生中，文化得以历史地创造出来。文化的天职也因此而形成：成为社会与自然对生互化同转和旋的中介，成为生态文明走向大自然的缘由。可以说，全球乃至大自然，生态文明化地圈升周进，是生态文化通和天人所生成的一，所旋转的一。

随着全球化的形成，各民族社会关联，构成全球社会生态圈；各民族文化关联，构成全球文化生态圈；各民族的自然生境关联，构成全球自然生态圈。这三圈，都有可能各自构成良性环行的整生性中和，都有可能形成协同运行的大整生中和。这种协同运行的机制在于文化圈。基于前述自然与社会对文化的共生，基于文化在社会与自然互动中的中介作用，全球文化生态圈的运行，也就自然而然地成了全球社会生态圈和全球自然生态圈协同运行的中介，成了全球美生文明圈整一旋升的机理。

作为中介，全球文化生态圈，把全球社会生态圈运行的影响力传导至全球自然生态圈，把全球自然生态圈运行的影响力传导至全球社会生态圈，达成"三位一体"的运行。它作为全球社会生态圈和全球自然生态圈的共生物，是社会运行、自然运行以及自身运行的规律与目的之结晶，自会有协调天人而生一的功能，自会促进全球美生文明圈的整一运行，自会大成全球性立体环升的生态通和。

构筑全球生态文明圈与全球美生圈，全球文化生态圈的良性运行至为关键。只有它的良性环行，才能协同其他两大生态圈相应地良性环行，以成生态文明圈的大整生中和。各民族文化，应为所属社会与自然对生而成，凝聚了所属社会运行与自然运行的规律与目的，实现了三大生态的同一性运行，形成了系统的生态自由。在进入全球文化生态圈后，它们更要保持和发展自身的生态自由，在和异生同中，形成整一体的生态自由，方能构成全球三大生态圈协同的良性运行。这是因为，各民族的文化生态，实现了系统的自由后，和所属社会生态、自然生态达成了同构性对应，生成了"三位一体"的运行。各民族自由的文化生态关联成圈后，其整体的自由运行，即合规律合目的之运行，结构性反映了全球社会生态圈和全球自然生态圈的自由运行，也就可以顺理成章地实现全球三大生态圈"三位一体"地自由运行，构成生态文明圈整一的良性环行，构成自然美生圈的周走环升。

需要特别指出的是：全球文化生态圈的自由运行，以及由此规范与导引的全球生态文明圈的自由运行，不是某个和某些民族文化生态意志的体现，而是全球各民族的文化生态实现域内中和、域外协和，进而通成合乎整生规律与目的之向性、轨道、规范的结果。只有这样，才能实现全球生态文明圈的立体良性环进，构筑生态大和与广阔深邃的美生境界。否则，将会导致文化生态意志与生态文明圈的规律与目的之冲突，酿成灾难。

（三）生态天和

通和天人而生一，还是推进生态天和的机理与机制。人类从美生文化圈中发展出来的美生文明圈，贯通地外乃至天外的社会生态圈和自然生态圈，形成生态天和，是谓生态太和，是谓生态通和的极致样式，是谓生态中和的极点形态。这就使地球形态的本然美生圈，走向星际通和形态的天然美生圈，进而走向天际通和形态的超然美生圈，实现了人类美生的环进旋升，持续地增长了自然美生，持续地扩展了由地转而入天旋的美生世界，以完显生态中和的天籁美生目的。

由传统中和发展出生态中和，是中国美学现代化的成功范例，是中国美学世界化的成功范例，是人类美学自然化的成功范例。窥一斑而知全豹，中国美学由传统化而现代化，进而世界化与自然化，是一条走向美生学的康庄大道。

三、生态中和分形的美生范畴

生态中和在线性共生与非线性整生中，呈现出生态平和、生态通和、生态天和的美生形态，彰显出优雅、俊逸、雄健的美生样式，有了两大美生范畴系列的运进。

优雅，是生态柔力的非线性整生。生态力主要由生态结构力、生态关系力、生态本质力组成，可以分为柔力、强力、暴力三种。生态柔力和生态强力均是适度的生态力，生态中和是在它们的非线性整生中生成的。优雅生态，当在生态柔力、生态柔性、生态柔质、生态柔形的非线性整生中生发。

雅者，纯正也，脱俗也；优雅者，秀逸无邪也，清逸脱俗也。具优雅生态者，既玉壶冰心，梅骨兰肌，莲神竹韵，又洒脱天放，自在超然。优雅者，飘若惊鸿，翩若游龙，恰似凌波仙子也。优雅者，羽扇纶巾，手挥五弦，有如玉树临风也。

优雅者，可以是人，也可以是自然。像桂林漓江，呈现的就是一种优雅的生态。它顺势而转，伸屈自如，灵便飘逸，从容自在，一派自然舒展优柔雅致的审美生态。从中可以看出庄重而不拘谨、清雅而不做作、中和而又超然的美生之态。

俊逸，在生态柔力与生态强力的中和整生中形成。俊逸处于优雅与雄健的中间态，是一种亦雄亦秀、雄秀兼具的美生样态，是一种优雅与雄健中和的美生样式。它体积适中，不大不小，处于由秀形向雄姿的过渡态。

它俊质挺拔，雄姿英发，无羁无绊，无拘无束，于潇洒大度中散发出超然天放的神韵；他既超凡脱俗，又气质典范，透出一派飘逸俊雅的情态，形成一种理想的君子生态。桂林山水，在雄山秀水的中和里，构成了整体俊逸的美生样态。它的山，体量适度，且拔地而起，有挣脱一切羁绊的奔放英挺之雄气。桂林的水，如漓江、小东江、桃花江等，任意东西，带卷巾舒，洒脱清逸，一派灵秀之柔味。在山环水绕的中和里，桂林整体俊逸的美生之态生焉。

雄健是生态强力的整生，是巨大生态形体的整生。雄健的生态力虽为强大，但它是协调的，呈现出中和美生的特征。它可以是各种强大的生态力，通过相向相合与相生相长的生态关系，走向集结与统一，达成线性的中和整生。它可以是各种强大的生态力，通过相反相成、相抑相生的生态关系，实现动态制衡，达成非线性的中和整生。它或通过强大结构聚力的整生，实现线性的衡态美生；它或通过强大结构张力与强大结构聚力的中和整生，形成动态衡生的巨型结构，形成动态中和的美生。雄健与优雅、俊逸一样，可以广泛地生成于社会生态领域、自然生态领域和艺术生态领域，成为中和美生的重要范畴。

第二节　生态崇高

生态暴力与生态暴形的整生，所形成的生态崇高，或是美生的样态，或显美生的向性，均在美生范畴之列。当它置身于天然生态圈，以其暴然生态，推进动态平衡，参与系统整生体和所有个别整生体的生发，自身也理所当然地成了特殊整生体，是谓美生范畴。当它进入人化自然的生态圈，集中地表征了人态整生对自然整生的取代，演化出生态丑、生态悲剧、生态喜剧的范畴群，曲折地表达了再次趋向天然美生的愿景，可和艺术反思的生态崇高一起，共立于非线性生发的美生范畴之林。

一、自然整生圈中的生态崇高

生态圈成就全数整生体。在自然生态圈里，其生态的多样性，构成了系统整生。生态圈中的所有物种，所有物质，所有部分，因形态、性态、质态、力态的各不相同，均成了整生化的机制。它们形成了对生关系，使依生、竞生、共生与整生的生态力与生态质，流转于生态圈中。所有个体，一起整生了一个又一个具体个体，直至一切个体；所有的生态力交集起来，共同整生了生态圈的系统质。生态圈的整生质地与质性，分生于所有部分，所有个体，使之走向了整生化。这样，自然生态圈中，从环转的系统，到环转的一切个体，无一不是整生体，无一不是美生体，是谓全数整生与全数美生。①

生态崇高是自成、它成和统成的整生体。它的生态暴力与生态暴形，跟生态圈中的其他生态力和生态形体一样，是生态系统运动变化的机制，特别是其良性循环的机制。同时，它也是生态圈中的其他部分，或呈现秀质、秀性、秀形的缘由之一，或呈现雄质、雄性、雄形的机制之一。它呈现生态暴力与生态暴形，既是自身生态存在的本质规定与本质需求，也是生态圈系统生发的需要，还是生态圈中其他部分系统生发的需要。生态崇高以自身的丑，成就了它者与系统的美，不乏生态伦理的大善性与崇高性。生态崇高长就生态暴形，生成生态暴力，不全是由自己决定的，不全是遵循自身的生态规律，不全是为了实现自身的生态目的，而还是生态相律的结果，也更是系统公律的效应与生态通律的缘由。生态崇高集整生态、整生律、整生善于一身，无疑成了美生的样式，美生的范畴。

自然生态圈中的生态崇高，均跟整生相关，均因成就整生使然。梅

---

① 薛富兴教授 2017 年 6 月应邀来广西民族大学文学院讲学时说，平淡自然与危险自然为自身需要与整体要求所致，揭示了自然全美的机理。

花鹿群被追逐至悬崖边，前有深涧，后有劲敌，种群面临灭顶之灾。此
时，群中年老者挺身跃至半途，年壮者跃至其背，再次起跳，到达彼岸
而脱身。这种牺牲自己，保全系统的行为，呈现出动物的崇高生态。它
基于保全种群的整生，保全自身后代的整生，是一种大真大善统一的
美生。康德认为大自然的力学崇高与数学崇高，最终通向人的理性崇
高。数学崇高的对象，体积无限大，主体无法凭感官整体地把握，从而
感到了自己的渺小，但同时激发了主体的尊严与理性。主体运用自己的
知识、智慧与想象，理性思维地把握了对象的整体，使对象认同、肯定
与确证了自身的理性力量。力学崇高的对象，力量无比巨大，主体无法
与之抗衡，产生了恐惧。同时，它也激发与升华了主体的道德理性与知
识理性。主体发现自己处在安全之所，对象力量再强大，气势再威猛凶
狠，也鞭长莫及，无奈我何。而我却可气定神闲、居高视下、君临万象
般地欣赏对方。这样，对方越是力量无穷，就越能衬托自身道德与理性
的伟大无匹与崇高绝伦，对象也因此而主体化了。康德说：真正的崇高
是在观赏者心里，是他的理性。[①] 而对象作为主体的统一者，也就成了
主体化结构的有机部分，不再是外在于人的与人抗衡的自然，而是对象
化的自然，或曰人化的自然。他所说的崇高之因，是人类理性的整生，
也未脱离美生的框架。黑格尔说："崇高一般是一种表达无限的企图，而
在现象领域里又找不到一个恰好能表达无限的对象"。[②] 这就揭示了崇高
的成因是无限的理念内容与有限的感性形式的冲突，同样未出理性整生
之右。

　　在整生的背景下，生态崇高分生出的生态丑剧、生态悲剧、生态喜
剧，均可成为美生的样态，均可视为美生的范畴。在生态王国里，各种生
命，形姿千奇百怪，韵象每每不同，若用人类传统的审美尺度来衡量，有

---

① 参见［德］康德：《判断力批判》上卷，宗白华译，商务印书馆 1964 年版，第 95 页。
② 参见［德］黑格尔：《美学》第二卷，朱光潜译，商务印书馆 1994 年版，第 79 页。

的甚至显得丑陋与怪诞，然它们无一不是生物圈自旋生的规律所致，无一不是生态圈自旋生的目的所致，无一不是大自然自旋生的元理所致，无一不是系统整生与它者整生以及自身整生所致，无一不是在成就他者与系统的整生，无一不是独特的整生韵象，也就肯定是美的生命。整生观，使人眼中不少丑的生命与物体，在整生关系中与整生系统中，摇身一变成了美，成了美生者，成了美生的创造者。一言以蔽之，丑而美者，丑而能生美者，愈丑而愈增美者，全因自身整生的韵象而然，全因成就它者的整生韵象与发展系统的整生韵象而然，全因它者与系统的整生韵象反哺与回馈自身而然，全因通然整生的韵象而然。这就深化了丑的美生之理。中国的传统美学中，有"丑到极处便美到极处"的观念，西方美学有丑而崇高的看法。孤立地看，这似乎很难理解。但若将它们放到整生关系中去辨析，自会发现其丑而呈现整生韵象的缘由——以万生一，丑而成就个体整生韵象与系统整生韵象的机理——以一生万，进而深谙以万生一与以一生万辩证对长的美生之律。

自然世界中的生态悲剧，也遵循整生的法则展开，也因整生的缘由，而具备美生的质地。在体积较大的动物种群中，如狮群等，成年的雄性被狮王赶出群外。狮王的生育霸权和对种群的统领权，时常受到年轻雄性的挑战，而发生血腥的争斗。失败者遍体鳞伤，落荒而逃，充满着生态悲剧的意味。然这种悲剧，保证了强者的生育权与领导权，促进了物种的进化，推动了自然的整生与美生。生态悲剧的意义，在于它服从生态真，趋向生态善，始终未背离自然整生的规律与目的，始终指向了自然美生的创造与发展，始终呈现了自然整生的韵象。

大自然中的生态喜剧，也因整生而发，也因整生而呈现为美生。在生态世界里，物竞天择与优胜劣汰，是实现和发展自然整生的机制，生态喜剧也就有着自然法则的规定性，也就有着历史规律的必然性，也就有着自然整生的韵象性。黑格尔讲，伟大的事件与人物都出现两次。马克思明确说明："第一次是作为悲剧出现，第二次是作为笑剧出现"①。大型动物之种群的争霸之战，也往往是生态悲剧过后，生态喜剧随之登场。王者之位尚未坐热，就被挑战者赶下来，成为悲喜交加者。这种由生态暴力制造的生态喜剧，同样是优生与整生的生态规律与生态目的使然。也就是说，这种生态喜剧，和生态丑剧、生态悲剧一样，上演的都是自然整生之剧，都是自然美生之剧，都呈现了自然整生的韵象。它们共同使生态崇高的美生本质走向了具体。

二、人化生态圈中的生态崇高

较之自然整生圈中的生态崇高，人化生态圈中的生态崇高，在逐步失去美生的特质。这时的生态崇高及其分生的生态丑、生态悲剧、生态喜剧的范畴，已从美生中淡出。是否存于美生中，已成为这两种生态崇高的主要区别。后一种生态崇高，在生态运动中，也显示出重回美生与重建美生的向性与愿景，自可归于审美生态的范畴。

（一）人满自然引发的生态崇高

自满的生态自由，是近代人类生态自由的极致，它充满了矛盾。一方面，它表达了人类系统地提升本质力量，完备地实现生态自由的理想，全面地实现审美生态自然化的目标；另一方面，人种尺度的暴涨，压制了物种尺度，冲击了自然尺度，打乱了地球自然的有序性，破坏了生态系统的有机性，毁损了生态自由的基础，造就了生态危机。自满的生态自由，突破了人类生态自由的极限，背离了人种尺度、物种尺度、生态尺度、自然尺度一致的整生之大道，生态崇高由此离开了美生。

---

① ［德］马克思：《路易波拿巴的雾月十八日》，《马克思恩格斯选集》第 1 卷，人民出版社 2012 年版，第 668 页。

人凭借人化，从自身到自然，确立了自己的本原、本体、主体地位。他在自然向人生成中，有了自我觉醒与自我解放，释放与提升了本质力量，也就完成了自身的人化。之后，他在向自然生成中，通过多重对象化的途径，将自身的本质力量加诸于自然，将自己的本质属性付诸于自然，也就人化了自然。随着人的对象化活动的加剧，自然一步又一步地被人所化了。与此相应，人将自己的形象写进了自然，写满了自然，完全把自然变成自己，也就形成了人满自然的生态圈。

人满自然的生态圈，可从三个方面解读，其聚焦点为盲目，其特征是自狂，其实际是违道，即违背生态规律与生态目的，其结果是引发了非美生的生态崇高。一是从量的方面看，人将自己的形象充满自然，似乎有了完满的生态自由，然挤占了它者的生态空间，剥夺了它者的生态自主与生态自足；二是从质的方面看，人认为自己把控了自然，好像有了对整个自然的决定性和支配性的生态自由，然异化了它者与自然，造就了人与自然的对立对抗性，引发了反真反善的生态崇高；三是从性的方面看，人自大自私而又蛮横霸道地奴役自然，是一种自狂的生态自由，引发了非理性、反理性、无理性的生态崇高，从而为生态规律与目的和自然的规律与目的所反制，使生态崇高走向了美生的反面。

近代自然的人化与人的自然化，为人满自然的通道。在自然向人生成中，人类忽视了自然的恩德，忘记了自己的出身，盲目自大地将自己看作是世界的本原与本体，看作是世界的目的与宗旨。凭此，他从自身出发，以自身为标准、为尺度、为主体、为核心、为主导、为目的，重理世界的生态关系，重组世界的生态结构，重建世界的生态秩序，重设世界的生态目的，这就绘出了人化世界的蓝图。在生态系统的人为性导控与调节中，自然被人同化，凸显了为人与属人的品质，成为人化的自然。人化的自然，确证了人的自然化，成就了人的自然化，成为了人的自然化样态。在近代语境中，自然的人化与人的自然化，有着同一性，有着互文性，双方呈正比发展。人对自然的同化越深越广越系统，人的自然化同样越深越广越系统。这样，自然的人化与人的自然化，在一体两面中，都成了人满自然的机制。

之所以如此，是因为自然的人化，展开了人的自然化，使自然成了人态的文本。表面看来，自然的人化与人的自然化，两者是矛盾的、对立的；实际上，在近代人的观念中，它们是一致的、和合的、相辅相成的。自然的人化，是人的自然化的手段与机制，是服务与推进人的自然化的。自然的人化，为人的自然化的先锋，自然的人化推进到哪里，人的自然化也就跟进到哪里。自然的人化，是为人的自然化开路的、拓边的。总而言之，自然的人化，推动并融进了人的自然化。人的自然化，作为自然人化的标准与尺度，作为自然人化的目的与结果，呈现了自然人化的价值，肯定了自然人化的效应，激励了自然人化。

人的自然化，其基本的意义，应该是人类天质天性地生存，天然天放地生长，天域天时地永在。这表征了人类生态自然化的正道。然在近代，人舍弃了天质天性的生存，离开了天风天韵的生长，其自然化的扩张，主要是指他在整个自然中，全面地实现自己，完全地形成自己。也就是说，人在同化自然中，使自然成了人本身，使整个自然成了一个大写的人，是谓人的自然化。这个人，是这样反复书写的：人根人本—人化自身—人化自然—自然人化—人的自然化—人为世界的本原本体。这就书写出了超循环的人类本体系统。如此圈进旋升地书写，人类本体系统，在与地球自然同一后，将与地外自然乃至宇宙自然同一，最后走向和宇宙系自然的同一。这样，人类本体系统与多层次的自然同构，最后与大自然的本体系统齐一，人的自满也就走向了极致，人满自然也就趋向了巅峰，人的自然化也就臻于完形。但这是按人根人本的逻辑，所设计出来的人类生态自然化的图景，原本是与大自然的自旋生元型相悖的，是不能持续旋升的。当它运进到一定的时段，超出了大自然的容忍度，也就会被大自然的自旋生元型所取消。也就是说，人类如果不改弦易辙，一味在自然的人化与人的自然化的怪圈中打转，一味要成为自然的主宰，一味要成为自然的全部，也就会被大自然自旋生的惯性所抛出，进入万劫不复的深渊。如果这样，人满自然所引发的生态崇高，也就从生态丑，演化出了生态悲剧，最后呈现出了生态喜剧。

近代人类自满式的审美生态自然化，是一种人为的审美生态自然化，是审美生态自然化的特殊形式与异化形式。它与审美生态自然化的天生本质与天长本性相去甚远。也就是说，它在疆域方面，似乎实现了人类审美生态的自然化，然这种遍布自然的人类审美生态，并非素质天然的、气韵自然的。这种似乎强势与暴势的审美生态，对真正天然的审美生态的同化，也就与审美生态自然化的本然性和天然性不相容，从而形成了悖论。

跳出近代看近代，人化自身，人类可以强大自身；人化自然，人类可以扩大自身。自然的人化，虽然可以实现人的自然化，但两者深层次的关系是对立的，也就埋下了形成悖论的根由。人凭自本自根，实现了自立自主，进而在自身的人化中，实现了自长自足，这本是一种自我觉醒与自我觉识，是人类的一种自我实现与自我进步，应该肯定与赞赏。然真理一旦越界，超出了对应的范围，也就成了谬误。当人进一步将自身作为世界的本与根，作为自然的目的与宗旨，并在对象化中，完全地人化自然，这就走上了自大、自满、自暴。自大、自满、自暴样式的人化自然，造就了人为的乃至横蛮的甚或残暴的自然化。从本质上看，这是人以强势的生态暴力，对整个自然界的占领，对整个自然界的殖民，对整个自然的同化。如此一来，原本天然整生的自然，呈现出了人化的暴形暴韵，引发了非美生的生态崇高。

（二）二律背反是生态崇高的根由

非自然整生的暴力暴形的生态崇高的产生，基于人化与自然化的本质冲突。在自然的人化中，虽形成了人的自然化，然暴露了多重矛盾，甚至出现了二律背反。一是自身内在与外在的矛盾。在人化自然中，人实现了自身存在之量域和自身活动之疆域的自然化，但却使自身消减了天质天性，增长了暴烈的非本然的人质人性，也就没有形成质态与性态的自然化。这就造就了人的自然化的量域和疆域，跟人的非自然化的质态与性态之间的不一致，有了内在的冲突与对立，有了生态崇高的内在机理。这说明，在近代语境中，人的自然化本身，存在着不可调和的矛盾，势必引发生态崇高。说句不客气的话，人在自然化中，没有尊重天理天律，没有增长天质天性，没有形成自身内在的自然化，没有真正地形成外在形体与内在本质统一的自然化，没有真正形成自然化整生，这就在人自身中埋下了非美生的生态崇高的本根。二是人的自然化与自然天态化的矛盾。在自然人化中，所形成的人的自然化，赋予自然人质人性，强加其人理人律，这就和自然本身的天质天性与天理天律，形成了冲突，产生了竞生。也就是说，自然本身不认可人的自然化，排斥人的自然化，对抗人的自然化。这种天人对抗，是生态暴力性的对抗，它使人化的自然结构走向了震荡、摇晃，呈现出生态暴形，引发了非美生的生态崇高。三是自然的被人化与自然的天态化的矛盾。自然生态本是纯本然的、纯天然的，被赋予人质人性之后，被强迫按人理人律运发后，和原本的天然性产生了冲突，和原本的自使其然性形成了对立。这就加剧了自然本身的冲突，导致了自然的失常，造就了自然的错乱，形成了自然的乖戾，引发了自然的暴力，显现了自然的暴形暴韵，强化了非美生的生态崇高。这种种情形说明了，人的自然化，有其现实生成性与肯定性的一面，即人超越物种的生态局限，广泛地进入了自然时空，深刻地影响了自然运动，改变了自然和它者的生态；同时，它又呈现出了现实消减性与否定性的一面，即人与自然不但没有增长天然性，反而消减了天然性，甚至生发了非天然性。这就在肯定的形成中呈现了否定，在人的自然化的生发中增长了反自然化，是谓二律背反，是谓强化了生态暴力，是谓凸显了生态暴形，是谓增长了生态暴韵，是谓非美生生态崇高的深刻机理，是谓非美生生态崇高分生相应的生态丑、生态悲剧、生态喜剧的深刻缘由。

人化自然，是自然的人化与人的自然化二律背反之因。如前所述，自然的人化，成就了人的自然化，推进了人的自然化，这就形成了肯定性关系。与此同时，它在人的自然化里，生长出不合天理与天律的东西，形成了非自然化与反自然化的本质规定，同样在肯定中形成了否定。这种否定是从肯定中来的，是与生俱来的，是与根俱来的，是与本同长的。更明白地说，是从人本与人根中生长出来的，是从娘胎中带出来的，因而是无法调和的，更是无法消除的。由此可见，自然的人化与人的自然化之间的矛盾，是一种本原与本体性的矛盾。本来，依靠人的自然化，实现人类天然地生存，实现人类本体结构的天然化，本是合乎天理与天道的，本是一条康庄大道。然近代人的自然化，是在人化自然中形成的，其要义是对自然展开人化，其手段也是对自然实施人化，其目的也是对自然完成人化，完全是一种人类自满自暴的自然化。人的自然化，如靠人化自然形成，这就改变了自然的天性，也就难以让人实现天然生存的宗旨，也就难以构架天然化的人类生态结构，从而南辕北辙，离人的自然化之本质追求相去甚远了，也就不可避免地形成了背离美生宗旨的生态崇高。

从人化自身到人化自然，最后抵达人的自然化，这是近代以来形成的人类生态自然化的路径。然这是一条形成悖论的路径。自然的人化与人的自然化之间，有表面上的同一性，然存在实际上的相悖性。两者虽可以短暂地架起相通的桥梁，形成对生并进的关系，但本质上的矛盾与对立，乃至生态暴力性的对抗与冲突，终究是它们的主要关系、核心关系、主导关系。这就注定了那是一条探索中的人类生态自然化路径，山重水复，充满了曲折与阻碍。但它并非毫无可取，其价值在于提供人类生态自然化的教训，其意义在于形成了人类生态自然化非线性、螺旋性、辩证性规程。如此看来，它的出现，也有着历史的必然性，乃至必须性。不必轻易否定，只需辩证看待。

（三）生态崇高分生的范畴

由于处在被历史的进程所否定的环节，近代从人化自然到人的自然化，充满了历史的丑剧性、悲剧性，乃至喜剧性，形成了相应的生态崇高范畴。

——生态丑剧。近代以来，随着主体性的发展，人理性地掌控自然，使自然合人的规律与目的运转，从而与原有的生态秩序发生了冲突，形成了生态暴力性对抗，打破了原有的生态和谐格局与自然整生运势，导致生态结构在震荡与摇晃中，失衡失稳，扭曲变形，欲裂欲破，呈现生态暴形与暴韵，引发了生态崇高，初成了生态丑剧。

——生态悲剧。人凭理性掌控自然遇阻后，进而走向非理性、反理性、无理性地同化自然。生态系统在人与天持续强化的生态暴力的对抗与拉锯中，走向失序失律，呈现出颠倒错乱与荒诞不经的暴形暴韵，分生出生态悲剧。在这一悲剧结局中，不管是人与自然矛盾对抗结构的失序态，还是人的分裂态、异化态，以及自然的狂态、怪态、戾态，都因暴力、暴形、暴韵的递增，呈现出鲜明的荒诞特征，深化了生态崇高的反规律、反目的特质。

——生态喜剧。继非理性同化自然后，人在非规律非目的、无规律无目的之自然化中，致使天人的暴力性冲突走向极致，生态结构失统，走向解体，成为一堆碎片。人相应地构成一种无历史、无背景、无参照、无结构的生态，处于一种游历飘忽、恍恍惚惚，迷离虚幻的状态，趋于一种孤立、孤独、孤寂、虚无的生存，完全背离了自然化整生与美生的初衷。这就生长出了欲哭无泪、欲笑无由、哭笑不得的生态喜剧，生态崇高走向了反美生的极端。

在近代人化的生态圈中，形成的生态崇高范畴系列，在走向非美生中，透出了美生的愿景，呈现出美生—非美生—美生的历史辩证性。在自身的人化中，人唤醒、解放与提升了自己的本质力量，有了崇高的美生；在对自然高歌猛进的人化中，人似乎掌控了自然，主导了自然，同化了自然，使自然成了人本身；然这与自然人生和自然天生的天律不符，终被否定。这就为人类生态自然化的历史，呈现肯定—否定—肯定的非线性发展，提供了不可或缺的历史环节，也就有了再成美生式生态崇高的向性，并与艺术反思的生态崇高对应，共同进入美生范畴系统。

三、艺术生态圈中的生态崇高

近代生态崇高初起，西方文学艺术对自然、文化、社会生态圈的失衡、失稳、失序、失绿，进行了批判与反思，形成了艺术中的生态崇高，显示了生态人文主义色彩，透出了美生愿景。

资本主义上升时期，原始积累的血腥、资本的贪婪、掠夺的残暴，使人类与自然、殖民者与殖民地、个体与社会、精神与肉体形成了尖锐的矛盾冲突，社会组织结构、自然生态结构、人类身心结构从和谐走向震荡，进而扭曲变形，形成了生态崇高。对之，文学艺术家敏锐地觉察到了，他们从现实主义、自然主义、浪漫主义的角度，揭露了资本主义社会的丑恶生态，展示了现实的残酷生境，表达了对自由自然之美生的追求。雨果的《悲惨世界》、巴尔扎克的《人间喜剧》、托尔斯泰的《复活》，对社会生态的丑恶和精神生态的病变作了深刻的揭露与辛辣的讽刺，表达了在否定中改良现实生态的崇高理想。

现代主义时期，生态悲剧在艺术中勃兴。进入 20 世纪，资本主义走向了帝国主义时代，两次世界大战的爆发、跨国公司的垄断、贫富差距的拉大，进一步加剧了社会矛盾与生态危机。社会组织结构、自然生态结构、人类身心结构在不可调和的对立对抗中，在极为猛烈的震荡摇晃中，从扭曲变形，走向颠倒错乱，从崇高的生态丑走向悲剧的生态荒诞。荒诞派戏剧《未来在鸡蛋中》，雅各和长有三个鼻子的姑娘罗品特第二结婚，生下一筐鸡蛋。雅各在丈母娘的逼迫下去孵蛋，孵出了楼梯、皮鞋、银行家和猪猡。这是一个没有生态序的结构，荒诞不经，不可理喻。这一再造的文学生态世界，隐喻着人类生态、社会生态、自然生态和精神生态的无序与失序，表征了这种种生态世界的无规律无目的，确证了人类生态、社会生态、自然生态的相互异化。对生态异化的揭示与批判，成了各种形式与体裁的现代主义文学艺术作品的共同主题。戏剧如此，小说也如此。卡夫卡的《变形记》，写推销员一夜之间变成一只大甲虫，无法出门，最后被家人抛弃，冻饿而死。这就典型地演绎了一个人生异化的生态悲剧。

后现代主义时期，生态喜剧成为艺术主潮。人类与自然、殖民与反殖民、个体与社会、肉体与精神、现实与理想之间的生态矛盾，在回环往复中持续加剧，社会的、自然的、精神的生态结构，将由变形、异化走向解体。后现代主义的文学艺术家，从生态结构变形与异化后，生态冲突的你死我活与不可调和中，看出了生态解构的喜剧结局，展示了这种结局的虚幻生态。在他们的笔下，失去生态结构和生态联系后的人，呈"个体化"存在的茫然生态：他们没有姓名，没有历史，没有背景，不知从何来，不知往何去，只知道发问"我是谁"；他们"等待戈多"，不知道"戈多"是什么，也不知道"戈多"从哪里来和什么时候来，更不知道"戈多"会不会来——这就演绎了一切起于空幻又归于空幻的生态喜剧。这当是一种生态悲剧后的生态喜剧。如果这还不足以引起人类的觉悟，那这个自以为是狂妄无羁的物种，继续暴烈下去，不知道还能在地球上存活多久？

从崇高时期生态结构变形的丑，经由现代主义时期生态结构异化的荒诞，走向后现代主义时期生态结构解体的虚幻，西方的文学艺术，逐步深化了对生态危机的揭示，对生态灾变的资本主义社会的批判，形成了艺术生态圈中的生态崇高及其范畴系列，表达了对生态和谐的追求，对自由美生的向往。用周来祥先生的话来说，荒诞"是丑的极端发展的结果，同时又隐隐约约地呼唤着一种新的和谐"①。在他看来，"和谐是宇宙的本体"②。

从艺术对生态崇高的反思中，可以看到，近代以来的生态崇高，有着历史注定性。其独特的价值，主要有两个方面。一是形成了以人为本的美

---

① 周来祥：《古代的美、近代的美、现代的美》，东北师范大学出版社 1995 年版，第 7 页。
② 周来祥：《超越二元对立创建辩证和谐》，《东岳论丛》2005 年第 10 期。

生，形成了人本美生自然化的新纪元，使人类美生的自然化长出了前所未有的新链环，实现了人类美生自然化的创新与创造。二是在人化自身与人化自然中，使人超越了物种的规定，增长了人类介入自然的能力，拓展了人类介入自然的广度与深度，洞开了前所未有的美生自然化的新图景，拓展了美生自然化的新疆域。其深远的历史意义，也主要有两个方面。第一个方面是，其人态的美生自然化，与古代天成的美生自然化，走向历史的中和，共同形成现代和天的美生，形成天人并进的美生自然化的新环节。第二个方面是，其美生自然化的悖论，引发现代人的警醒，以自身探索的经验与教训，启迪后来者协调了人化与自然化的关系，寻找到了美生自然化的新机理和新机制，促进了美生自然化的后续环节，在规律与目的之统一中次第生发。它以自身崇高式美生的自然化，演化出丑生性、悲剧性、喜剧性的非美生与反美生，启迪人们走向共生式、整生式、天生式的美生自然化，形成本然、天然、超然的崇高式美生与和谐式美生。

人类要超越生命存在的大限，是需要在生态自然化中离开地球，在宇宙乃至宇宙系中逍遥游。人只有和大自然同旋，方能天然整生，方可永续美生。所以，人类生态的自然化，只要不是为了人满自然的物种目的，当是必须的，也是必然的。如果不是这样，人类只能世世代代"窝"在地球上，像恐龙一样，承受着被"天外来客"毁灭的威胁。假如人类生态自然化程度不高，本质力量低下，在可能到来的"星球大战"中落北，地球沦为外星人的殖民地，将无自由美生可言。人类生态自然化，须同步增长生态智慧，须同步提升生态伦理，不要让"自满"将自己困死在地球的"老家"里，也不能因"自暴"，像《阿凡达》中的人类，被别的星球上的"原住民"，赶回"水深火热"的地球，等待消失。人类生态的自然化，避免小安地球的自满和殖民自然的自暴，走向本然化、天然化、超然化的自然美生，拓展天籁家园，当是人化自然的生态崇高留给我们的辩证启迪。

生态中和与生态崇高在生态圈中通转，有了非线性整一的格局，通发了生态艺术的质地，使诗意栖居的自然化与天籁家园的存在化有了可能。

如果生态圈里，仅通旋生态中和，而无生态崇高相间，将不会有非线性序运，将难成非线性整生的韵象，将难以续发天籁家园的美生范畴。

第三节　天籁家园

生态圈里，因生态中和与生态崇高的辩证运动，遍长生态艺术，诗意栖居可焉，天籁家园成焉。天籁家园在诗意栖居中显示，诗意栖居则有赖生态艺术。美生范畴是这样的环环相连，丝丝入扣，最后向天籁家园会通，完生出更高层级的核心范畴，呈现了生态理想的生发路径。

一、天籁家园是美丽家园的极致发展

家园，是栖息之地，生态之所，乡愁之源。天籁，可寄乡愁，是自然艺术。天籁家园，是谓生态艺术化之地。天籁家园在至绿、至美、至全、至大中，在自然化与存在化中，成为美丽家园的极致发展，成为天然艺术化的故地。家园属于生命，生命在超然化的诗意栖居中，通成了天籁家园。

（一）家园即自然

生态，在希腊文中有家园和居住地的意思。家园里，有生命的本原，有生境的根基，有生态的根脉，有文化的缘由，有文明的起点，有美生场的原设计。家园，是我们的栖息地，更是我们的来源地。我们有衣胞之地的具体家园——家乡，更有本原之地和归宿之地的广大家园——大自然。大自然是我们的故园，是天籁家园的地盘。

家园即自然。起因为自然向生命生成，进而向人生成。生命和人从自然中走来，进而向自然走去。这实则是从故园走来，再向故园走去，是在故园中超循环。这就注定了自然是一切生命特别是人类的起点性家园、过程性家园、终极性家园。人时刻都在自然的住地中，时刻向往住在自然艺术化的天籁家园里。

家园是生境。人类生存于地球，地球是生境，是家园。当人类走出地球，到达别的天体，有了新的生境，也就有了新的家园。当人类的足迹印上了别的宇宙，也就有了更新更广的生境，有了更新更大的家园。当人可以在整个宇宙系里逍遥游，也就回到了以天生人的广大祖籍之地——故园。家园是随着人类审美生态的拓展，而不断与自然同一的，而不断自然艺术化的。这就确证了家园即自然的命题，确证了天籁家园是美丽家园极致发展的命题。

家园是乡愁的源头。乡愁是寻根的情结，是在家园中诗意栖居的诉求，是回归故地通转天籁美生的希冀。有了乡愁，诗意栖居与天籁家园可更为对应，更为亲和，也更为本然，更为天然。在乡愁缭绕中，人们向生命策源地回归，可逐步生发诗意栖居，可逐步形成天籁化栖息，可逐步扩展天籁家园，可逐步拓进天籁美生场。

（二）诗意栖居中的天籁家园

海德格尔的诗意栖居之说，来源于德国诗人荷尔德林的作品《人，诗意的栖居》中的句子："人充满劳绩，但还诗意地栖居在这片大地上"。从出处看，诗意栖居应有三个方面的意义。一是可以将生态艺术与人类生态结合，形成艺术化存在的美生；二是拓展到充满劳绩的大地，形成广大的艺术生境；三是在大地上，对应地创造艺术人生与艺术生境，形成自然化的诗意栖居，大成天籁美生，大成天籁家园。他还说："立于大地之上并在大地之中，历史性的人类建立了他们在世界之中的栖居"①，这就突出了

---

① ［德］马丁·海德格尔：《林中路》（修订本），孙周兴译，上海译文出版社 2008 年版，第 28 页。

诗意栖居之处，是自然化的家园，是天籁家园。天籁美生的诉求也就自在其中了，天籁美生场的意义也就呼之欲出了。

诗意栖居有两个必备条件，一者是家，另一者是诗。自然为我们提供了家，即栖居之地；生态艺术特别是天生艺术，为我们提供了本然性的诗意和天籁般的诗韵；两者结合，使我们在家园中诗意栖居，家园也就成了天籁美生之地。诗意栖居与天籁家园是相互成就和相互确证的，离开诗意栖居，特别是离开了天籁化栖息，无所谓天籁家园；没有天籁家园，无法诗意栖居，更无法天籁化栖息；两者互生，进而共长。

诗意栖居存在化，可使天籁家园自然化。诗意栖居在地球中展开，形成本然的天籁家园；在天宇中展开，形成深绿的天籁家园；在天际故园中展开，形成至绿的天籁家园。诗意栖居的自然化，使美丽家园的质与量极致发展，通成了天籁家园。

天籁家园是在生态圈中自然化的，生态圈的自然美生化与生态艺术化，生态艺术的天然化，是其旋扩与完形的机理机制。

二、生态圈完扩天籁家园

生态圈是生命的存活之处，是生命一刻也不能脱离的家园。生态圈在自然美生化中，可完转出天籁家园的疆域，使之逐步与自然同域，逐步与存在同域。

生态和谐与生态崇高通发于生态圈，使自然全美与生态通美，使自然美生成为可能。生态和谐通成了生态圈的聚力，生态崇高通成了生态圈的张力，通转了非线性整生的律构与韵象，使生态艺术遍长天下，让天籁之音环绕自然，也就完扩了天籁家园的疆域。毛泽东主席在《七律二首·送瘟神》中说："坐地日行八万里，巡天遥看一千河"。随生态圈而游天的生命，其绿色栖居，自当诗意盈盈，天韵满满，天籁家园可满布于自然，遍长于存在。

生态全美，有着丰富的思想资源与广阔的理论空间。中国古代美学认为：天地有大美，道行天下成大美，主张尽善尽美，提出了不全不粹不足以为美的见解。这些看法，于生态全美理想的生发富有启迪意义。加拿大环境美学大家艾伦·卡尔松提出"全部自然界是美的"。中国美学家彭锋认为自然中的各个局部，因各具个性而皆美。以自然全美和生态通美为基础，在生态圈的遍环世界中，通转存在的美生，当可完旋出天籁家园与自然和存在一致的疆域。

生态圈通转美生，以成整一的系统美生与全然的个体美生，是完然旋扩天籁家园的前提。当下的生态圈并非通转美生，需要重回与提升通转美生，以完旋天籁家园。要达此目的，须形成审美整生观。古代审美依生观，曾经维系了天地大美，有助人与自然的生态和谐。近代的审美竞生观，曾使自然、人类、社会消退绿色与削减美生。现代的审美共生观，有利恢复与推进人与自然的生态和谐。当代的审美整生观，主张生态系统的依生关系、竞生关系、共生关系、整生关系，既各安其位，各得其所，又相互生发，相互规约，达成整一天旋。在整一生发中，使前三种关系共成和共有整生关系，维系与推进生态世界的动态平衡，非线性有序，以增长生态圈的自然美生，广发各局部的自然美生，完扩天籁家园的疆域也就有了基础。

生态调适是生态圈通转美生以完扩天籁家园疆域的机制。大自然的生态发展，是一个从无序到有序的过程，从简单有序到复杂有序的过程，从线性有序到非线性有序的过程。这一过程，首先经历了大自然自发的生态调适阶段，初成了生态全美，有了生命之所从出的天籁化故园。自然界生发出人类以后，它的生态调适，走向了自发与自觉结合的阶段。古代人类的生态自觉，体现在依从自然机理方面。它使生态人道统一于生态天道，让人类生态汇入了自然生态，相对促进了生态圈的通转美生。近代人类发展了片面的生态自觉，用片面的生态人道去统一系统的生态天道，造成了两者的对立冲突与两败俱伤，生态圈不再顺畅地通转美生。现代人类从生态圈失衡、失稳和失序、失绿的惨痛中觉醒，反思与修正了片面的生态自觉，追求整一的生态自觉，力求生态人道与生态天道耦合并进，以利恢复与拓展生态圈的通转美生。当代人类提升了生态自觉，使生态人道汇入生态天道，同成生态大道，或曰自然整生之道，力行自发与自觉协同的生态调适，在自然生态、人类生态、社会生态、文化生态、文明生态的统一运进中，"五位一体"地通转美生。在生态的整一运行中，文化生态须负起生态调适的主责。要担当这一历史重任，文化生态应系统地蕴含自然生态之道、人类生态之道、社会生态之道、文明生态之道，应从生态人道与生态天道中统合出生态大道，形成存在之公理。这样的文化生态，自可耦合自然生态、人类生态、社会生态、文明生态，达成整生化运行。这样的生态圈，自可通转自然美生，自可通成与完扩天籁家园。

生态圈递进地通转美生与完扩天籁家园。它在生态世界的整一化运进中，依次呈现美然化、审美化、美生化、自然美生化。走完了上述规程，它才称得上通转美生，全然地通转美生，完然地通转美生。从自然全美，到生态圈通转美生，可整一呈现系统美生与个体美生的自然化通转，当可抵达自然美生的境地，进而通达完扩天籁家园的理想。

生态圈通转出天籁美生，完扩出天籁家园。生态圈越是自然化运进，越能星际性与天际性地通转生态中和与生态崇高，也就越能通成非线性整生，越能凸显动态平衡的整一性、不和而和的整一性、无序长序的整一性，自可使生态艺术自然化，自可使天生艺术存在化，自可从自然美生中增长出天籁美生，天籁家园随之完发焉。

三、生态艺术完形天籁家园

有了生态艺术，方可诗意栖居。有了生态艺术向天生艺术的发展，方可使生命与生境的绿色生存、自然生存、艺术生存一致，方可使诗意栖居自然化，方可使天籁家园完形。

（一）生态艺术是生命与世界非线性整生的韵象

自然的非线性整生韵象，是自然艺术，是最早的生态艺术，是最早的天生艺术。生命与世界的对生物，如呈现出非线性整生的神韵与律构，可视为生态艺术。这也是生态和谐与生态崇高在生态圈中通转，以成非线性整生的韵象与律构，以成生态艺术的义理所在。生态圈里，既有中和生态，又有平和生态，还有崇高生态，错杂相接，方成非线性有序，方才有律动的韵象，方成动态整一的生态艺术境界。

生态艺术，可以是世界的自在之物和自成之物，即自然艺术；也可以是人类的自生之态和自为之态，即身体艺术和行为艺术；然更高端的生态艺术，则是人与世界天然对生的整一韵象。苏轼在《题沈君琴》一诗中说："若言琴上有琴声，放在匣中何不鸣，若言声在指头上，何不于君指上听。"他所讲的就是人与物对生琴律琴韵的道理。《礼记·乐记》在指出"乐由中出，礼自外作"之后，进一步要求"大乐与天地同和，大礼与天地同节"①，揭示了在天人对生中形成和旋韵象的艺术规律。刘勰说："写气图貌，既随物以婉转；属采附声，亦与心而徘徊。"②他把心物往复交融和旋的艺术生发思想，书写得掷地有声，生动传神。可以说：经由天人的节律感应（曾永成语），生态艺术成为艺术家与世界的天然对生物，成为非线性整生的韵象。

天人对生，以发非线性整生之韵象，是形成生态艺术的机制。天人对生，须相互对应，彼此匹配，否则难以实现。生命的潜能与世界的潜质，在相互适应与相互调节中，形成匹配性与对称性，产生共通性与共趋性，也就有了对应性，可在对生中，造就韵象的非线性整生。"情往似赠，兴来如答"③，在情性的匹配与对应中，形成了对生回旋的韵致。这样的对应

① 胡平生、陈美兰译注：《礼记·孝经》，中华书局 2007 年版，第 140—141 页。
② 周振甫译注：《文心雕龙选译》，中华书局 1980 年版，第 181 页。
③ 周振甫译注：《文心雕龙选译》，中华书局 1980 年版，第 184 页。

与对生，联通了审美文化与美生文明形态的"数据库"，自可在回环往复的律动中，凸显韵象的非线性整生，形成生态艺术。

（二）生态艺术是生命与生境对生的天籁化韵象

生态文明是中和生发的，凸显了价值生态分门别类后的集约与整一。生态科学探寻生态真，生态伦理追求生态善，生态工程形成生态益，生态存在实现生态宜，生态文化趋向生态绿，生态哲学臻于生态智，生态艺术则通显了真善益宜绿智美的韵态整生性。它赋予诸种生态价值以生态诗性，形成了通约的诗性美生价值结构。在生态艺术里，情感、意义、趣致、风神、灵性、兴味，聚为天性、天趣、天韵，以成天然整生的韵象，有了天籁美生的向性，有了天籁化栖息的可能。至此，我们可以更具体地界定生态艺术：生命与生境对生的天籁化韵象。

要成此天籁，艺术家须有自足的审美绿生潜能系统。他的审美绿生欲求、嗜好、态度、标准、理想依次生发，有了环回旋进的结构。其不可重复、不可替代的审美个性，续联着所属阶层的特殊化审美属性，所属民族、国家与时代的类型化审美品性，所属性别、种族的普遍化审美质性，所属人类的整体化审美秉性，所属生命的整一化审美天性，在内旋生中有了审美绿生趣味的天然圈发。他的审美绿生创造力，是个性化的，由相应的艺术直觉力、艺术顿悟力、艺术灵感力、艺术幻想力、艺术创新力、艺术表达力等等组团，在同所属生境、环境、背景、远景的关联中，与特殊性、类型性、普遍性、整体性、整一性的审美绿生才能对生，环发自旋生结构，周长艺术天智，以通达自足。艺术家整一的审美绿生素养，是经由审美文化与审美文明陶冶后的天然美生禀赋，是既雕既琢复归于朴的美生本性，深蕴了自然美生的本然性与超然性，有了创生天籁化韵象的可能。

世界是生态艺术家的生境，也有审美绿生潜质的自足。世界的个体，特色独具，众彩纷呈，有着不可替代与不可重复的个别性。它们在大自然的自旋生中同运，自成以万生一和以一生万的网络化对生，完发了兼容性、相生性、共通性、共趋性、同进性、通成性，有了审美绿生潜质的自足。自旋生的世界，从生态无序走向自发的生态有序，天成了整一的审美绿色潜质。这种潜质，因人类生态文明的自觉融入，走向社会、人类、文化、自然的中和，达成耦合序进的超旋生，是谓更完备的自足。创生天籁化韵象的生境条件也就更理想了。

生命的审美绿生潜能，跟世界的审美绿生潜质，耦合地走向自足后，可对生出天籁。在行为和身体中，绿色韵象的天籁化，是生命的生态艺术化。在物化和物态化中，绿色韵象的天籁化，是景观与纯粹艺术的生态化。艺术生态化与生态艺术化的耦合天发，可成艺术天生化，天籁之音遍响自然也，天籁之韵环绕存在也，天籁家园遍布于世界也，是谓完形。

艺术韵象的自然化，通发天籁化美生，完形天籁家园。中国传统诗学，在追求象外之象、言外之意、味外之旨、景外之景、弦外之音中，在以显联隐中，实现有限与无限的同一，形成审美趣韵的非线性整一化。海明威的小说创作，遵循冰山原则，冰山之尖露出海面，十分之一视而可见，冰山主体藏在海中，十分之九想而可得，也在显与隐的通联中，有了审美韵象的非线性整一化。海德格尔指出："壶之壶性在倾注之赠品中成其本质"，"在赠品之水中有泉。在泉中有岩石，在岩石中有大地的浑然蛰伏。这大地又承受着天空的雨露。在泉水中，天空与大地联姻。在酒中也有这种联姻。酒由葡萄的果实酿成，果实由大地的滋养与天空的阳光所生成。在水之赠品中，在酒之赠品中总是栖留着天空与大地。但是，倾注之赠品乃是壶之壶性。故在壶之本质中，总是栖留着天空与大地"。[1] 生态关系串起"赠品"，壶的韵象连锁天地神人，形成了整生无限的自然美生时空，有了天籁化美生的韵象。海德格尔对具体艺术韵象的自然化阐释，在"以少总多，情貌无遗"[2] 中，呈现了生态艺术的天籁化之路，即质与

---

①　孙周兴选编：《海德格尔选集》，上海三联书店 1996 年版，第 1172 页。

②　周振甫译注：《文心雕龙选译》，中华书局 1980 年版，第 181 页。

量的自然化整生之路。这是一条显隐互生的非线性整生之路，可视为生态
艺术通发与完形天籁家园的天律与天道。

（三）美生韵象的天籁化

艺术生态化和生态艺术化的耦合并进，非线性展开，可成艺术天生
化，可成生态艺术的更高本质：生命与生境非线性对生的天籁韵象。与此
相应，生态艺术有了本质提升与疆域拓展的天路——生命与生境对长的审
美天生，促使美生韵象天籁化，完形天籁家园。

审美天生成就天籁。人是审美天生物，世界是审美天生物，他们非线
性对生的绿色韵象，是当成了天籁，即天生艺术。审美天生，使韵象天
成，是为天生艺术的机理。审美天生，使韵象天长，是为天生艺术的发展
机制。审美天生，促成天籁满布自然，使生命所到之处，全是诗意栖息之
地，使生命所居之所，全然成为天籁家园。

生命的审美天生。艺术家的审美绿生潜能，走向天态发展的境界，有
一个本然—必然—自然—超然的回旋过程。艺术家的创作个性，本然流露
其艺术生命，本然显现其艺术天资，本然生发其艺术禀赋，有着自增长的
原生天韵。这种原生的创作个性，走向自足的生发，即艺术天命、天资、
天赋的全面生发，是谓艺术天韵的整生。这种整生，是自律自觉的，是生
态规律与目的跟审美规律与目的"四位一体"生发的。再而，它还是自在
自然的，如康德所说，是无规律地合规律，是无目的地合目的，从而在
"随心所欲不逾矩"中，走向了超然天生的境界。艺术家的创作天性，经
由自然—规范—自由—天然—超然的超旋生规程，所达成的非线性天化整
生，既超越了原生态的自然，又超越了规范与自由，是一种超然周转的天
然，即经由了审美文明化与审美自然化之后的天然。这种超转的天然，可
抵艺术个性超然天放的境界。艺术家天资自然，兼之澄怀味象，别除玄
揽，有达物自体之可能。他修天真之道身，以之体道，养天真之道心，以
之观道，通悉各种各样的"以鸟养养鸟"，通识自然元道，在"蹈乎大方"

中，与元道同一。这样的艺术个性，无法而至法，本然而文然，天然而超然，是谓神韵之天成，是可生发出天籁。

生境的审美天生。世界审美绿生潜质的走向天态，也是超旋生的。万物依本性而生，合自身规律与目的而长。这种生长，是在与生境、环境的相互调适中展开的，因而也合物种、生态系统乃至自然界的规律与目的，涌现出天态整生的审美潜质。加拿大环境美学家卡尔松提出"自然全美"的观点，基于自然的自律性，和自然自律所成的天然有序性。人类社会系统，从自然界而出，以自身的文化和文明，影响了世界万物的生发。这就使重组的生态系统，可走向自律与他律的统一，可形成自发与自觉的结合，可通长天态与人态耦合整生的审美潜质。这种天人整生质，有一种天化的终极向性。起初，为人态同于天态的整生；接着，是人化自然的整生；再而，是天人耦合并进的整生；最后，形成天人自然化通转的整生。这就在更为复杂的非线性运动中，构成了世界审美绿生潜质天然超转的整生，通显天发之神韵。

生命与生境对长审美天生韵象。生命的审美天生，是一个非线性的自然化过程，即从自发的天生，走向自觉的天生，抵于自然的天生，旋回超然的天生。与此相应，世界的审美天质，也走出了非线性自然化的圈程，即从纯天然的审美潜质，走向人化的审美天质，臻于人与自然共生的审美天质，抵达人与自然超然通转的审美天质。这两个非线性的自然化过程，交织在一起，有如 DNA 的双螺旋，显示了双方逐位相成、耦合对长的审美天生规程。正是人与世界的耦合对长与天然环回，使自然至绿和自然至美，大成了天生艺术。生命与生境对发的审美天生，是量与质耦合的自然化，即在生态性与审美性的结合上，实现了天质与天量、天程与天域的一致，是谓韵象天成，天籁通发，天籁家园通显。

天生艺术的存在化，可见于整体与部分的天韵化，更现于天生韵象的完形。从整体看，人与世界在以天合天、以天生天、以天长天中，通发了天生韵象。这韵象虽然是生命与世界共成的，然生命已然自然神韵化，已看不见人为的痕迹。它虽不是原生的天然，但经由美生文化的自然化陶冶，蒙受美生文明的自然化洗礼，确已胜过原初的天然，是一种超转的天然，是一种至美至绿与至大至全的自然艺术。再从各种具体的天生艺术看，组成韵象的景、象、境与情、意、理，特别是趣、性、神等，均凝聚着人与天的本性，是人与天本然的化合，虽同为美生文化陶冶与美生文明熏染，然不着痕迹，既宛如天成，又超转天成，均为超然天化的自然艺术，均是天籁家园的样式。天籁家园也就有了质与量一致的完形。

天生艺术的天质性通发，耦合了天量性通长，从而满布自然，臻于存在化完形。具体的天生艺术，其天质美生韵象的周边，簇拥着相关相似的韵象群；这韵象群的上下左右前后，还层层关联着相关相似的韵象群落、群团、群系；也就达成了天量的增殖、天域的广布、天程的广延，是万万生一的完形。也就是说，生态艺术走向天生艺术后，韵象的生发，臻于天质、天量、天域、天程的整一化，自可覆盖自然，遍布存在，以成天然化完形。这一天一旦到来，存在既是至绿与全绿的生态，又是至美与全美的诗态，全部自然已然天籁化了，生命自可通然地栖息在天籁家园里。概言之，使存在成为天籁家园，以完形天籁家园，是天生艺术的神圣使命与崇高目的。

（四）生态艺术的相变与天籁家园的遍成

生态艺术在外延中，相变出各种样式，使诗意栖居成为生态常式，使天籁家园成为存在的常态，覆盖世界，以达具体化完形。

1. 生命艺术

原始生境，是孕育生命的始基。生命出现后，成为生态发展的基点与起点。离开生命的生发，也就无所谓生境，无所谓生态，更不会有生态系统。绿命与诗魂同出的生命艺术，也就成了生态艺术的最初样式，是谓本相。

植物和动物自然天成的生态艺术，其起点也是生命艺术。花是植物的生殖器官，也是植物最美的部分。开花是植物最美的时节，最好的生态，也基于生命力的最佳绽放，更基于生命与生境的对生。离开强盛生命力的基座，构成不了美生之态，也就无所谓生命艺术。动物择食择偶与择美结合的行为艺术，起于生理需求，成于生理机制，趋于生命存在与自然发展的目的，也无疑是生命艺术。

生命艺术，有着生态艺术原点的意义。它包蕴了审美生态价值结构的所有元素，即真、善、益、宜、绿、智、美俱全，有着趣味整生和韵象天生的品质，是为天籁，也就初成了生态艺术的本质规定。在它身上，生存艺术、生产艺术、生境艺术、生活艺术初现端倪，当可梯次相变，可同抵天生艺术的顶端。

2. 生存艺术

生命艺术是以真为主导，中和各价值元素，达成韵象的天籁化。由生命艺术相变出的生存艺术，则在善的统领中，生发"多位一体"的价值整生结构。生存艺术往往是仪式艺术，它和原始文化结合，指向族群生存与发展的宗旨。善有功用、伦理、系统价值三种，生存艺术常常兼具。在广西花山岩画里，主体图像是曲体举臂的人像，俗称蛙跃图。它是壮族的图腾崇拜，所形成的生存艺术。它是人丁兴旺的诉求，是"稻花香里说丰年，听取蛙声一片"的希冀。生存艺术以审美仪式为中介，使诗态之善的主旨，在神、人、物、天中贯通流转，使生存、文化、文明、审美仪式在"四位一体"中臻于天籁之音，使生存艺术之地，成了天籁家园。

3. 生产艺术

生产成为艺术的形式，劳动成为艺术的展现，劳绩成为艺术产品；"充满劳绩的大地"，成了诗意栖居之地，成了天籁化栖息的场所，成了天籁家园；生态艺术也就进而相变出了生产艺术的样式。

在劳动艺术化与艺术劳动化的并进中，身心的律动，有了艺术与劳动的耦合节拍，进而有了与自然运动的和旋；劳动、艺术、生命、自然也就走向了美生化的共振同鸣，通成天籁美生的韵象。劳动，既是筋肉的律动，也是身体快适感与精神愉悦感的律动，又是艺术韵律的流动，还是贯通生灵与自然的通律化旋动，生产艺术也就随之天生了，天籁美生也就应然而长了。

生产艺术的诗然益生价值，是与真、善、益、绿、智、美共生的，在七维耦合的环进中，形成了更高程度的生态中和价值，绿色韵象的天籁化品性相应提高。

4. 生境艺术

在画中居住、诗中栖息、绿中歇养，形成了生境艺术，可谓诗意栖居，可谓天籁化存在，可现天籁家园。

生境，是生命形成与活动的场所，是生命活动涉及的事物与关系。生境艺术生发诗然的宜生价值。诗然宜生，在真、善、益、宜、绿、智、美的整生中形成，是育生、维生、乐生、益生、宜生、绿生、智生、美生的功能，向宜生的天韵中和，使宜态的天籁化生存成为可能，是谓拓展了韵象天生的规律。

事物的本然状态，是最佳的生态，也最为宜生。诸如干栏建筑等生境艺术，作为生态艺术的高端相变，它的自然生态，不是洞栖岩居的原始生态，而是经过社会化、科学化、艺术化、人文化、文明化之后的自然生态，是"既雕既琢复归于朴"的自然生态，它和大地的民族的生境、自然的社会的环境、天体的宇宙的背景，构成一个自然化的美生场。处在这一场中，人宜生，干栏建筑宜生，自然宜生，社会宜生；诸者之间，相互宜生；这就形成了系统化的诗然宜生价值，丰实了自然化的意象整生，趋向了韵象天生，成就了天然的诗意栖居，是谓天籁化生存的重要样式。

5. 生活艺术

艺术化生活是人类的理想，也是现实，是社会文明的必然走向。生活艺术是艺术的生活化和生活的艺术化的结合，是日常生活与艺术审美的统一，这就实现了真、善、益、宜、绿、智、美的韵态整生，在顶端的相变中，发展了生态艺术的本质。

生活艺术中的人，不仅是用舞走路、用歌说话、用诗交流，不只是活在舞浪歌潮剧海里；而更是一举一动、一言一行、一笑一颦都有着行为艺术的气韵，都有着诗意栖居的范儿，都是一曲又一曲的天籁之音。

生活艺术化，是生命欲求的提升，是生命质量的提高。凭借纯粹艺术的先导，生活艺术脱离了对功利的直接依附，在独立自主中，再与其相生互长，从而使审美价值与生态价值形成了平等的生态位，构成了共生关系，以成平和整生的韵象。在此基础上，生命的天活化与生境的天籁化通发，天籁家园遍成于自然矣。

当生态艺术的相变，由地球经星际向天际展开，诗意栖居可具体地自然化，天籁家园可整一地存在化。由此可见，生态艺术的序发，在范畴运动中处于关键性地位。如果缺失这种分形，天籁家园、诗意栖居、天籁化栖息，将无由一处一处地存在化遍布，将无由一步一步地自然化完形。

天籁家园除在自然化、存在化与超然化中完形外，还在生态和谐—生态崇高—生态艺术—诗意栖居—天籁家园的范畴运动中完形；进而在天籁家园—美生悦读—美生批评—美生研究—美生培育—天籁家园的范畴运动中完形，并通长出天籁化栖息。完形的天籁家园，深含自然整生与天然美生，汇总了美生范畴，统括了美生世界。它与天籁化栖息一起，在对生中完发天籁美生场的元范畴，成长为美生学的一对基干性范畴。

第 *6* 章

悦读美生

悦读美生，是天籁化栖息的核心样式。读者通成美生动能与修为，悦读天籁文本，通长绿色快悦情象、意象与趣象，通发天然韵象，回转出天籁美生世界。美感与现实如是互换互转，是为天籁化栖息与天籁家园的相生相长，也就成了天籁美生场的完生机制。

第一节 美生动能

美生需要、美生欲求、美生趣求叠发自旋生，连贯美生需求与美生现实的自旋生，终成五圈通转的超旋生。它所发潜能与实能，驱进了美生修为与美生阅读，是谓美生动能。

一、美生需要的自旋生

身心需要，是行为的缘由与动力，决定行为的性质、强度与长度。美生需要也一样，它贯通生命的生理与心理，是审美的元动能。人类审美需要的整一性，以身心需要的多环节圈发为基础。马斯洛的需要层次理论，呈发展梯次，有机而整全，一时成为经典。但它还不是充分的系统生成的

201

理论，还未有自旋生的理论模型，难以揭示人的需要的深层规律与整生规律。自旋生的理论模型，基于生态圈的循环运理而发，更基于生态哲学的元范式而成。它要求人们在研究复杂系统时，一方面揭示其构成元素，按历史与逻辑统一的顺序，逐级形成与发展，以初现整一格局；另一方面或曰更为重要的方面，要论述各层次双向往复的对生，所长整一质，所发圈进旋升的整生体；再一方面，也是最为重要的方面，还要论证整一质在系统的自旋生中，渗透、囊括、整合、提升各部分，在一生万万里，使万万一生，通发整生化局部，通成个别整生体。

用自旋生的理论与方法，观照人的需要，确如马斯洛所言，由底层的生理需要，经中层的安全需要与归属、爱的需要，向高层的尊重需要和自我实现需要发展。① 这种由生理到心理、由自然到社会、由物质到精神、由基础到发展的层级推进，既切合历史实际，又合乎逻辑规律，更对应生态原理，构成了理论发展序列，有着秩序、匀称、明确的整一性。其中的精神需要与发展需要，尤含审美需要。以此为基础，做进一步探究，这多层次的需要，既顺向序发，又反向环回，有了圈升周长的整生关系，有了人的需要系统的整一新质：美生。美生的需要，或曰生命全程全域的绿色生存与诗意栖居一致的需要，作为人的整一需要，既为人的全部需要共同生发，又概括、统领、升华了人的全部需要，还融入、丰富与提升了各层次的需要，使之成为系统整生体的局部。这样，美生的整一需要，就在需要圈的环运中，分生至生理、安全、归属与爱、尊重、自我实现的需要中，使之既是一般需要的各种形式，又是整一的美生需要的各个环节，各种相变，也就通成了自旋生的结构模型。

人的美生需要的自旋生，是通过三段路径的衔接周转完成的。一是如马斯洛所说，各层次的按序生成；二是马斯洛未提及的，高位格需要向低位格需要逐级回生，构成环生，通成通长系统整一质；三是系统整一质持

---

① 参见彭聃龄主编：《普通心理学》（修订本），北京师范大学出版社2004年版，第329页。

续向各局部分形，使之整生化。经过这三段路径的关联与旋回，美生的需要，在质与量两个方面实现了系统发展，真正成为了整一需要和整生需要。美生的整一需要，成了审美人生与审美生境耦合绿行的元动能，成了审美绿生与审美天生活动的启动器。它使得这种活动在自主的基础上实现了自足自然，同步地生成了审美自由。自足自然是美生自由的系统性诉求与本质性规定，是人全面发展审美个性、全面实现审美潜能以达自然美生的需要。自然美生的需要，融入各层次的需求，以成环环天进的自旋生，促成了终其人一辈子的审美绿生与审美天生活动，转换出极致的天籁美生需要。这就呈现了美生需要的自旋生机理与超旋生图式。

天籁美生需要，是自然赋予人类的自足潜能，表征了生态发展方向，合乎社会、自然、存在运进的目的，有着充分的合理性。它作为元生性美生动能圈的高端层面，为后起四圈的一一旋升，提供了高起点。

二、美生欲求的自旋生

身心需要产生心理欲求，成为欲求的来源，影响欲求的存续，体现欲求的合理。美生欲上联美生需要，下通美生趣求，向社会的美生需求发展，朝审美生态实现，再向美生需要回归，以成生生不息与旋旋不已的美生动能大圆圈。

人类美生的欲求，秉承了生物祖先的传统。达尔文说"如果雌鸟不能欣赏其雄性配偶的美丽颜色、装饰品和鸣声，那么雄鸟在雌鸟面前为了炫耀它们的美所做出的努力和表示的热望，岂不是白白浪费掉了，这一点是不可能不予以承认的。"① 动物的美生欲求跟物种生产以及物质生产的欲求结合，是人类美生欲求整一化形成并持续显现的源头。

---

① ［英］达尔文：《人类的由来及性选择》，叶笃庄、杨习之译，科学出版社 1982 年版，第 112 页。

美生的欲求，在人的心理时空中，是一个持续显态圈进的系统。它在与各种欲求的和合中显态自旋生，在与各种整一性欲求的复合中，实现立体的显态自旋生。

欲求，内在地控制与调节了人的生态活动。人的生态活动的转换，与欲求的变换有着互为因果的关系。人的某种欲求兴起，生发相应的生态活动；又因这生态活动的实现，既满足了涵养了特定欲求，又导致了欲求的转换。人的欲求系统，此起彼伏，处在各种因素各种形态有序替换的运转中，外在的生态活动也相应变动，于看不见和看得见的丰富多彩中，有了内外对应的整一化。各种欲求的有机替换轮转，有着生理、心理、社会、自然的调节控制机制，为四者的共恰使然。人的欲求的多样性、适度性和交替显隐性，导致欲求实现带来的感觉与体验，变换不居。审美的感觉与体验也一样。当然，变中自有不变，人各种各样的欲求中，唯有生的欲求，是根本的且持续显态存在的欲求。否则，人无法维系生命的存在。人各种各样显隐互替的欲求，均来于生的欲求，均是生的欲求的相变，均是生的欲求的具体化样式。也就是说，生的欲求，既是人超乎其他欲求的整一欲求，又是化入其他欲求，成为其他欲求，以具体显示与持续实现的整一性欲求。生的欲求，如果不化入其他欲求，如果不以其他欲求为自身的形式，将是抽象的，难以呈现的，难以持续呈现的，难以流水不断的，难以圈升环长的，难以自旋生的。

各种具体欲求，常以显隐互转的方式自旋生。它要成为持续显态旋进的整一性欲求，一要与生的欲求结合，时时刻刻不与之分离，成为生的欲求的普遍形式；二要与别的欲求结合，使别的欲求同时成为自身的形式，使其他欲求的交替兴起，构成自身波波相鼓、浪浪相接的欲求环流。审美的欲求就是这样，它与生的欲求结合，成为美生的欲求，一跃而为普遍性欲求。进而，它与其他欲求相结合，成为生生不息的绵绵不绝的具体欲求，实现了各局部欲求关联为一的整生化，实现了对局部性断续性欲求的超越，获得了显态环生圈长的整一性，增长了整生性欲求的品格，保证了外在美生活动的不断线。

美生欲求系统，未独立于一般欲求系统之外。它把后者作为基础的层次、载体的层次，进而使之审美绿生化与审美天生化，直至审美天籁化，成为通转心理时空的超旋生结构。人一般的欲求系统，与审美的欲求全面复合，升华为自然美生与天籁美生的欲求系统后，原有的本质与特征没有消失，而是得到了天然的美化与天艺的升华，形成了辩证统一的整体功能。它促发的审美绿生活动与天籁化栖息的活动，成为生存与发展的欲求与审美存在欲求的和合性实现。

美生的欲求，走向贯穿生命全程全域的整一化，其深层的机制是它化解了、统合了各种欲求间的矛盾，特别是审美欲求和其他欲求的矛盾。这就使得审美欲求和其他欲求和合，保障了人类美生欲求自足自然地显现，并使得审美活动和其他生态活动统一，促成了生态审美活动乃至天籁美生活动自足自然地发展。

审美的欲求和其他欲求和合，在非线性生发中，方成美生欲求的显态自旋生。双方历史地经历了依生与竞生的阶段，正走向绿态共生与自然整生的阶段。在生态文明的发展中，在生态关系的整生化中，在生态环境的友善中，在生态自由的提升中，它们越来越通成美生的整一欲求，越来越发展出美生欲求显态自旋生的格局。

远古时代，人类文明初露曙光，审美的欲求依生于生的欲求，依生于跟生的欲求直接相关的其他欲求。也就是说，审美的欲求未单独地涌现与自主地实现，而是伴随和依从其他维生的欲求一起涌现与实现的。审美欲求随和于相关欲求，其生境是友好的、和善的，然非自主的，生态自由度不高。

人类文明发展到一定程度，审美欲求独立出来，不再依从其他欲求，脱离了依生关系。这就跟生的总体欲求，形成了既相适应又相矛盾的关系，跟那些与生直接相关的欲求，形成了竞生的关系。审美欲求和人生的其他欲求，在争夺内在心理的显现时空和外在生态的实现时空时，往往不占优势。马克思说:"忧心忡忡的、贫穷的人,对最美丽的景色都没有什么感觉"①。这是由维生欲求的刚需性决定的。生,作为生命体的总体欲求,是规范和调节其他欲求的。维生的欲求跟生的欲求紧密关联,在心理时空的显现和现实时空的实现方面,都占有优势。审美的欲求,不在是否生的层面上涌现,而是在更好生的层面上显露,有锦上添花的意味。它虽能与那些直接关系生的欲求共在共存,然在心理涌现和现实实现方面发生矛盾时,往往让位于雪中送炭式的欲求,常常被生的欲求调节到潜意识的深处和无意识的底层。墨子说:"食必常饱,然后求美;衣必常暖,然后求丽;居必常安,然后常乐"②。荀子说:"心忧恐,则口衔刍豢而不知其味,耳听钟鼓而不知其声,目视黼黻而不知其状,轻暖平簟而体不知其安。"③这说明,在社会文明不甚发展的历史时期,审美欲求在人的欲求系统里,属于弱势群体,较难冒头,常需扶持。

人类发展出生态文明,跟生存直接相关的欲求得到了满足,审美的欲求和其他欲求的关系,从竞生走向了共生。这就为审美的欲求腾出了自在涌现的心理时空,以及自足实现的现实时空。美生的欲求已经不再像老子说的那样"碍生"了,"五色令人目盲,五音令人耳聋"当成过往。④ 审美欲求和其他欲求放弃竞生,在相互适应中,寻求到了各自无碍且相生并进的共生点。这种共生关系的生成,造就了审美欲求的共和环境,友善生境;美生欲求的整一化与显态自旋生,也就有了条件。

生态文明的持续推进,生态条件的进一步优化,促使欲求系统良性循环,转型升级。也就是说,人的整一欲求,已从生的位格跃升为美生的位

① [德] 马克思:《1844 年经济学哲学手稿》,《马克思恩格斯文集》第 1 卷,人民出版社 2009 年版,第 192 页。
② 北京大学哲学系美学教研室:《中国美学史资料选编》上册,中华书局 1982 年版,第 22 页。
③ 北京大学哲学系美学教研室:《中国美学史资料选编》上册,中华书局 1982 年版,第 52 页。
④ 饶尚宽译注:《老子》,中华书局 2006 年版,第 29 页。

格。与此相应，其他形态的欲求，诸如依生、竞生、共生、整生的欲求，也成了美生形态的欲求，成了美生欲求的形式。这样，审美欲求和其他欲求构成了同生的关系，审美欲求的生境，已成通和格局。正是生的整一欲求，升格为美生的整一欲求；其他形态的欲求，通变为各种环节的美生欲求；也就有了生—依生—竞生—共生—整生—美生之欲求显态通转环回的运式，通成了整一的美生欲求圈。美生欲求全时空地涌现于人的心理，全时空地生成为人的美生现实，当是审美心理的划时代升华。

美生欲求的整生化，还在于它实现了与相关的整一化欲求的相生序进旋回，走向了超旋生。与生存的欲求相结合，以形成整生化的欲求，除了美生的欲求外，还有健生的欲求和乐生的欲求。这三者都是贯穿人的生命全程全域的欲求，都是超越时空局限的自足自然的欲求。它们还有着关联递增性。生存的欲求是它们的共同基础与底座。在生存欲求的底盘上，生发健生的欲求；在健生欲求的基础上，形成乐生的欲求；在乐生欲求的基础上，生长美生的欲求。这美生的欲求，一一向生存的欲求、健生的欲求、乐生的欲求回馈，使之按序美生化。这就形成了良性环行的美生欲求系统。这样的美生欲求系统，在圈升周进的超旋生中，增长出很高的显态整生性。

美生欲求所复合的整一性欲求越全，超旋生的效应越好，其显态整生化程度越高，所发审美绿生与审美天生活动越完备，也就愈能完发与生命同转的绿色快悦通感。

三、美生趣求的自旋生

美生的欲求，是审美心理启动能，是自然美生趣味的原生态，有着旋发美生趣求的趋向性。它整一地生发美生天趣，梯次而出天然美生的嗜好与标准，大成天籁化栖息的理想，圈发自然美生的趣求结构。

美生欲求，是美生趣味圈构的首位。作为原生态，它是本然的、天然的，从本根上决定了美生趣味结构天韵化旋升的图式。美生欲求的生命冲动，持续地指向生态审美，其自然化与天籁化的方向性与目的性，是十分明确与异常坚定的。它虽然不一定直接指向某种类型的天籁美生，不一定直接形成类型性、特殊性、个别性的天籁美生的冲动，但它那整一性、普遍性的天籁美生趋向里，潜含着上述诸种具体的天籁美生指向。也就是说，美生欲求，以整一性、普遍性的显态层次，统一了类型性、特殊性、个别性的隐态层次，形成一个小部分上位层次露出水面，大部分下位层次藏在水底的系统。在这个系统里，上位层次和下位层次，依序双向对生，以成自在自为的良性环生，是谓自旋生。正是这种圈长结构，使每个人的美生欲求，以人类整一性的形式，包含时代普遍性、性别类型性、民族特殊性、个体个别性的内容与特性，成为一个多质多层次的系统。整一性的美生欲求，凭借其始点环节的地位，使所生发的其他美生趣味层次，有了相应的结构组成和旋升运动，通成了天然圈升。

美生的欲求呈现出感性的审美绿生与审美天生指向性。然这种感性的指向是道化的，合审美人生的规律与目的，合审美生境的规律与目的，合审美生态的规律与目的，因而是受理性规范与制导的感性，是以感性的形式表现出来的潜理性，是显在的感性与潜在的理性的统一。凭此，它所生发的自然美生趣味系统及其各层次，才包含着生态审美理性，才趋向天籁化美生理想，才能自由制导审美生态自然化旋进。

自然美生嗜好，为天根天基性的美生欲求生发，是美生欲求的目标、形态、样式的具体化。它表现为"读者"对某种特定形态和特定样式的自然审美人生、自然审美生境的特别偏好；对特定形态和特定样式的自然审美生态的偏爱；对相应的美生活动、美生文本的喜好。

自然美生嗜好是个体的整生化审美要求。其特定的审美绿生与审美天生的价值趋向和价值选择，以显态的个别性趣味，隐含着民族特殊性、性别类型性、时代普遍性、人类整体性、生命整一性的趣味，有着多质多层次的价值规律和价值目的支撑。它以直观的感性的美生价值取舍，显示了理性的自觉的美生价值追求。较之自然美生欲求，自然美生嗜好包含的美生价值向性较为具体与明确。

自然美生标准是自然美生嗜好的升华。它对自然美生欲求和自然美生嗜好的目标、形态、样式，给出审美绿生和审美天生的价值尺度。审美者用这价值尺度与价值准则，选定和确立某种天质与天式的审美人生、审美生境、审美生态、审美文本。自然美生标准，不是抽象的审美理性，它包含着特定的美生价值目标与价值宗旨，既是范本性标杆式的自然审美人生图景，也是模式性的基准样的自然审美生境格局，更是这两者一致的自然美生韵象，乃至天籁美生韵象。

自然美生标准带有显态的个别性，但它潜含着特殊性、类型性、普遍性、整一性的美生价值尺度与准则，并为各种上位的自然美生特别是天籁美生的准绳所范塑，有着丰富的价值理性。

天籁化栖息的理想，是自然美生标准的凝聚与提升，是自然美生趣味的集中表现和最高层面。它是人们根据生态审美的历史发展规律和现实的前进趋向，所设计的典范性的自然审美人生的图式和自然审美生境的蓝本，所构想的自然审美生态的最佳境界。天籁化栖息的美生理想，有从历史走向未来的美生价值规律，有贯通过去、当下、将来的美生目的，含有深邃的美生价值理性，提升了自由自然的审美生态。

天籁化栖息的美生理想，是"以万生一"的成果。它是美生经验的凝聚，美生价值追求的结晶，美生规律与目的之升华。作为个体审美人生与审美生境的构建指南，它还在对各种上位的美生理想的逐级分形中生成，与各种上位的自然美生理想和各种同位的自然美生理想，在"自相似"中形成网态联系，进而在双向对生中，形成良性环生，以超旋性地发展与提升自身。

各级各层次的自然美生趣味，形成了多样统一的特性。自然美生的欲求，体现了美生天性；自然美生的嗜好，展示了天然美生习性；自然美生标准，生发了天然美生本性；天籁化栖息的理想，凝聚了本然美生根性；

上述诸者统一，形成了天籁美生的向性。自然美生趣味圈，构成了整一的功能：自然美生的欲求，是美生的动力机制；自然美生的嗜好，是由天然美生习性形成的态度机制；自然美生的标准，形成了天然美生的价值判断与价值选择的机制；天籁化栖息的理想，是天然美生的导航与定位的机制；它们通成了天然美生的动向趋向与导向功能。

自然美生趣味的逐位发展，有序地生发与提升了天籁美生向性，一步一步地集中与明晰了天籁美生的指针功能。在自然美生趣味圈中，各种位格的特性与功能是不可或缺的，其生态位是不可更改的。在自旋生中，高位格的特性与功能逐级分予低位格；整一的特性与功能，为各位格所共有；这就增强了各位格的同构性、亲和性、动态平衡性。各位格发展与提升了己性己能，又分有和创新了他者与整体的特性与功能，自生了良性循环的机制，自生了超旋生的机理。

自然美生趣味圈的自旋生，向天籁美生趣味圈的自旋生提升，可为美生需求与现实的自旋生，提供动能动向，提供航标目标。双方在相接互转中，可形成更大框图的心理与现实通转的天籁美生超旋生，呈现美生动能可持续增长的奥秘。

四、美生动能的五圈通转

美生需求圈是审美合能圈。人类美生需要圈、欲求圈、趣求圈第次而发，将序长的美生动能，集成为社会的美生需求，以成集合态的美生动能，强劲地推动美生活动实能圈的周长。这就将系统生发的美生动能，一起汇进了美生需要元能圈，在周而复始中，达成了五圈通转。说社会美生需求形成集合态的美生动能，还在于它是时代的、民族的、大众的美生需求的和合，是一种集体性美生动能。

说美生需求是一种集合态的美生动能，更在于它是社会美生价值的整一化诉求。它统和此前美生动能圈的价值潜质，形成真、善、益、宜、绿、

智、美的价值生态圈。在自旋生中，诸种价值需求，走向绿色美生化，继
而诗态美生化，终成整一运转的天籁美生圈，是谓生态文明时代的美生需
求圈。

如果说美生元能、欲能、趣能、合能，是潜在的审美动能，由它们转
换而出的审美生态，则是实在的美生动能。社会的天籁美生需求圈，进入
时代的天籁美生活动圈，是那样的天经地义。我写过一首《美生曲》，展
示了人类生态，由低到高发展，必然形成自然美生的历程。这一历程的高
端，当是天籁美生需求的实现。它由高到低环回，以成现实存在的天籁美
生圈。

> 生，
> 乾坤媾精。
> 衍生，
> 大道返，万物进。
> 维生，
> 耕风播雨，纺月织星。
> 健生，
> 物我双调适，身心两平衡。
> 乐生，
> 友于花鸟虫鱼，亲及天地神人。
> 荣生，
> 肖像高悬凌烟阁，清誉牢铸万古名。
> 美生，
> 韵回真善益宜情智，绿环山水草木烟云。

人类生态从生开始，随着自然的发展、文化的进步、文明的提升，递
进地走向衍生、维生、健生、乐生、荣生，抵达自然美生的高峰，臻于天

籁美生的峰巅。在社会由低到高的发展中，人类生态需求所促成的生态存在，走过了两个阶段。第一个阶段是生存，由生、衍生、维生构成；第二个阶段是生活，由健生与乐生构成；现正步入第三个阶段的高级层次，即从荣生走向美生，进而抵达天籁美生的极致。当人类解决了自身的生产与物质的生产问题，去掉了个体的物种的生存之虞，也就必然地走向富足地健康地快乐地生活阶段，进而趋向自我实现的荣生和绿色诗意栖居的美生阶段，最后臻于天籁化栖息的顶端美生境界。美生，也就成了人类生态存在的必需与必然。天籁化栖息的顶端美生，在向下位生态的环回圈长中，成为整一性存在。但它并未取代诸如生、衍生、维生、健生、乐生、荣生等生态，而是美化了提升了这些生态，使其一边保持与发展原有的本质，一边成为自身的形式。只有这样，天籁美生才会承接与提升人类生态发展的全部成果，才会具备万紫千红的形式和形成多样统一的本质，才会成为覆盖人们生命全程和生态全域的现实，才能成为一切存在和一般存在的样式。可以说，天籁美生的存在化，是美生需要、欲求、趣求、需求与现实的审美生态一气贯通，整一流转的目的，是它们超然自旋生的必然。

生态、审美生态、绿诗化审美生态、天籁化审美生态的环回流转，构成了实在性美生动能的自旋生。它和此前的潜在性美生动能，互发与相转，达成了美生动能系统的超旋生。

人类美生动能自旋生的五式流转，呈现持续超旋生的图式。其中，社会需求的动能，处在启上归元提下的关键位格。之所以如此，在于这种合态的审美动能，因超前性而具引导性。美生需求，主要是由当下审美生态的发展趋向生发的，是面向未来的。它据现实而发，然更有超前性、理想性与引导性。在美生动能五式自旋生的流通超转中，社会需求动能，形成了几个关键性的节点，均发生了促长审美生态、回归美生元能、反哺美生欲能与趣能的系统功效，均引导与推进了美生动能系统的平台式旋升。这些里程碑式的节点，基于绿生，继而在审美绿生需求的环节点上持续增长。绿，是生命存续的条件，是基本的生态需求，人类的生存或曰"活"，是不能缺绿的。更直接地说，无绿，是活不下去的，更是构不成整生的。当人类生态进入审美健生与审美乐生平台的圈行，绿生不但不能缺，而且不能少。这是因为绿生支撑着审美的健生与乐生，保证着审美的健生与乐生。绿生缺少了，量不足，质不高，就没有现实中全程全域的审美健生与审美乐生。这样，现实的审美生态趋向与理想的审美生态要求，生发了当代人类的审美绿生需求，促进了绿色审美生态。绿色审美生态的实能，回馈了美生需求元能，反哺了美生欲能与美生趣能，达成了美生动能系统的绿色化圈升。这种圈升，使人们进而形成了绿态与诗态一体美生的社会需求，促长出绿色存在与诗意栖居同一的审美生态，提升了绿态与诗态一体美活的需要、欲望与趣求，实现了美生动能系统的绿诗化旋长。这种旋长，引发了天籁化栖息的美生需求，促长出天籁化栖息的审美生态，回生出天籁化美生的需要、欲求、趣求，有了天籁化栖息动能的五圈超转。如是超转，一可完形美生动能，二能继发美生修为，三防审美局限，善莫大焉。

第二节　美生悦读者

美生悦读者有美生动能、美生感官、美生功能、美生素养的通成，才能通成绿色美生活动，生发出绿色快悦美感。

一、美生感官

美生在美身与美心的耦合运进中生发，美生感官也就是一种身心贯通的感官，是一种能够形成快悦通觉的感官。

快悦通觉，经由整生性感官系统和整生性感受方式实现。整生性感官系统，有快悦通觉功能。人的生理感官是可循环运行的系统，眼、耳、鼻、舌身的审美感觉相通，既可分别对应地感受美生之境的属性，也可多位聚焦地感受美生之境的某一属性，从而造就各种生理快适的通和，形成流转的美生快感系统。生理感官系统，关联心理官能，接通了情、意、理、志、性、趣、韵的心理感觉系统，并将美生情象传输给后者，以造就后者的通悦。心理感觉系统的流转，可造就各种心理愉悦相生、相通、相和，生成圆活流转的审美心理愉悦系统。人的内外感觉系统的贯通，美生情象流转期间，达成全身快适与全心愉悦一体流转，这就有了贯通身心器官系统的快悦通觉方式。

快悦通觉建立在知觉的基础上。感觉是人的各种感官，分别对事物相应属性的把握；知觉是各种感觉综合，对事物属性整体把握。凭借感觉经验的积累，凭借各种审美官能的相通，人对事物可以作直接的审美知觉，可以对事物的个别属性作知觉式的审美感觉。后者是一种整合式、整生式的审美通觉。它与以往审美经验描述中的通感，即感觉官能的转换与置换，或曰感官换位的感觉也是不同的。一种是诸种感官相通后的聚能式通觉，再一种是诸种感官相通后换能的感觉。这就在审美通感的基础上，形成了审美通觉的感官功能。

对美生世界的快悦通觉。有审美通觉功能的感官系统，可对美生世界做直观而整一的快悦通觉，达成对美生世界各部分流转式的审美通觉。它是把自身作为美生世界的一部分，和其他部分加以贯通把握的审美通觉，是一种生态系统化了的、生态结构化了的、生态关系化了的、生态运动化了的整生式审美通觉。它有对美生世界作整体结构、整体关系、整体运动的直观、直觉的功能。只有这样的审美通觉，才可能形成快悦的整觉形态的美生情象。中国古代的文化人，喜欢置身灵虚的生境，快悦通觉宇宙灵气的运行，构成整觉式的物我一体的生态美感境界。张若虚的《春江花月夜》，在"江畔何人初见月？江月何时初照人"的趣问中，兴味不尽；在"人生代代无穷已，江月年年望相似"的慨叹里，通感生命与自然的生生不息跟旋旋不已；在春江花月夜的周转中，有了空明流

丽的通觉；大自然的生机活趣乐性灵韵扑面而来，确证了诗人快悦通觉
的美生感官。

二、美生官能

直觉、顿悟、灵感是审美感官的功能。它们在圈转环升中，增长美生
官能，成为绿色快悦美感的条件与机制。

钱学森"把文学、艺术和美学归为'性智'，即通过直观、灵感，
运用形象思维，探寻深刻的本质；自然科学、数学、系统科学归为'量
智'，侧重逻辑思维，进行具体分析和推理，把握事物本质和发展规律。
他强调大科学尤其要有'性智'。直观和灵感可以迸发出智慧的火花"①。
绿色阅读者有了"性智"，有了诗性思维的潜能潜质，在对美生世界的
直觉、顿悟、灵感中，通感出美生的情象、意象、趣象、兴象，以通成
韵象。

审美中的直觉、顿悟、灵感，是美生感官快速、直接、深邃地把握美
生情意、美生情志、美生情理、美生情性、美生情趣，完形美生韵象的潜
能。它形成的绿悦美感，创新创造性往往十分突出，原始创新和系统创
新、深度创新的特征十分鲜明。"直觉是创造者在已有知识和经验的基础
上透过现象对事物内在本质的直接领悟，迅速理解和判断，它是显意识与
潜意识，逻辑思维与非逻辑思维共同作用的过程与结果。"② 这里说的是直
觉的生发机理，然灵感、顿悟的形成之道，当与此相似。它们的生成，可
以联系美生素养作整体的探索。审美直觉、顿悟与灵感，看似不经过逻辑
过程，就可以把握美生之理，实是以当下的直觉、顿悟、灵感为"接点"，
连接了此前科学与文化、哲学和美学的美生素养，以及生存跟实践的美

---

① 参见童天湘、林夏水主编：《新自然观》，中共中央党校出版社 1998 年版，第 302 页。
② 梁国钊主编：《诺贝尔奖获得者科学方法研究》，中国科学技术出版社 2007 年版，第
138 页。

生经验，形成了完整的源远流长的美生理路，方才通达美生韵象中的志、意、理、趣、兴、神。这一美生素养的生态历程，有三个"接点"。一是系统发育学习这一"接点"，将人类的种族的族群的美生原型与个体对某一美生之境的感受过程"连接"了起来；二是绿色阅读者的潜意识审美活动的"接点"，把他对某一美生之境的显意识美感过程和潜意识的美感过程"连接"了起来；三是绿色阅读者对当下某一事物审美直觉的"接点"，把美生感悟结果和潜意识的美生过程"连接"起来，进而与审美人生的过程以及人类、种族、族群的美生历程"连接"起来。概言之：审美直觉、顿悟、灵感的接口，所连接的是美生素养，审美人生，美生文明；是生物、人类、种族、族群的美生历程；是一个云数据库。

在审美活动中，直觉、顿悟、灵感是贯通的、环回的，以成自旋生的官能结构。它可跃上更高的平台，形成深度直觉、圆通式顿悟、原创性灵感的自旋生，实现美生官能的升级，有了旋长的官能结构。

它还可再度旋升，形成玄奥直觉、旋通式顿悟、元创性灵感的自旋生，以发超旋通转的官能结构。深度直觉的高端样式，是一种通达物自体理域的玄奥直觉，它能直接觉识到世界的底层本质与无极本体，形成诸如万有引力、时空弯曲、宇宙大爆炸之类的尖端成果。由佛家的圆通式顿悟发展而来的旋通式顿悟，有如醍醐灌顶，可在瞬间以一通万，以万通一，万万一通，一一旋通，实现对世界运进之道的大彻大悟，全彻全悟，统彻统悟，顿时形成世界一统的完形理构，立马构建世界开合通转的关系模型。由原创性灵感升华而出的元创性灵感，是一种揭示世界基因与事物本原以形成美生元象的独创性与首创性灵感。审美想象只有实现上述诸种创造性审美品质的顶端融结，才能从感悟美生事物显态联系的白色审美，经由寻求美生世界本质关系之机理的灰色审美，进入由功能效应反观世界不可见的本质元构的黑色审美，抵达询问物自体永恒运转之初因的无色审美，以形成大自然超旋生的美生韵象。从此可见，悦读美生对人官能的要求，远远超过了其他形态的审美。如果他的美生感官不能如上三旋，不是大自然的生态史、社会的文明史、精神的思维史通成的，如果他的美生感官后面，没有通含天机与地理、历史与人文的美生素养，是不可能形成这种美生官能的，是难以生发高品质的绿悦美感的。

三、美生悦读素质

美生悦读者绿色地接受经典艺术，展开科学与文化领域、实践与日常生活领域、哲学与文明领域的美生悦读，抵达美生学的天籁审美，再回归起点，以成美生悦读素养的生发环路。通成美生悦读素质，美生感官也就连通了美生文化和美生文明的数据库，可成绿色快悦韵象。

（一）悦读诗韵的修为

绿色人生与艺术人生耦合旋进，是美生悦读者的生成路径。一个人，要成为美生悦读者，须有典范的绿色艺术学养。他潜心于古今中外的艺术经典中，神游精湛深邃广博的美生极境，享受最好的审美硕果，领悟最高的审美规律，接受众多艺术大师的审美合塑，通发悦读诗韵的能力。以此为基，他生态化地把握艺术，探求艺术与生态科学、生态技术、生态文化、生态文明、生态哲学的整生关系，以成对一切文艺现象与生态现象的绿色阅读。布伊尔说："如果没有绿色思考和绿色阅读，我们就无法讨论绿色文学。"[①]绿色阅读首先探求艺术珍品的绿色意义、绿色价值、绿色功能，进而探求生态艺术的生成原理与创造规律，开辟从经典艺术审美走向生态艺术审美的理论与实践之路，寻求天籁审美人生的生发图式与程式。这就有了艺术审美生态化的潜能，有了将一切生态悦读美韵化的基点，乃至诗韵化甚或天韵化的可能。

---

① ［美］劳伦斯·布伊尔：《环境的想象：梭罗，自然与美国文化的形成》，美国哈佛大学贝尔纳普出版社 2001 年版，第 1 页。

（二）悦读真韵与善韵的修为

艺术求美，科学求真。科学审美是生态阅读美韵化进而诗韵化的第二个环节。这是历史与逻辑双重规定的位格，置换不了，代替不了，跨越不了，是谓生态规程的有机性。

科学领域的美生悦读者，是能把科学视为绿色文本的人，是能将生态真与生态艺术美结合的人，是能将生态真转换为生态艺术美的人。一个人，从艺术的绿色悦读者走向科学的生态审美者，也就实现了真的认知价值与审美价值的统一，实现了科学的生态审美与艺术的绿色审美的结合，实现了绿色的艺术人生与绿色的科学人生的统一，从而在艺术审美生态化的大道上前进了一步，并为后续的发展准备了条件。美生悦读者，综合把握各种科学规律，可通生态规律，科学的绿色审美也就成了生态审美的中介，绿色的科学审美人生也相应地成为其他环节的绿色审美人生的过渡。美生悦读者把握的科学规律越全面、越深刻、越系统，越生态化，就越能在艺术规律、生态规律、自然规律的统一中，去进行文化活动、实践活动、日常生存活动等，构成完备的生态审美活动，以成完备的美生悦读者。

把科学作为绿色文本的美生悦读者，是观生态真而见绿色美的人。这样的人，在研究具体的科学时，既揭示相应对象存在与发展的规律系统，展示其内部联系、内在运动的"真"状的生态图景，又同时显示了这种运动有序、平衡、统一的内在的生态结构之美，实现了生态真与生态美的同体。杨振宁讲："科学与美不可分割"，"艺术与科学的灵魂同是创新"。[①]他说明了科学探索是真美同步的，科学与艺术有着内在的同一性。人在学习科学知识和进行科学研究时，既作为认知者，去把握和探究世界的生态

---

① 梁国钊主编：《诺贝尔奖获得者论科学思想、科学方法与科学精神》，中国科学技术出版社 2001 年版，第 12 页。

运动之真，同时，他又作为审美者，去把握这"真"状运动的生态之美，这就在两者相生互发的统一中，展开了科学审美人生，从真中读出了绿美之韵，甚或绿诗之韵。

对科学进行绿色审美的人，在生态认知者和绿色审美者的辩证结合中，结晶出的本质规定，既区别于一般的认知者，又不同于一般的审美者，成为美生悦读者系统生成中的重要形态，关键环节。科学对世界内部的生态运动、生态联系、生态规律、生态目的之揭示，越是简洁、深刻、中和，读者所见的真美，也就愈发精当、和谐、统一，越有绿诗之韵。美与真一体，大美和大真同构，至美在大真的深处，科学的认识越深入、越全面、越系统，科学美生的悦读境界，也就越深邃、广阔、整一与天然。

美生悦读者的系统生成，以艺术审美者为基点，以科学审美者为中介。这就要求艺术审美和科学审美均需提升整生性。人们对各门科学的生态悦读，既把握其特殊的生态运动规律与绿色审美规律，又关联地把握其暗合潜系的类型性、普遍性、整一性生态运动规律与绿色审美规律，逐步贯通科学的整生规律与审美的整生规律，以整全地形成生态悦读的美韵化与诗韵化潜能。庄子的"庖丁解牛""吕梁丈夫蹈水""以鸟养养鸟"，强调精准把握与娴熟运用各种生态活动的具体规律，最后"蹈乎大方"，通达自然的整生之道，趋于至人、圣人、神人的逍遥游境界。这就揭示了一条从具体到整一的生态审美人生路径。罗素指出："爱因斯坦的相对论似乎是我们时代之前人类智慧最伟大的综合成就。相对论集两千多年来数学和物理学知识之大成，从毕达哥拉斯到黎曼的纯几何学，从伽利略和牛顿的力学和天文学，以及法拉第、麦克斯韦及其拥护者研究基础上创立的电磁学所有这些理论的形式几经变化，都充实到了爱因斯坦的理论之中。"①这就启发我们：科学发展的历史，就是由局部真理走向整体真理的历史。

---

① 梁国钊主编：《诺贝尔奖获得者论科学思想、科学方法与科学精神》，中国科学技术出版社 2001 年版，第 30 页。

在科学文明高度进步的今天，人们通过整生化的科学审美的中介，使自身的生态活动，与世界的生态运动耦合并进，展开绿色审美人生，可望成为全时空的美生悦读者。

值得强调的是，科学审美者的素质中，渗透着艺术的审美素质，保证了审美的艺术性与生态性的耦合并进，保证了美生悦读潜能质与量的协同发展，是为美生阅读者系统生成的关键点，是为生态阅读诗韵化的机理。

善以真为前提，文化以科学为向导，合目的成了合规律之必然。据此，对文化的绿色审美，理所当然地成了美生悦读者系统生成的第三个环节。科学的本质是真理，文化的本质是伦理，人们凭借绿色阅读的理念，把观念、行为、器物、制度等一切文化形态，作为善态的文本，进行绿色悦读，把握其伦理生态之美韵。伦理，主要是一种依据真态的关系，发展起来的善态关系，用以维系社会的公平与正义、平衡与稳定、和谐与友好，保障社会的存在与有序，促进社会的文明与发展，本身就是一种社会生态性与社会审美性的统一。也就是说，它的善与美都有社会和平的绿色性，具备生态审美的潜质。孔子提出"尽善尽美"①，孟子主张"充实之谓美"②，倡导了完备的善态人格之美，是一种整生的精神之善和社会之善的美。

生态文化拓展与提升了整生之善，潜生暗长了整生之善的绿色之美。这从三个方面表现出来，一是它把善态的关系与秩序，即公平与正义，平衡与稳定，和谐与友好，从精神生态领域和社会生态领域，拓展到自然生态领域，倡导了全生态之善。生态伦理学把大自然看成是一个大家庭，人和其他物种是一种兄弟姊妹的关系，平等而亲和。善，贯通了三大生态领域，达成了整生之善与整生之美的统一。二是它更加强调了行善的双向整生性。在传统的道德范畴里，有着"人人为我，我为人人"的双向行善的

---

① 《论语·八佾》，张燕婴译注，中华书局 2006 年版，第 38 页。

② 《孟子·尽心下》，万丽华、蓝旭译注，中华书局 2006 年版，第 331 页。

律令，也有着"民胞物与"和"花鸟虫鱼吾友于"的生态伦理观念，然在现实的伦理实践中，更加强调的是自己对他人、个人对社会、自然对人类的行善，忽略了他人对自己、社会对个人特别是人类对自然的行善义务，导致了善的非平衡实现，影响了善与美的整生态并进。在生态伦理学的视域中，在"以万生一"和"以一生万"中，强调双向整生性行善，强调人类对大自然母亲的反哺与回馈，强调人和万物的平等与亲善，这就形成了双向整生的善态美。三是它凸显了善的天然整生性。善是一个价值论的范畴，传统的伦理之善，其最高的价值目标，是促进人类社会的稳态发展。当伦理实践的领域，拓展至自然界以后，大自然的圈进旋升，成为生态伦理的最高目的。这就要求人类，将自身可持续存在与发展之善，融入大自然永续生发之善，并以后者的实现，保障前者的实现，以前者的实现，促进后者的提升。这样，大自然的整生之善，实现了三个方面的生态审美飞跃。一是超越了道德律令的半强制性，走向了审美规范的自觉自愿性；二是提升了个体目的，使其和所属系统目的对生，增长了善与美耦合的整生性；三是各物种的生态目的性，与大自然的生态目的性，自由自然地对生，实现了生态大善与生态大美的耦合整生。对当代生态文化整生之善的审美，当可形成文明、高雅、超迈的绿色审美人生。

　　生态文化审美者，在对大自然整生之善的审美追求中，既丰富了生态审美素质，又拓展了悦读美生的空间。他的生态审美足迹，穿越艺术的殿堂，步出科学的天地，进入文化的领域，美生悦读的疆域随之拓宽，绿色审美人生随之丰盈。与此相应，他不仅有绿色阅读科学真韵与文化善韵的能力，还具备了将绿色诗韵贯通真韵与善韵的素质。这就有了美生悦读者的基本构架，有了美生欣赏者的大致素养。

（三）悦读益韵与宜韵的修为

　　人的实践活动，创造功利价值——益。益，是维系生命存在的价值物，是支撑人类与自然可持续生发的物质基础，是十分重要的生态资源。

与此相应，生发功利之益的实践活动，成了人类维生的活动，是其十分重要的生态活动。恩格斯在马克思的墓前讲话，说马克思有两大发现。其中之一是：物资生产活动满足生存需要，保障精神活动。在绿色阅读的序列化展开中，实践活动的绿色审美处在第四个环节，继文化的生态审美展开，有着逻辑的必然性。实践，应是合规律合目的之行为，可在求美循真向善中形成益。生态之益，是一种生态功利价值与绿色环境价值以及绿色审美价值同生并长的益。它在生态实践中形成，需要生态艺术的融入，生态科学的指导，生态文化的规约，也就包容了艺术法则、科学规律、文化目的。要读出它的益韵，特别是益态的诗韵，须有艺术、科学、文化、实践一致的绿色阅读修养。

随着生态文明的发展，低碳经济、循环经济和生态经济将在全球范围内，成为普遍的经济形式，生态实践将成为人类的主流活动。人们对实践活动，可读出真、善、美统一的益韵，可读出由情韵、真韵、善韵整生而出的益韵，美生悦读素质也就增高了，绿色审美人生的足迹也就广布了。

日常生活的价值目标是舒适，也就是宜身、宜心、宜生。宜的生存状态，能成为生活审美的状态，基于艺术、科学、文化、实践的通力支撑。依次聚合生态艺术的绿色情韵，生态科学的绿色真韵，生态文化的绿色善韵，生态实践的绿色益韵，方能形成生态存在的绿色宜韵，并和绿色阅读者的素养生发对应，达成相生互长。日常生活美学，是当代欧美重要的美学流派，它进入华夏，有利拓展中国生态美学的质域，然有三个与生俱来的缺陷。一是它的过度消费性，导致生态性的缺失，不够绿色；二是它的复制化、平面化、快餐化，导致审美性的流失，缺少绿韵；三是它的强制性和霸权性，导致人文性的缺失，缺乏绿质。治好这三个"毛病"，靠生态艺术、生态科学、生态文化、生态实践、生态存在来"会诊"，靠上述诸者的绿色情韵、绿色真韵、绿色善韵、绿色益韵、绿色宜韵来"输液"，靠它们的绿色诗韵来提升。日常生活，每个人都可以自自然然与本本真真地过，臻于生态存在，但要实现生态审美，从中读出宜韵与宜态的诗韵，却要有艺术、科学、文化、实践的绿色审美背景，须要依次累积上述五个方面的美生悦读素质。

生活之宜，增长生态之宜，升华生态存在之宜。这是整生之宜，既宜于日常生活者的全部身心、全部时空，也系统地宜于他者、社会与自然。整生之宜，以生态文明为背景，在艺术、科学、文化、实践的整生化审美的序态展开中自然实现。这就使得宜态美生的悦读者，最接近整一的美生悦读者。

（四）悦读智韵与天韵的修为

哲学，是人类文明的最高成果与整一成果，是人类所有发现发明、创新创造的升华。它揭示的精神、社会、自然的公理与大道，是存在的规律性和目的性之结晶，闪烁着整一的智韵。它的智韵之美，也相应地成了艺术的情韵之美、科学的真韵之美、文化的善韵之美、实践的益韵之美、日常生活的宜韵之美、生态文明的绿韵之美的和合。通过哲学之智的审美，欣赏者的悦读美生素质进一步完备，更近于完备的绿色审美人生了。

生态文明是智慧生命创生的绿色成果。它全面地渗透在社会、精神、自然中，以通成绿色存在的质地。生态文明审美，是一种通绿化的审美。它使艺术、科学、文化、实践、日常生活、哲学通绿化；使对上述诸者的审美，全部走向生态化；使美、真、善、益、宜、智全部绿韵化，也就可以完生绿色审美者了，也就可以提升天然美生者了。

美生学探求生态绿性与审美诗性的天然同一，力图将艺术的情韵、科学的真韵、文化的善韵、实践的益韵、日常生活的宜韵、哲学的智韵与生态文明的绿韵，凝聚和提升为自然美生的天韵。欣赏者置身于美生学的境界中，也就通晓了生态审美的规律与目的，也就通识了生态审美的本质与结构，也就通览了生态审美的疆域和时空，可望整一地提升美生悦读的素质，可望天然生发绿色审美人生，可望成为天籁化栖息者。

美生悦读者，从艺术经典的绿色悦读开始，经由一系列的中介，抵达美生学的天籁审美修习，形成了超转的环路，有了从悦读艺术到悦读天籁的自旋生修为规程。在这回还往复中，人们读真、善、益、宜、绿、智之文本，除形成相应的美韵外，还通有了绿色诗韵与天籁之韵，修成了美生阅读者的通质。有此通质者，方成正果，可悦读存在，可把一切存在读成文本，读成天籁之音；能从任何文本中，读出天籁化的情象、意象、趣象与韵象，也就是天籁化栖息者了。

至此，我们可以给美生阅读者下一个定义：终其一生绿色阅读艺术、社会、自然文本，以达天籁化栖息者。

第三节　绿色快悦美感

天籁化栖息，或曰美生悦读，可成美感通式。它从快悦通觉开始，形成绿色情象；继而进入快悦通悟，生发绿色意象；再而进入快悦感兴，形成绿色趣象；最后进入快悦通发，完生绿色韵象。这就有了情意趣韵通转叠旋的美感生发模型，进而有了快悦韵象天籁化的美感提升模型。

一、通觉的绿色快悦情象

经由美生通觉，通发了美生情象，绿色快悦流转身心。在美生的通感与通应中，绿色快悦通转于读者、文本、作者、自然之间，环旋了绿色快悦情象圈。这就有了美感结构的基础层次。

（一）绿色快悦的身心通旋

美生悦读，所发绿色快悦，是一种健康的、环保的、祥和的快悦，是适宜身心的、平衡身心的、颐养身心的快悦。绿悦在悦绿中获得与养成。它首先是一种对绿色美生的快悦。随着美感经验的积淀，久而久之，读者也就形成了一种绿色快悦的心理定式。绿色快悦，是一种合乎生态尺度的快悦，是一种体现了生态规律性与生态目的性之快悦，是一种宜身、宜心、宜生的快悦，是一种既宜己也宜他更宜社会与自然的快悦，是一种能够整一地产生健生、乐生、美生效益的快悦。一般来说，能够合乎如上尺度、产生如上效应的快悦，是平和的，天然的，合乎人的本性的，满足人的身心需求的，体现自然设计的，接受存在元道规约的，有着充分的天然通旋身心的合理性。

人对美生文本的通感与通觉，形成绿色快悦情象，生发环回身心的绿色快悦流。这里的通，有着整一旋进的意义。它是人的眼、耳、鼻、舌、身的俱快俱适，是各感官的快适，贯通合流后的通体快适，是各生理感官，处于循环运转的快感流中，生发的复合性与整生性快适。它还是人的情、意、智、志、性、趣、神、韵的愉悦，是上述心理层次的愉悦贯通合流后的全心愉悦，是心理结构处于循环运转的愉悦流中，生发的复合性与整生性愉悦。它更是人的生理结构的整生性快适，和心理结构的整生性愉悦贯通合流，进而循环运转，所形成的身心整一的快悦。这就构成了身心结构通旋周转的绿色快悦美感，是谓整一化的绿色快悦通感。

"整一化"，是快悦通感的"通"的注脚，也是快悦通感的生成机制。快适流贯通周转眼、耳、鼻、舌、身，是"整一化"，生理结构的整体快适是"整一化"，各感官分有整体快适质、兼有它者的快适质是"整一化"。愉悦流贯通周转人的情、意、智、志、性、趣、神、韵，是"整一化"，心理结构的整体愉悦是"整一化"，各心理要素分有整体愉悦质、兼有它者的愉悦质是"整一化"。生理结构的快适与心理结构的愉悦贯通合流互化循环是"整一化"，形成身心快悦的美感情象是"整一化"。这就见出，绿色快悦的"整一化"流转，是美感情象的生成路径。生理快适和心理愉悦是美感的生成元素，它们分别的"整一化"，特别是贯通的"整一化"，旋成了绿色快悦情象的通感，初发了美生感受的本质。

眼、耳、鼻、舌、身与情、意、智、志、性、趣、神、韵，是审美官能结构的各个生态位，快悦通感逐位圈流其间，形成超循环的整生结构。这一整生结构在快悦情象的通感中初成，并随快悦意象的通悟发展，还随快悦趣象的通兴提升，最后随快悦韵象的天发而完形。也就是说，绿色快悦的流转身心，是随美生情象、意象、趣象、韵象的天然完生，而持续旋升的。绿色快悦生生不息地、回环不尽地通转周流身心，成为生态美感的特有本质。

传统的审美活动，审美者往往置身美外，静观默察。这就形成了主流的美感论，仅认可心理的愉悦感，忽视甚至排斥生理快感。生态审美则在美生场中进行，审美者与美生物身触心会，生发绿色情象，初成了身体俱快和精神俱悦且通转环流的整生性美感。这样，身体快适感，不仅进入了美感系统，而且达成了眼耳鼻舌身的快适性通转，显示出超循环的整生化。精神愉悦感，更在情、志、意、智、性、趣、神、韵中流转，也有了超循环的整生化。人的身心是贯通的，快悦是合流的，并在身心系统中环进周升，形成更大结构的超循环整生。具体言之，快适感既在眼、耳、鼻、舌、身之中环流，也进入心理系统，在情、志、意、智、性、趣、神、韵之中圈升；愉悦感既在情、志、意、智、性、趣、神、韵中周走，也跨进生理结构，在眼、耳、鼻、舌、身中旋升。快适感和愉悦感在身心中的转圈，实现了合流与通旋。凭此，形成了整一的美感——绿色快悦感。常说的眉开眼笑，就是快悦通转身心的情象。快悦周走于身心，在眼、耳、鼻、舌、身和情、志、意、智、性、趣、神、韵中旋回，构成了自旋生的美感情象模型，显示了与以往美感说的本质区别。

（二）绿色快悦"四位一体"通应周转

美生情象的通感与通觉，分身心贯通的感受与感应两个阶段。第二个阶段，有了读者与文本乃至作者与自然的感起与呼应，在读者、文本甚或作者与自然之间形成了快悦流转，有了"四位一体"的通应周转。这就在快悦通感与快悦通觉中，增长出了快悦通应，环扩圈长了绿色快悦情象。

刘勰所说的"情往似赠，兴来如答"①，应该是一种快悦通应，形成的是读者与文本快悦通转的情象。阿诺德·柏林特说："审美欣赏是交互的"，审美者在"知觉融合"中，"为环境赋予秩序和结构，从而为环境体验增加意义"②。这种"知觉融合"，可以成为审美感应的重要内容与形态。这也说明，审美感应可由情感向情理、情趣和情韵发展。

快悦美感，含娱生、乐生和悦生情愫。在快悦通应中，读者与文本进而与作者、自然，通转快悦应对和快悦应答，在双方或各方的对生环回里，通成娱生、乐生和悦生的情象，进而圈发娱生、乐生和悦生的意象、趣象与韵象，是为绿色美感圈的增长机制。

1. 娱生的快悦感应圈

在审美感应阶段，我因美娱生，美因我娱生，两种娱生的对生流转，以成物我相发环流的快悦情象圈。"以我观物，物皆着我之色"，娱生之人观美，美当呈现娱生情景。我观美之娱生，美观我之娱生。我之娱生和美之娱生，相互生发与回环，以成娱生情象圈。李白说："相看两不厌，只有敬亭山"。这就在物我娱生的环转中，形成了天人娱生的快悦情象圈。

娱生是一种快活、惬意的美感生态，是读者"眼"中的"文本"生态，是"文本"眼中的"读者"生态，是读者"眼"中的自身生态，是读者"眼"中的自身、文本、作者、自然一体的生态，即四者贯通旋回环进的快悦情象圈。

2. 乐生的快悦感应圈

读者与文本乃至作者跟自然贯通性感应的娱生，是一种欢娱的美感生态，形成基础层次的快悦情象圈。它走向乐生层次的快悦感应与通转，以发展快悦情象圈。

它同样由美之乐生、我之乐生、相互乐生的通旋构成。庄子与惠子游

---

① 周振甫译注：《文心雕龙选译》，中华书局 1980 年版，第 184 页。

② [美] 阿诺德·柏林特著，程相占译：《都市生活美学》，载曾繁仁、阿诺德·柏林特主编：《全球视野中的生态美学与环境美学》，长春出版社 2011 年版，第 17 页。

于濠梁之上，对其说，鱼很快乐。惠子答曰："子非鱼，安知鱼之乐？"庄子说："子非我，安知我不知鱼之乐？"① 仅从审美的角度看，庄子在天人相通中，形成了人与鱼相互感应的乐生，通转出共同乐生的美感情象圈。大自然是一切生命的母亲，是"作者"，其他物种是人类的快乐伴侣，均为大自然乐生的知音与参与者，均能感受自身、万物、自然同一的乐生，通发自然自在的乐生情象圈。

乐生的快悦情象，因天人感应而通转，也有着要素多样的构成。安闲感、舒和感、泰怡感、欢愉感是其基本的成分。安闲与舒和，表现为生理的舒适和心理的宽和，是一种优雅、平和、自然的美感生态。"手挥五弦，目送归鸿""漠漠水田飞白鹭，阴阴夏木啭黄鹂"，人入天境，天人一体，同是那样地安闲、舒和与泰怡，是谓清和超然的快悦感应的情象圈。

3. 悦生的审美感应圈

天人悦生的审美感应，是娱生与乐生的美感生态的发展，它包含与提升了娱生与乐生，又超越了娱生与乐生，显得丰盈而超拔。悦生，是一种适、舒、快和怡、乐、愉特别是爱、慕、敬的生命体验和美生感受。它也是天人物我之间，交互感应而同一的悦生，增长了快悦通转的美生情象圈。

天人感应通转的悦生情象，可在双方同构性悦生的感应中，通发和谐的美感生态，也可在相互由异而同的悦生感应中，曲发崇高的美感生态。康德说，面对数学崇高，人们无法把握其无限巨大的整体时，可以通过想象去通感它；面对力学崇高，无法抵抗其威力时，可处安全之地从容观赏。康德所主张的虽是主体超越客体的超然美感，然在实际的欣赏中，读者感受到了文本的崇高情态，也唤起了自身的崇高情态，有了动态同构的悦生感应，有了天人通转的同长崇高的美生情象圈。读者与文本的和谐式感应，可直接通转出泰怡的悦生情象圈。读者与文本的崇高式感应，是在

① 《庄子·秋水》。

差而趋同中形成超然悦生的情象圈。超然悦生的美感，是一种感受与感应崇高文本的生态后，读者自我实现与自我提升后的身心满足感、快意感、优越感、超然感。它贯通文本、读者乃至作者与自然，以成动态平衡，以成动态同构的悦生情象圈。在毛泽东的《沁园春·雪》里，雄奇瑰丽的北国雪景，转接千古风流人物。江山伟人，一气贯穿，是何等的高蹈与超然。文本、作者、读者、自然、人文的快意感、优越感和超然感，在感应对生中贯通流转，同趋崇高，共长崇高，有了整一性超越的悦生情象圈。

差而趋同，在读者、文本、作者、自然悦生情象的通转中呈现，是四者提升自身特别是增长整体美感境界的普遍规律。在对悲剧和喜剧的审美中，读者、文本、作者、自然的情象，似乎与快悦相左，彼此也不尽相和，但在共同的悦生理想的感召下，于差而趋同中，共发与通转了超越性的悦生情象圈。自然，是一切的作者，万象都是文本，生命均为读者。读者、文本、作者、自然情象的快悦感应与通转，也就更有普遍性。快悦通感与通应，并非仅是人类的专利，并非全是人类组织的。

从身心感官的相通与流转，到绿色快悦情感的流转身心，再到读者、文本、作者、自然的审美感应与感通，也就共转出了娱生、乐生、悦生的快悦情象圈。读者、文本、作者、自然"四位一体"的快悦流转，旋发快悦情象圈之后，还可持续叠旋出快悦意象圈、快悦趣象圈，最后通旋出快悦韵象圈。这种情意趣韵的快悦通转与叠旋，是为绿色快悦美感的基本生发模式。由此可见，快悦通觉的通成与通转，于美感境界的创生与扩大，有着基础性意义。

二、绿色快悦意象的通悟

快悦通觉形成快悦情象，快悦通悟，则推进快悦情象的情理化与情志化，叠旋出快悦意象。与快悦通觉一样，它首先是一种生态审美方式，然后是一种生态美感境界。

快悦通悟对快悦情象包含的生态规律与生态目的，进行整一把握，以形成情理化的美感。它快悦地顿悟整生规律与整生目的，显示出审美通悟的特征。整生的规律，是所有物种生存发展的规律；是审美者与其他物种依生、相生、竞生、衡生、共生所通长的规律；是审美者与所处社会生境、自然生境以及宇宙生境共成的规律。整生的目的，是生态发展趋向与意志的统一。它作为生态善，以生态真为基础，进而包含后者。也就是说，整生的目的，是遵循整生的规律并按照生态伦理的要求形成的。它指的是所有物种生存发展的趋向与要求，一切物种在依生、相生、竞生、衡生、共生中通成的趋向与要求，是人与社会生境、自然生境通成的趋向与要求。审美者对上述整生的规律与目的，进行快悦通悟，把握了其真、善、益、宜、绿、智、美的义理整生，形成了整一化的快悦意象。

快悦意象中的情理，生于对整生规律的快悦觉识。它汇通真、善、益、宜、绿、智、美的快悦流，成为流转身心的情理式快悦，使美感走向了感性与理性统一的整生。

快悦意象中的情志，生于对整生目的之快悦觉识。读者通悟真、益、宜、绿、智、美的意义，整生出快悦情志。它和快悦情理一起流转审美者的身心，流转审美者、美者、作者、自然一体的境界，通旋出绿色美生的快悦意象。

我对桂林空明月景的欣赏，就形成了这种情志化与情理化的快悦意象。2018年10月的一天晚上，我参加完同学儿子的婚礼，从漓江大瀑布饭店走出，来到漓江边。但见圆月悬空，清影沉江，两月相对增辉。不远处，象山水月，澄澈透亮，顿成三月互明。再南望，穿山半腰，一洞中穿，如满月中挂，立成四月相映之境。我仿佛从漓江月影走出，进入象山水月，攀上穿山洞月，升上碧空天月，再乘清辉回到漓江月影里。环游空明月境，我有如"冰心"入"玉壶"，和清流、清空、清月的"清魂"融通，环生出清纯清亮、清逸清雅的情志与情理，有了清明、清越、清迈的快悦意象圈。

快悦通悟，是生发美生意象的机制。它主要有梯度式直觉与旋通式顿悟两种方式。美生意象中的意，主要是生态之理，特别是整生之理。梯度式直觉，可迅即获得整一化的生态之理，顿发整生的情理式结构。梯度式直觉与递进性的生态之情理达成了过程性对应。美生之象显态的关系，呈现了白色的生态之理；其半隐半现的关系，透出了灰色的生态之理；其隐态的关系，潜伏着黑色的生态之理；其隐态之后的关系，是元色的生态理式。这就在逐级深化中，形成了整一化的生态理式结构。梯度式直觉，可逐级获得递进性的生态之情理，最后把握整一化的生态情理式结构，也就在快悦通悟中，整生出了美生意象。旋通式顿悟，来自于佛学的圆通式思维。在佛学的视野中，因果链的首尾相接，生发了圆通式的世界，佛学的思维也相应地形成了圆通式顿悟。在自然整生论的哲学视域中，世界是自旋生的，其审美思维也相应有了旋通式顿悟。旋通式顿悟，把握的是美生情象中的自旋生之通理。一一旋生通展自旋生，美生情象的历史、现实与未来的旋通式运进，蕴含着一一旋生之通理，可在旋通式顿悟中把握，以形成整一化的美生意象圈。美生情像的旋通式运进，耦合着其生境、环境、背景、远景的一一旋生，这就有了立体的自旋生之通理，审美者凭借旋通式顿悟把握了它，也就提升了整一化的美生意象圈。艾伦·卡尔松说："将感受与知晓、情感与认知结合在一起并使之平衡，正是审美体验的核心内容。"① 快悦通悟承接了快悦通觉的成果，快悦意象也就隐会了快悦情象，呈现了美感境界的渐次整生。

三、绿色快悦韵象的通发

绿色快悦的流转，情象、意象、趣象接踵而发，共成绿色快悦韵象。

---

① ［加］艾伦·卡尔松著，刘心恬译，程相占校：《当代环境美学与环境保护论的要求》，载曾繁仁、阿诺德·柏林特主编：《全球视野中的生态美学与环境美学》，长春出版社2011年版，第46页。

其完生，所成天生韵象，可趋天籁化至境。

（一）美生趣象的感兴与美生韵象的通成

绿色快悦美感圈的自旋生，转出美生趣象。"登山则情满于山，观海则意溢于海"①。快悦通觉的环转，不断生发美生情象，推动美感的情理化与情趣化，以达情韵化的完形。它的感性中，运行着理韵；它的感觉里，流变着趣性；它的表象里，勃发着意兴。凭此，美生情象可发展出美生意象，进而增长美生性像、美生兴象、美生趣象，最终通成了美生韵象。从美生情象的感知感应，经美生意象的感悟与美生趣象的感兴，到美生韵象的感发，当是水到渠成的。美生趣象就这样在绿色快悦美感的自旋生中，自然而然地生发了。也就是说，美感的情感化与情意化运动，通出兴味、智性与灵性，蔚然而成趣象。

美生趣象的通和化生成。美生趣象处在绿色快悦美感圈的第三个位格，通承了快悦的情感、情调、情理、情意，通函了情性、情采，通汇了情趣、兴趣、理趣、意趣、志趣、韵趣，是谓各位格美感的本性化与天趣化通和。具体说来，快悦情象与快悦意象，来于对美生的绿色通觉与通悟，文本原有的个趣、独趣、别趣、特趣、野趣、绿趣、天趣，与审美者以及作者的美感心理趣向对应通和，也就通生出了美生趣象。美生趣象的形成，承转美感的情性、意性与趣性，使叠旋结构的通转性韵化有了可能。

美感叠旋通成通转美生韵象。快悦通转的美感方式，既周转了绿色快悦情象，也环升了快悦意象，还旋升了快悦趣象，更圈发了快悦韵象，也就有了美感叠旋。在这叠旋圈里，第一个层面，是读者对美生的通觉式感受，所通转的快悦情象，第二个层面是情理、情志性的快悦意象，第三个层面是情性情趣、理趣志趣、本性天性式的快悦趣象，第四个层面是本然

---

① 周振甫译注：《文心雕龙选译》，中华书局1980年版，第132页。

化、天然化、超然化了的快悦韵象。这四大层面依次通转叠旋，既有对终端位格的系统生成，也有终端位格对其前位格的韵化。美感叠旋，使情韵、意韵、趣韵通升为神韵，所成韵象，特性、特征、特质本然，气性、气派、气质自然，灵魂、精神超然，是谓气韵天成的美感生态。

再造美感的天韵化。在美感的叠旋中，形成了对整生美感的再造性，即审美者的审美情致、审美情性、审美情趣，也就是他的审美本性与审美天性，对快悦情象与快悦意象乃至快悦韵象的再造，以成趣味本然与个性天然和意性自然的快悦韵象。这种天韵化，常通过美生情象与美生意象的趣性变化，凸显美生神韵，创新美生韵象。像黄宾虹的蜀中山水，一派空蒙淡远，温润静谧，空灵玄虚。他将自身的审美天性和自然美生理想，与审美经验、审美文化融通，把传统的道风道韵、君子的玉质玉性以及雅士的逸趣逸兴，跟蜀山蜀水的情象和意象叠合、重组，形成再造与创新。这就完形了文人山水画的自然美生韵象，盎然天韵直溢纸面，臻于天籁化。

在美感叠旋中，美生韵象已然天趣浓郁，天兴盎然，经由完形与灵感的机制，它还可进一步自然自足，以达天籁化的极致。

（二）美生韵象的完形

审美者按照美生天性与天籁化栖息理想，汇通审美经验、审美想象、审美创造，使趣味盎然的绿色快悦韵象，趋向天然整一化、自然艺术化、天籁化境地，以达完形。

1. 快悦韵象的天然整一化

整一，既是整生的样式，也是整生的机制。天然的整一，是本然之质与天态之量的一致。道行天下成大美，是天然整一化的途径；含蓄与意境，是天然整一化的原则；万取一收是天然整一化的方法；它们通成了快悦韵象的整一化生发之道。在绿色快悦美感的完形中，情、意、志、理、兴、味、趣一一旋通而韵化，有了天然整一的格局。

美感韵象集群，以达天然整一化。美感经验中相关相似的美生韵象，与当下美感境界中的美生韵象实现对生，形成了系列与群落，是为整一化。进而，这些系列化与群落化的美生韵象，相生互发，贯通流转，运万成一，更是天然整一化。像读古诗，"问君能有几多愁，恰似一江春水向东流"，立刻想起"试问闲愁都几许，一川烟草，满城风絮，梅子黄时雨""只恐双溪舴艋舟，载不动许多愁""而今识尽愁滋味，却道天凉好个秋""秋风秋雨愁煞人"……读者形成愁趣之象后，借助兴的整一化机制，美感经验中相关相似的韵象纷至沓来，成列、成群、成系统，以达天质、天量、天境，是谓天然整一化的完形。

快悦韵象的天然整一化，还有一条途径：从局部性美感韵象走向系统性美感韵象。美感是一个召唤结构。凭借局部性美感的召唤，审美者调动丰富的美感经验，启动创造性想象，感发出系统化的快悦韵象。2008 年深秋，我去云南大学上课。课后，几位学生和我漫步翠湖。一杆枯荷，廋立湖面。当年入学的龚丽娟随口吟出："留得残荷听雨声"，顿生超拔清越的雅逸气韵。我眼前也幻化出了荷叶田田的情景：含苞欲放者，隐隐透红；清香幽幽者，英华初露；霞光灿灿者，青春正盛；顿觉风韵生动，兴象万千，立发整一的天韵之象。

这一杆枯荷，"以少总多，情貌无遗"①。视而可见者，相当精简，想而可见的，十分丰盈，一派"水面清圆，一一风荷举"的整生境界。实景生"虚"，"提示"与"暗示"游者，兴起象外之象与韵外之致，快悦韵象也就潮升浪涌，生生不息，臻于天然整一了。

翠湖一杆枯荷，一斑中有全豹，深藏着清性天然的神采，潜发着优雅灵逸的韵态。它的廋立，可敲清骨听铜声；它的残叶，尚有暗香浮黄昏；它的枯枝，曾玉树迎风；它的中通外直，还耿介挺立；它的不枝不蔓，更独葆清正；这就在趣味天发中，通成了天然整一化的快悦韵象。

我们欣赏翠湖枯荷，在情象通觉阶段，快悦环涌身心。在意象通悟阶

---

① （南朝·梁）刘勰：《文心雕龙·物色》。

段，形成了物理与人格的同一。在韵象通发阶段，形成了环转天地物人的清风雅趣廉韵。清代画家笪重光在《画筌》中说："空本难图，实景清而空景现。神无可绘，真境逼而神境生"。翠湖枯荷，凭其清真，感发了欣赏者的联想与幻象，洞开了一个空灵无限、清雅无比的韵象境界。它在枯与荣、实与虚、显与隐、少与多、个别与一般、有限与无限的通转环发中，旋升整一的美感生态，有了快悦韵象的本然通长与天然整生，以达完形。

翠湖枯荷快悦韵象的完生，还显示了一条从"粹"到"全"的天然整一化路径。荀子说："不全不粹之不足以为之美"①。"全"与"粹"是对立的、矛盾的，在快悦韵象的天然整一化中，又必须是互生的、贯通的、环转的。在快悦通觉的初始时段，我脑海里仅有一枝枯荷，独挺水面，但在快悦通发阶段，立生"接天莲叶无穷碧，映日荷花别样红"的空阔境界与无穷意韵。这就在显者粹与隐者全、实者精与虚者丰的互成环旋中，呈现了快悦韵象天然整一化，奠定了美生韵象天籁化基础。

2. 快悦韵象的自然艺术化

快悦韵象的天然整一化，经由自然艺术化，抵达天籁化的极境，既是审美感发的必然要求，也是审美感发的重要途径。也就是说，快悦韵象在走向天然整一化之后，通过自然艺术化的中介，方能进入天籁化的极境。具体言之，在快悦韵象里，人与境的美生，均应是自然而然的，出自本性的，显现本真的，以天和天的，以天通天的，有着自然艺术化的趣韵。快悦韵象中文本的快悦生态、欣赏者的快悦生态、双方共通环升的快悦生态，各循本性而行，各按天性而发，共守天性而通，也就在"道法自然"中，使绿生之道和美生之道统合地走向天然，整一地走向自然艺术化。2018 年 11 月的一个清晨，我们带 6 岁的孙女小嫒用早餐。她夹起饺子，在中间咬了一口，放置我盘中："爷爷，给您一只船。"她奶奶说："真像船

---

① 荀子：《劝学》，安小兰译注，中华书局 2007 年版，第 16 页。

儿。"孙女说:"还有水呢,可以开了。"我忙说:"你造的船,你先开吧。"在孙女的审美体验中,饺子与船贯通的韵象,一派童真与本然,洋溢着天道自然的行为艺术化趣韵。

快悦韵象的自然艺术化,贯通了存在大道,蕴含了生态公理,显现了本然性与天艺性的同一,是快悦韵象质与量耦合升级以达天然整生的路径。

3. 快悦韵象的天籁化

快悦韵象质与量耦合的完形,可达天籁化至境。天籁化是自然化与天艺化的一致。文本的美感通现,有着动态性,在某种情景下,显现出不足与缺陷,在另一种情景下,最为传神与生韵。在审美感发中,找到表象的传神处和生韵处,使其在最佳情景下,实现本然化、自然化与天艺化的同出,是创生天籁化韵象之法。罗丹为巴尔扎克塑像,脑海里留存的美感韵象不甚满意。现实中的巴尔扎克,前额突出,与脑顶几近直角,不甚饱满圆润,难显智者之态;进而身材胖矮,又大腿短粗,几可入引车卖浆者流。这样的文本,难以完发快悦情象、意象、趣象与韵象。在审美感发中,罗丹脑海里闪过各种情景与条件下的巴尔扎克,最后定格出最具天籁化神韵的图景:深夜,巴尔扎克披一袭垂至脚跟的睡袍,伫立窗前,仰望星空。睡袍直上直下,不仅遮掩了身材的缺陷,更显出了他的沉实厚重端直。昂头仰望,脖子显长了,个头显高了,额角宽和圆润了,眼神高远了,气性超迈了,神思玄远了,似乎连天通地了,似乎三才一体流转了。这当是伟大雕塑家与伟大作家对生的形神,在天、地、读者、文本、社会的贯通中,流转出了深邃、高远、超拔、伟岸、凝重的美生气韵,构成了自然化与天艺化一致的情态意态与韵态,彰显了快悦韵象天籁化的路径与机制。

(三)快悦韵象完形的灵感机制

美生韵象的天然整一化、自然艺术化与天籁化,需瞬间完成,离不开完形式灵感。从情象的环成,经意象的圈长,到趣象的旋升,抵韵象的完形，标识了完形式灵感的持续介入。何为完形式灵感，可快捷地使美感天然整一化之谓也，可刹那间使快悦韵象天籁化之谓也。就像意象中有情象一样，韵象中融合了情象、意象与趣象，彰显了美生感发的整生性，从中可见完形式灵感的统建通发作用。如果说，意象中有读者、文本、作者、自然契合的本然态情性，趣象中进而有读者、文本、作者、自然融合的本真情性、意性、智性、理性，那韵象中则有了读者、文本、作者、自然化合的天然情性、意性、智性、理性、趣性、气性、灵性、活性，均呈现了灵感的通和机理。正是凭借完形式灵感，上述众多的快悦成分与要素，瞬间统成了天性、天质、天韵的美感结构，立马有了自然整生的美感完形，刹那间有了美生韵象的天籁化升级。在美生感发的完形韵象里，除了包含整一的天性、天质、天韵外，还含有真、善、益、宜、绿、智、美中和的美生价值，无疑是集大成的建构，无疑是系统生成的模态，足以见出完形式灵感所特具的美感整生化功能。完形式灵感的功能如此，还因它内含了梯度式直觉和旋通式顿悟。正是有了后两者的积极参与全力协同，美生韵象的整生化建构，方才趋向自然化的完形，方能抵达天籁化的至境。

梯度式直觉与旋通式顿悟，还支持完形式灵感，立成绿色快悦美感的完发模型。绿色悦读美生，一一形成了绿色快悦情象的通感，绿色快悦意象的通悟，绿色快悦趣象的通兴，绿色快悦韵象的通发，这就在情意趣韵的通转中，有了递进叠旋的美感完发模型。绿色快悦美感，既是对美生文本的快悦感知、感应、感悟、感兴与感发，也是对文本、自身、作者、社会、自然的美生世界，所做的通转性的快悦感知、感应、感悟、感兴与感发，自可完发天然通旋的快悦美感模型，并能趋向天籁化完形的极境。递进叠旋的美感生发模型，与天然通旋的美感完发模型，离开梯度式直觉与旋通式顿悟的给力，仅靠完形式灵感的一己之力，当是无法迅即建构的。正是凭借这两种超然自旋生的美感模型，绿色快悦美感，与其他美感结构，形成了关联，更有了分野，独成本质规定。

至此，可以更具体地界定美感：快悦圈发的天籁化韵象。生命在天籁化栖息里，即悦读美生中，快悦的情象意象趣象流转身心，并环通文本、作者、社会与自然，也就圈发了天籁化的快悦韵象，周转了美感规程。

快悦韵象的天籁化，大成了美感境界。它水到渠成地通转，变换为天籁化的美生世界与美生范畴，通长天籁家园，通组新文本，开启下一轮的绿色悦读。天籁化栖息与天籁家园如此通转不息，凸显了美生天籁化的机理，通长了天籁美生场。

第 *7* 章

美生机理

美生批评促长天籁美生，美生研究探讨天籁美生的通律，美生培育通成天籁人生与天籁生境。三者均为美生机理，可和此前的美生悦读一起，在通成天籁化栖息中，跟天籁家园对发，促进美生文明圈的自然化，通长天籁美生场。

第一节 美生批评

美生批评，承接生态批评的绿色品鉴气象，倡导绿生美活风尚，追求天籁化栖息理想，导引人类整一存在，建设天籁家园，完发天籁美生场。王诺践行生态整体主义批评，论说"绿色阅读"[①]，评介"生态诗学"[②]，可视为美生批评的准备。

---

① 王诺：《欧美生态批评》，学林出版社 2008 年版，第 18 页。
② 王诺：《欧美生态批评》，学林出版社 2008 年版，第 12 页。

一、美生批评的整一空间

首起于西方的生态批评，主要是一种生态功能批评，并形成了生态伦理文化质构，主旨比较单一，也淡化了审美的生态批评趣味。倡导生态批评向美生批评发展，可从敞开整一的批评空间入手。

（一）生态批评的转型升级

生态伦理学是西方生态批评的依据。意志与目的统一，是伦理的本质要求，是伦理学的精要。人类社会有追求稳定、和谐、可持续存在与发展的意志与目的，形成了平等、公正、有序的社会伦理。自然界的有机物，通过调节自身的结构与特性，和共同改变所属系统的结构与特性，以适应环境变化，呈现了生态发展向性，呈现了个体与系统的意志、功能和目的，呈现了生命与自然协同进化的宗旨，符合伦理的本质与要求。自然中的无机物，也经历了从无序到有序的生态过程，并显示出序态发展的向性与旨归，可视为意志与目的一致。生态伦理在人类社会和自然界的普遍生成，社会伦理学也就相应地走向了生态伦理学。这种哲学层次的生态伦理，和生命源于自然应该尊重和反哺母亲的情感伦理一起，搭起了生态伦理学的框架。

主体间性哲学在两个领域拓展了生态平等的疆界，有着哲学伦理学意味。一是在人类社会中，自己与他人互为主体，各自保持独立的个体性和个别性，又兼容与尊重他人的个体性与个别性，并实现相通、互补、共进，形成同向性。二是在大自然里，人与自然物也互为主体，同样形成了个体间的独立性、相生性、共趋性。主体间性，呈现了独立性、平等性、相生性、共通性的生态关系。主体间性哲学也可以视为倡导共生的关系哲学与价值哲学。

这两种哲学伦理文化，为生态批评提供了人伦与天伦贯通的理论基础、理论方法、理论视角、理论视域，有着生态伦理文明的整一性，然缺失了各种生态价值融通中和的整一性。生态批评是上述生态伦理文化的本质要求，在文学批评领域的具体实现，显得有些先天不足。彻丽尔·格罗特费尔蒂说："生态批评是探讨文学与自然环境之关系的批评。""它一只脚立于文学，另一只脚立于大地。"① 这就从生态关系的视角，阐述与张扬了文学的生态意义、生态功能与生态价值取向，应是有整一性张力的。然在生态批评实践中，却因哲学方法的缘由，偏向了生态善的单一关系，离开了整一存在的美生站位。

西方的生态批评，在人与自然的领域，主张双方互为主体，形成主体间性，形成生态平等；在人类社会，男性与女性、白色人种与有色人种，也应消除歧视，抹平等差，实现生态平等，生发主体间性。② 这三个方面主体间性的生发，搭建了生态伦理文化的质构，构成了西方生态批评以善为本的疆域和宗旨。

西方生态批评因强调生态功能的价值取向，忽略了文本审美批评的基础，忽略了文化批评与审美批评的结合，偏离了文学本体批评的宗旨与规范。离开了价值本体的批评，实际上是游离于对象质域的批评。这种批评，在拓展文学批评的疆界时，脱离了文学欣赏的基础，偏移了文学的美生价值本体，是一种单向单质的生态伦理批评，而非是倡导天然整一存在的美生批评。

弥补这种缺陷，应找到科学批评、文化批评、文明批评、哲学批评和审美批评的绿色美生结合点，拓展出生态文学本体批评的整一质域和自足疆界。我们应为生态批评的疆域，补上文学美生价值的品鉴层次，并将生态真理和生态伦理审美化，还拓展出生态审美文明的层次，再升华出生态艺术哲学的层次，以形成整一拓进的美生批评空间。这样做了，生态批评也就有了美生批评的定位了，自然会向美生批评转型升级了，也自然会向

① 杨理沛：《回顾与反思：生态学批评及方法论研究》，《大连大学学报》2007 年第 5 期。
② 参见王晓华：《西方生态批评的三个维度》，《鄱阳湖学刊》2010 年第 4 期。

文学生态批评本体旋回了。

（二）"四位一体"的美生批评质域

美生批评，在寻求、感悟、体验、赏析文学文本的基础上，对其美生蕴含，作价值特征的判定、价值理想的体认、价值目标的肯定、价值规律的确认、价值原理的探究，以形成聚焦于美生的整一质域。

美生批评，在文本的拓开中发展质域，即从艺术文本的生态批评始，走向审美文化和审美文明文本的生态批评，抵达艺术哲学文本的生态批评，形成"四位一体"的美生批评质域。美生批评用审美生态的红线，联通了文学领域与非文学领域，广延了美生的宗旨，构建了整一的美生质域。

美生批评整一质域的四重境界，形成了超循环性。四重境界都展示和谐的美生，形成了循环。第二重境界审美文化的共生之和，高于第一重境界艺术文本的对生之和，第三重境界审美文明的整一之和，特别是第四重境界艺术哲学的整生之和，依次承续，递进超越，更是完发了和谐的美生。循环性和超越性统一，构成了超循环。循环性，保证了生态审美批评的稳定性与封闭性；超越性，形成了生态审美批评的递进性与开放性。这就在质域结构的张力与聚力的耦合通转中，呈现了美生批评的生态辩证法品格。

美生批评的质域，由本身性质域——生态艺术，拓展性质域——生态审美文化与生态审美文明，提升性质域——生态艺术哲学序态构成。这种生发，既拓展了美生批评的空间，提升了美生批评的境界，又承接和创新了美生批评的本质规定性，使质的张力和质的聚力耦合并进。疆域的扩大和质地的深化统一，使美生批评不仅未被异化，生态审美的根性反而更为深牢壮实，自然美生的宗旨持续深化，整一存在的美生质地更为凸显。这比死守文本美生的固有疆域，不仅更有活力，而且更能在美生本体的社会化、自然化、文明化的有机生长中，呈现出广阔的天地。

美生批评的四重境界，是文学批评和生态学批评的统一，是审美批评和文化批评的结合，是审美批评与文明批评的贯通，是艺术批评和哲学批评的融会。随着批评疆界的拓进，美生向人类文化的高端领域与自然文明的深远空间增长，往艺术哲学批评的极境通升，实现了美生质与量的耦合通发。这就在美生境界的层层洞开与级级提升中，呈现了整一发展态势。

美生批评空间的整一化，因其"前身"有此潜能。形成整一存在的美生境界，也是西方生态批评的题中之义与发展目标，这就确证了从其而出的美生批评的合理性。西方伦理价值维度的生态批评，所指向的目标，与作为生态文学本体的美生是一致的，是能够实现文化批评和审美批评之间的结合的。关键是要找到美生量与质的耦合点。我认为这个耦合点，在西方生态批评那里，就是共生。共生，是意志与目的统一的生态伦理观、主体间性的生态哲学观、生态平等的生态批评观、平和美生的生态审美观的共同本质，是伦理之善、科学之真、实践之益、生存之宜、文明之绿、哲学之智、艺术之美的共同价值形态，是有可能成为整一的存在——绿生美活的。也就是说，共生，是真、善、益、宜、绿、智、美的整一体。生态批评在对文本作文化共生之善的评介、肯定与倡导时，应以其共生之美的品鉴、评价与弘扬为基础，应将共生之善的生态文化批评、共生之绿的生态文明批评、共生之智的生态哲学批评，和共生之美的生态审美批评结合起来，形成整一的审美文化与审美文明、艺术哲学的生态批评，以系统地阐释其真、善、益、宜、绿、智、美的整一美生价值。如此共恰与交合，可使生态批评在审美共生的平台上，贯穿各种生态价值，通成整一的美生质域，进而在现实时空中，恢复和发展人与人、人与社会、人与自然的共生，促进美生世界的整一生发。生态批评如是整一化，美生批评再百尺竿头更进一步，是当水到渠成。

美生批评空间的整一化优势，基于整生哲学。美生批评的高端，是生态哲理的批评，这就决定了美生空间的整一生发，还须生态哲学的引领。生态哲学的初级形态是共生哲学。主体间性的哲学，主要是倡导共生关系的哲学；生态伦理哲学，主要是主张共生价值的哲学。西方的生态批评，在这两种哲学基座上生发，空间的整一性疆界，也由其规定。深生态学，是高端的共生哲学，提出了生态本体性与生态整体性原则。它尚待形成整生的原理与范畴，是走向整生哲学的中介形态。整生，基于大自然自旋生的元道，是生态圈四维时空超循环运生的原理，是完承毕显大自然潜能的自足生态。它可将自身的自足生态，转换成天然整一存在，以大成美生。美生批评以整生哲学为指导，当可生发天然整一存在的美生空间。

整生，是存在的大真形态、大善形态、大益形态、大宜形态、大绿形态、大智形态、大美形态，是它们贯通流转的天然自足形态，可转换为美生的理想境界，是通成为美生的大同空间。研究整生成就美生的规律，探求自然的美生化，进而艺术美生化，直至天籁美生化，实现自足生态与整一存在的天然通转，当可使美生批评的空间，趋向自然整一化的境地。

（三）美生批评推进美生本体超循环生发

美生批评自身构成了圈行环进的格局，又和圈行环进的生态文学欣赏一起，进入生态文学活动圈，参与更大系统的超循环，生发天然整一的美生世界，以达宗旨。美生批评的价值运动，在整个生态文学活动结构中圈态行进，显现生态世界——生态文学——绿色欣赏——美生批评——美生研究——美生培育——天籁美生世界的整一格局。或者说，关联生态世界，依据生态文学文本，承接生态文学欣赏的基础，展开美生批评，推进美生研究，提升美生培育，回馈美生世界，形成了一个回环，构成了整一存在的美生本体世界。再依据发展了的绿色文本，承接提高了的生态悦读，在更高的圈态中展开美生批评，也就有了新的美生世界的圈进旋升。这就形成了美生本体世界，在美生批评中超循环生发的格局。

处在生态文学活动圈中，美生批评的价值运动，有两种向性。一是促使整一结构中各生态位递进发展，推动生态文学活动圈旋升，扩展美生空间。二是推动世界朝着艺术化和生态化耦合并进的天籁美生方向发展，让美生文明之花，开遍地球，并向膨胀的宇宙蔓延，再向周转不息的宇宙系旋长。它作为超旋生美生本体的自组织、自控制、自调节机制之一，发挥了促长绿色美生世界的功能，使生态批评的空间，——转换为现实的大自然美生空间，特别是天籁美生空间。

二、美生批评的规范

怀特海说："雪莱与华兹华斯都十分强调地证明，自然不可与审美价值分离"[1]。马尔库塞说：艺术"在增长人类幸福潜能的原则下，重建人类社会和自然界"[2]。艺术重建的世界，是不与美生分离的自然，这就需要生态批评，升级为美生批评，形成相应的自然美生与天籁美生的规范。

（一）自然美生尺度

生态和谐可以成就整一存在，增长自然美生质。这就使美生批评有了相应的尺度，匹配的规范。

生态文学的宗旨，是寻求与实现自然美生的价值；美生批评的使命，则是品鉴、评判、肯定、弘扬生态文学的美生价值和价值规律，力主实现这种价值，呼唤社会遵循这种价值规律，进行相应的价值创造。整一存在从生态和谐而出，为自然美生的样态，和美生批评的本质要求一致，可成其为规范。

在美生批评中，生态和谐是以自然美生为中心的价值复合体。我说过：生态和谐成为多学科的整合点，乃因它聚焦多重价值，具有价值生态的整一性。生态文化和生态文明，都将价值目标定位于生态和谐。然实现目标的途径每每不同：生态科学走的是生态之真的路，生态技术走的是生

---

[1] ［英］怀特海：《科学与近代世界》，何钦译，商务印书馆1959年版，第85页。
[2] ［美］马尔库塞：《审美之维》，李小兵译，生活·读书·新知三联书店1989年版，第245页。

态之益的路，生态伦理学走的是生态之善的路，生态存在走的是生态之宜的路，生态文明走的是生态之绿的路，生态哲学走的是生态之智的路，生态艺术走的是生态之美的路。美生批评"驱万途而归一"，走的是自然美生之路，集约出了整一存在的尺度。

真、善、益、宜、绿、智、美，是构成自然美生的基本要素。真，作为人的认识与存在的一致性，是现实规律和人的认知智能的统一，是人类实践的前提，是人类行为的依据。生态和谐，是人类研究生态系统时，所达到的认知性与实在性的一致，是一种生态"真"。真，表征了人的认知的合规律性。善，确证了系统行为的合目的性。生态和谐是人类、其他物种、生态系统的内在需要与生发目的，是一种生态善。生态和谐作为生命与生境潜能的整一性实现，不容置疑地成了一种生态美。益是实践与生存的功利，宜是物种生存的合适合度，绿是生态本性与生态文明的一致性，智是生态自觉，生态和谐有这四种属性，能够通成这四种价值。真、善、益、宜、绿、智、美聚焦生态和谐，在"多位一体"中，成为整一存在，成为自然美生的价值目标。

生态和谐内含的生态审美价值、生态功利价值、生态伦理价值、生态认知价值、生态存在价值、生态智慧价值，非但不相互排斥，而且相生互长，趋向整一存在，统成了自然美生，成为美生批评的依据，成为美生批评的价值向性。

（二）天籁美生尺度

生态中和从传统中和而来，聚焦各种生态关系，网罗各种生态要素，结晶各种生态价值，在集万成一中，发展自足生态，成为天然整一存在，成为天籁美生的尺度。

古代的中和，主要是一种"执两用中""不偏不倚"的中庸之和，以及化解矛盾协调冲突的折中之和，还有相生相克的制衡之和，再有矛盾双方相推互转的循环之和。其机制是，矛盾双方的对生，所形成的制衡。它奠定了平衡与稳定的基础，为动态中和做了准备。

动态中和，经历了对生性中和、并生性中和、共生性中和、整生性中和的相变，承续了矛盾双方相互对生的制衡性，强化了它们的相互促进性，形成了发展的中和性。更为重要的是，它在共生特别是整生的规约中，引进了竞生的机制。这就在制衡的前提下，展开了对生双方或网生各方的相竞相胜性、相争相赢性，推进了稳态进步性和动态平衡性。它是一种生态有序和生态无序统一，所形成的非线性有序之和；是一种生态稳定性和生态发展性一致，所形成的动态平衡之和；是一种不变与变同发，所成的圈进旋升之和。动态中和的这种非线性整生，有着自然艺术的律动，很自然地转换为天籁化存在的美生，成就了美生批评的高端标准。从内涵来看，生态中和在生态审美之理和生态运动之律的复杂性统一中，在诗态美生与和真态美生、善态美生、益态美生、宜态美生、绿态美生、智态美生的天韵化同一里，形成了理想的价值准则。有此内核，非线性序发的天籁化美生，既可用来评价文艺现象，也可导引存在，以成天籁人生，以成天籁化栖息的家园。

生态中和的递进性发展，构成了美生批评的尺度系列，以适应不同质态的文本评价，形成双方的匹配性耦合与天籁化并进，有着活态的整一性品质。

（三）美生尺度的融通性

运用美生批评的尺度，评介生态文艺现象，引导和推进人与世界的同步美生，应遵循整生形成美生的规律，注意评判尺度的耦合融通。当不再用盲人摸象的方式，去孤立地静止地评说活态文本，方能生成美生批评的整一性效应。

在传统的文学批评教科书中，内容和形式的评判尺度是可以分离的，甲、乙、丙、丁，各自列出几条，分别用于内容成败与形式优劣的评价。形式规范与内容要求的脱节，自然构不成整一的美生批评。美生批评的尺度，不管是一般尺度，还是高位尺度，都是内容与形式耦合的尺度。生态和谐特别是生态中和促成的整一存在，既可以用来评价文本的内容，也可以用来评价文本的形式，因为它们本来就是对内容与形式共同的价值、共同的价值规律的概括。整体尺度是这样，整体尺度的分形，也是既适应内容，又适应形式的。如从动态中和而出的天籁美生尺度，可分形为耦合并生、动态衡生、良性环生等具体模式，然均是对文本内容与形式美生特质的共同要求，都属于对人与世界互动美生的导引。只不过，在评价内容的天籁美生时，它们侧重真、善、益、宜、绿、智、美非线性和旋的天韵，在评价形式的天籁美生时，它们侧重结构张力与结构聚力耦合并进的天然律动。它们还有着互文性，侧重形式的要求，可以用于内容的评判；侧重内容的要求，可以用于形式的辨析。整一性的美生批评，可生发人与世界的天籁化美生耦合旋发的效应。

文本的思想价值和艺术价值是相进共成的，有契合点与交集点，可通显整一的批评规则与要求。批评的美生尺度，是符合这一要求的。自然美生特别是天籁美生，既合生态规律，也合生态目的；既是生态艺术性的形态，也是生态文明性的形态；成为科学先进的生态思想、生态观念和精湛典范的生态艺术性、生态审美性的共恰点。在美生批评中，思想尺度和艺术尺度的统一，可以具体化为生态存在性和艺术审美性的一致。像天籁美生，是生态的质与量和艺术的质与量，在持续的耦合发展中，所形成的顶端性同一与极点性整一，是生态性和审美性均达自然化的状态，是思想规范和艺术规范天然融合的状态。天态，是生态量最大，覆盖自然界的状态，是生态质最高，即生态系统本然超旋的状态；是审美量最大，即自然界艺术化的状态，是审美质最高，即艺术不假雕琢自然天发的状态。天籁化美生，作为上述四者的统合，显然是生态性与审美性融会如一的最高境界，显然是思想规则和艺术规则浑然一体的最高情景，这就在以天合天的化合中，有了最高的整一规范。它作为美生批评的尺度，有着广泛的适应面，可以衡量评价规范一般的文本和极品的文本，可以衡量评价规范过去、当下和未来的文本，以全面地推动和导引美生的天籁化运进。

历史规则和逻辑规则的耦合融通，实际上是历史真实性和艺术真实性统一的尺度。它要求文本既要揭示生态发展的规律性和必然性，又要显示生命情感逻辑和性格逻辑的规定性和既定性，实现两种真的一致。美生批评的文本，特别是高位形态的天籁化美生，行走着非线性有序的规程，运进着不和而和与不和生和的逻辑，可以统合历史的逻辑和艺术的逻辑，使文本的历史生态、逻辑生态、关系生态都聚合在辩证生态的整一框架内，实现历史规范和逻辑规范的耦合融通，避免顾此失彼，达成导引人与世界天籁化美生的目的。

三、美生批评模型的整一性

美生批评的整一性，从批评的质域与空间、批评的标准与理想、批评的价值与宗旨体现出来，通成了自然艺术化美生的向性。这一共通的向性，使美生批评集结全部生态批评的内涵，发展出天籁化美生的模型。

生态批评的开放性是美生批评发展出上述模型的前提。鲁枢元说："生态批评不仅是文学艺术的批评，也可以是涉及整个人类文化的批评。"[①]科学之真、文化之善与艺术之美的同一性，是美生批评的规律集成一切生态批评规律，以成整一化模型的基点。

凭借科学、文化、哲学和艺术的深层同构，美生批评在艺术、生态、自然"三位一体"的运行中，通成了天籁化美生的模型。美生批评的规则，包括批评的美生尺度，包括批评的美生目的，包括批评的美生规律，是对生态文艺原理的抽取，是生态审美规则的凝聚。生态文艺，是对世界的再造，表征了社会与自然的运行与发展，它的生发规律，也就耦合了生态系统的运生规律，进而耦合了自然界的运发规律。美生批评的规律，也就顺

---

① 鲁枢元：《生态批评的空间》，华东师范大学出版社 2006 年版，第 2 页。

理成章地达成了美生规则、存在规则、自然规则"三位一体"的运行。凭此，美生批评对世界的审美反馈功能，也就符合世界本身的运行规律，反映了世界本身的美生发展要求。它从艺术领域的批评，走向其他领域的批评，形成通含一切领域的整一性，其天籁化美生模型的通成，也就有了内在的依据和深刻的机理，符合世界美生的目的，符合存在天籁化的向性。

美生批评基于三大艺术美生规律，即艺术审美生活化、生态审美艺术化、自然审美天籁化。三者依次旋发，通出了天籁美生的模型。大众文化的兴起，达成了艺术和生活的对生，开启了艺术的生活化进程，实现了艺术、生活、文化"三位一体"的共和性旋发。在生态圈的景观化里，开启了生态审美艺术化的进程，实现了生态、艺术、文明"三位一体"的中和性生发。生命走向星际与天际，旋升出自然审美天籁化的进程，实现了生态、艺术、自然"三位一体"的超越性生发。三种"三位一体"的环走，于圈接旋升中，序发生活圈的大众艺术美生，生态圈的绿色艺术美生，自然圈的天籁艺术美生，何等壮哉。这当是时间与空间统一拓展的美生，数量与质量统一提升的美生，生命与生境耦合天进的美生，天籁化美生的模型，通出通长焉。

天籁化美生的批评模型，切合自然运进的大道，通含了各种生态批评之道，提升了整一性。每一种生态批评的模型，都结晶了相应的生态批评规律。美生批评模型，特别是天籁化美生的模型，是所有生态批评模型的集大成，也是一切生态批评规律的整一化。生态批评的模型发展，成两大系列行进，都历史地、逻辑地进入了美生批评。第一个系列是，从生态真理的科学批评，经由生态伦理的文化批评和生态诗理的审美批评，走向生态原理的哲学批评。美生批评以生态理性与艺术哲性的同一，统和了生态真理、生态伦理、生态诗理、生态哲理的批评，是各种生态批评之理的整一化形态，是各种生态批评之道的共通性和共趋性样式，是各种生态批评序进叠发的结晶。第二个系列是，从自然主义的同生批评，经由人文主义的竞生批评和绿色主义的共生批评，走向深绿与至绿的整生批评。整生就是美生，美生批评从出于整生批评，也就吸纳了整生批评之前的各种生态批评模型的精髓。正因此，美生批评成了一切生态批评模型的中和性本质，成了所有生态批评样式的集成性宗旨。一切生态批评，都包含着美生的尺度，最终都指向美生的目的，都形成美生的效应，都产生美生的功能，都汇聚为美生批评。不容置疑，生态批评将所有的分形样式与一切相变的形态，聚焦为美生批评，通成了天籁化美生模型，通向了天籁美生场的境界。

第二节　美生研究

自然美生化、美生艺术化、天籁美生化，是美生学探求的规律，是美生研究的核心。三者在回环往复中，增长了自然美生的本然性、自觉性、自由性与超越性，凸显了自然目的与学科使命的一致。美生学由此增长了合理性，甚或崇高性。

一、对学科基本问题的美生化通解

一门学科的发展，在于它提出并解答基本问题时，深化了基本命题，升华了基本范畴，拓展了基本规律。在美生学之前，生态美学提出的基本要求，是美学与生态学统一；要生发的基本关系，是审美与生态结合；要完成的基本使命，是恢复与发展人类与自然的生态和谐，促进自然美生。曾繁仁教授指出了"诗意的栖居与美好生存"对传统美学范式的突破，[1]鲁枢元教授提倡"自然的法则、人的法则、艺术的法则'三位一体'"，[2]

---

[1]　参见曾繁仁：《生态美学导论》（代序），商务印书馆 2010 年版，第 2 页。

[2]　参见鲁枢元：《生态文艺学》，陕西人民教育出版社 2000 年版，第 73 页。

均是解决生态美学基本问题的好方案。我在研究中，探索了美学生态化的机理，审美与生态同一的模式，审美生态自然化的通律，递进地解答了生态美学的基本问题，形成了整生论体系。美生学通解与深解了上述问题，提出并回答了美生文明永存的问题，成为生态美学的发展形态，成为生态美学和其他相关学科的基础形态。

我于2002年在中国大百科全书出版社出版了《审美生态学》，以审美场为逻辑起点，以生态审美场为逻辑极点，在审美与生态的一致中，深化了天人共生的规律、关系与目的，初步回答了生态美学的基本问题。

2013年，我在商务印书馆出版了《整生论美学》，将生态审美场转换为美生场，形成新的逻辑起点。我设计了一个由世界整生—绿色阅读—生态批评—美生研究—生态写作—自然美生构成的美生文明圈，让它与社会、文化、自然生态圈和旋，构成网络化超旋生的模型，潜在地开始了生态美学向美生学的转换。这就使生态学与美学，从交叉、结合、整合，臻于一体圆通；使审美与生态，从结合到融会再到齐一，终达同构；其美生文明的天然圈进，显示了人类与自然从依生始，经由竞生与共生，抵达整生与天生的辩证和谐历程。生态美学的三个基本问题，有了关联性的解答，美生的基本规律相应深化。

《天生论美学》，在全部自然史中，呈现了美生随整生天然环成，美生按整生天然圈进，美生同整生天然旋升的图式，推演出自然整生与自然美生在宇宙系时空中永然和旋，完生自然美生场的模型，全时空、跨时空、超时空地通含通解了生态美学的三个基本问题。这还呈现了审美生态自然化的原理、机理、规律、规程等等，可以转换出美生学的逻辑了。

以天籁美生场为元范畴的《美生学》，对上述三个基本问题的解答，是一种基于美生文明天籁化通律的全解与完解。首先，以美生为学科通质的美生学，已然抹去了美学与生态学结合与交叉的痕迹，不见了两个学科嫁接的切口，不见了亦此亦彼的踪影，有如父母双方共生的儿子，自自然然地成了一个独立的新学科。再有，天籁美生场的元范畴，使审美性与生态性的结合，在质与量方面，达到了天然的齐一，消融了双方的差别，隐去了两者的对峙，留下了共同生发的新质，即存在自身的本然、天然、超然美生的整一质。在天籁美生场里，"天地与我并生，万物与我齐一"，人与自然有了大和与大同的超然美生。

在审美学科与生态文明的美生化运动中，集结而出的美生学，凭借大自然超然自旋生的元式，凭借审美生态天籁化总规律的运行，在审美生态螺旋升华的极点，在美生文明天际生发的顶端，集结与升华了天籁美生场的内涵，成为一切审美文化特别是生态美学的结晶。它在自然史和美生史的合运中，在生命与存在特别是人类与自然的通旋美生中，通解了生态美学提出的三个基本问题，深化了美生本原、本位与本体，形成了天籁美生的命题与范畴、机理与规律，形成了一个与自然同向运进的理论体系，形成了一个与存在终极目的同一的价值结构。

一切审美文化，不管是理论形态的文艺学、艺术学与美学，还是具象形态的文学跟艺术，都以美生为目的。美生学以美生为主旨，作为它们共同的基础学科，合乎逻辑地从生态美学的高端涌现了。它以美生二字，通解了生态美学的基本问题，通显了审美学科的元律。这也是本书之所以从我所有的生态美学研究中整合提炼升华而出的缘由。

二、美生学审美超越的自由

从生态美学长出的美生学，强化了审美超越规律。这种超越，从美生与存在的同一性关系入手，克服了传统的审美局限，提升了天籁化栖息的自由境界。在传统美学里，美生是存在的一部分，有相对自由；在生态美学里，美生力图和存在的其他部分结合，趋向普遍的自由；在美生学中，自然为整生存在，天籁化美生是存在本身，是存在的本质，有了超然的自由，有了绝对的自由。

审美活动与其他生态活动相脱离，使美生从对生产与文化的依生中解脱出来。这就实现了审美的独立，生成了自主的审美自由，但也新成了审美自由的局限性。在生态美学的基础上，美生学以美生与存在的天然同一，彻底化解了两者的矛盾，——破解了审美自由的局限。

它于美生即存在中，突破审美时空的局限。走向独立的审美活动，与其他生态活动分离。审美时空有限。活，是生命的首要诉求，人更多地置身于科技活动、文化活动、实践活动、日常生存活动中，以保证生存与发展的基本需要。这就出现了审美是自由自主的，但却无法持久，无法自足。人必须时常从审美中走出来，进入非审美的维生时空中，呈现出断断续续的美生。生态美学主张审美与生态结合，美生学进而达成审美与生态同一，美生成为存在自身，审美生态与生态存在一致。这就摆脱了生态活动与审美活动、生态系统与审美系统、生态场与审美场相互争夺自由时空的矛盾，人类实现了既自主又自足的美生自由，使天籁美生与存在同貌，跟存在同质，跟存在同程，跟存在同域，成为存在的本体与目的。

它于存在即美生中，突破审美距离的局限。一般的审美活动，和其他的生态活动相互分离，"读者"须通过"心斋""坐忘""剔除玄览""澄心静虑""澡雪精神"等机制，以摒除功利意识，以保持审美心理与功利心理的分离状态，使审美活动的潜在功利性，与其他生态活动的实在功利性形成距离，才能避免干扰。对人类来说，显在功利性较之潜在功利性，更为重要，更有诱惑性，客观上造就的审美距离很难持续保持，审美自由也就常常为生态自由干扰与替代，从而形成局限性。这种局限性，归根结底是审美自主度的有限造成的，是审美自律性与生态自律性的矛盾造成的。生态美学让审美活动与生态活动结合起来，审美功利与生态功利相生互发，耦合并进，审美的潜在功利与生态的显在功利的竞生关系，也就相应地变成了共生关系。美生学进而让审美整生化，统成了与存在同一的美生活动，通成真、善、益、宜、绿、智、美整一化的美生功利。这就从根上消解了审美与生态的矛盾，彻底消除了审美距离，构成了存在即美生的格局，构成了存在即美生的常式，有了整生化自由。

　　它于美生即需要中，突破审美疲劳的困局。封孝伦教授概括审美中的身心倦怠规律，创立了审美疲劳范畴，丰富了美学理论。① 审美活动形成疲劳，主要有两个方面的原因：人类审美需要、审美趣味的淡化与退场；审美文本的单一与老套。生态审美活动以其丰富性，初成了避免审美疲劳的机制。美生活动为美生需要驱动，有着整生的原动力，有着永续性的身心动能。审美需要和诸如生存的需要、安全的需要、归属的需要、尊重与爱的需要、自我实现的需要贯通，形成整生化的美生需要，也就有了永动的审美元力，审美疲劳当无由出现。从美生需要而出的美生欲求，从绿生美活的欲求，发展为绿艺美生的欲求，提升为天艺美生的欲求，美生活动有了永续推进的动力机制，消除了审美疲劳的心理因素。审美人生经由艺术人生，成为天籁生命，当永远不会退场。与此相应，美生文本是生命与生境潜能的整一性实现，是整生的韵象。它无疑是艺术的典范之美和整一的生态之美的统一，进而是纯粹艺术之美和生态艺术之美的统一，再而是艺术的精湛之美和自然的天籁之美统一，有了丰富多彩性与日新月异性的高端美生特质。这就有了美生之境—艺术生境—天籁生境的持续展开，可与审美人生—艺术人生—天籁生命动态对生，可使美生活动持续生发。天籁生命和天籁生境全程全域的对生，双方四维时空的耦合并进，既抑制了、消解了生存疲劳，也抑制了、消解了审美疲劳，美生疲劳自当无由产生。这就凸显了美生自由对一般审美自由的超越性，对通常生存自由的超越性。美生学倡导的这种超然自由，自当成了美生的机理。

　　它于美生即天籁化栖息中，还突破了当下文化美学的审美泛化局限，以及与此相关的生态缺失的局限。当代文化美学，打破了生活与艺术的界限，形成了日常生活审美化和审美日常生活化的时尚。韦尔施说："这种潮流长久以来不仅改变了城市的中心，而且影响到了市郊和乡野。差不多每一块铺路石，所有的门户把手和所有的公共场所，都没有逃过这场审美

---

① 参见封孝伦：《人类生命系统中的美学》，安徽教育出版社 1999 年版，第 403—409 页。

化的大勃兴。"① 日常生活既是审美文本，又是审美方式，这就一定程度地突破了前述审美时空、审美距离的局限，但又形成了单一化、复制化、快餐化等审美质度降低的情形，出现了审美泛化，也引发了审美厌烦。与这种审美泛化相关，它还形成了超过生态承载力的过度消费、"夸示性消费"② 和有违生态理性的非绿色消费，造成了审美自由和生态自由的对立与矛盾，形成了生态自由对审美自由的否定。美生学倡导生态审美化与审美生态化超转，生态存在与诗意栖居一致，生态自然化与审美天艺化同一，走出了绿色美生、绿艺美生、天籁美生的通道，破解了文化美学缺绿少韵的难题。

它于美生即永在中，更破解了人种、生命、文明存在的危局，使美生有了通旋无限的自由。在生态存在化与审美天籁化的同进里，美生突破了仅在特定星空发生的局限。美生文明在星际与天际的交往中，在宇宙系的超旋生中，跳出了热力学第二定律的困局，有了自然通转性，有了永续存在性。这就完成了审美的第三次革命，美生有了超然天转的自由。

革命与自由相连。于审美来说，它的第一次革命，改变了依存生态的命运，使纯粹审美有了自主的自由；它的第二次革命，改变了非整一存在的命运，使生态审美有了自足的自由；它的第三次革命，可改变不能自然化存在的命运，使天籁审美有了超然的自由。这当是一种超脱性的自由、完全的自由、彻底的自由、绝对的自由。审美的革命还带来美学的转型升级：它的第一次革命，形成了独立的美学；它的第二次革命，转换出了生态美学；它的第三次革命，升华出了美生学。

三次革命的成果，五大突破的效应，使美生成了整生存在，成了终极目的，确证了美生学的合理性。

---

① [德] 沃尔夫冈·韦尔施：《重构美学》，陆杨、张岩冰译，上海译文出版社 2006 年版，第 4 页。

② [匈] 阿诺德·豪泽尔著，居延安译编：《艺术社会学》，学林出版社 1987 年版，第 211 页。

三、美生学的三大规律

生态美学有三大定律：艺术审美生态化、生态审美艺术化、艺术审美天然化。美生学进而发展出三大规律：自然美生化、美生艺术化、天籁美生化，形成美生的天然超循环总律，达成天籁美生与天籁存在全域、全程、全数的同一，呈现世界运进的目的，敞亮自然演化的宗旨。

（一）自然美生化

自然美生化，是美生学的逻辑基点。它起于一个命题——自然是自旋而成的美生者；它运于一个命题——自然是通旋周转的美生者；它终于一个命题——自然是超旋永长的美生者。这就凸显了自然美生的旋成通转永升的规律，是谓自然美生化。

自然，是全然自旋的美生者。自旋生—整生—美生，为美生的生发模型。在这个模型里，大自然自旋生，将所成潜能尽数赋予存在物，使其成为自足生态，通发了整生；自足生态通转为整一存在，通成了美生。在这个模型里，自旋生是大前提，整生是小前提，美生作为结论，也就通承通现了自旋性。在自然之前，无自旋物存在，也就没有整生者，更没有美生者。在自然之外，也无自旋物可成，当然也没有整生者，也转换不出美生者。在自然之后，也无自旋物可生，显然也没有整生者，也就没有美生者。自然是一个系统生命，在自旋生中整生，以圈进旋升的方式整一地美生，是一个全旋的美生者。它的各个局部，所有个体，都处在系统的自旋生中，达成了个体化的旋整生，全部是旋然美生者。大自然的自旋生，带来了自身的全旋整生，带来了自身的全旋美生，带来了所生物的全旋美生，带来了存在的全旋美生，带来了一切存在者的全旋美生。是谓自然美生的全然旋成，也顺带给出了自然全美的新解。

自然，为通旋的美生者。从无机自然发育而出的有机生命，旋生出生物谱系、生物圈、生态圈，通成周转环进的有机自然，是为通然旋升的系统美生体。所有个体生命，都在有机自然圈中自旋生，都成了个别整生者，都是通旋的个别美生者。无机自然和有机自然通然环转的自旋生，有了通去通回的自然整生，也有了通旋通长的自然美生。是谓自然美生化持续拓进的机理。

自然，是超旋的美生者。有机自然中的智慧生命圈，向母体回归，向全部的无机自然回生，在宇宙和宇宙系中圈升环长，通出超然的自旋生，这就使无机自然的自发整生，变成有机自然的自慧整生，相应地有了超然回旋的自然美生。这就有了超循环的美生，是谓美生自然化的无尽旋升与永然增长。

自然美生化是人类美生化之本。人类和其他生命一样，都是大自然的儿子。他按照母体给出的规范，在自然化的自旋生中整生，进而美生，也就丰富与发展了自然的美生化。人类本然与天然的生存，是顺应自然规律的运行所形成的生存，是置身自然并与之同旋并转的生存，是谓自然化的存在，是谓整生化的存在。这种生存，既是自然旋生，也天然整生，还是天然美生，可称为天然美生化。这就与自然美生化有了一脉相承性，并成了自然美生化的重要成分，特别是成了有机自然美生化的关键性机制。

人类美生的自然化，承接与推进了自然美生化。自然在自旋生中，通发为真、善、益、宜、绿、智、美的整生体，是美生的价值本元和价值本体，深藏着人类美生的命根，深埋人类审美生态的命脉。人类自然而然地生存，也就承接了本元，自会生生不息，自会元气满满，其旋生、整生与美生，也就有了自然化元力与底功，也就有了促进有机自然美生化的可能。这样，自然美生化与人类美生的自然化，也就形成了辩证生发，有了自然美生化向人类美生化走来，人类美生化向自然美生化走去的超旋生。自然美生化，首先是自然整生化使然，最终是大自然的自旋生使然，从而为人类美生的自然化奠定了深牢的根基，提供了优良的基因，准备了温和的摇篮。人类美生因从自然美生的摇篮中出来，有了回归母体的天性，承担了寻求自然美生之家园的天职与天命。随着人类生态自然化的展开，有机自然的自旋生、整生与美生，会"三位一体"地从地球生态系统的旋生，趋向星际生态系统的旋升，抵达天际生态系统的旋运，最后与大自然同进，有了全然通旋与全然超旋的美生化。有了人类美生自然化的反哺与回馈，大自然通成了从自发到自觉的系统美生化与全体美生化，通显了自然美生化的天律与天理。

自然美生化，是一个与自然史同一的过程。首先是无机大自然，因自旋生而整生，进而美生的形态。其次是物种、生物谱系、生物圈、生态圈及所属生命，在自旋生中，序发整生与美生的形态。最后是智慧生命在通转周天的自旋生中，以成自然化整生，以成天旋美生和永旋美生的形态。自旋生、整生、美生"三位一体"的自然化，成了自然美生化的通式，也成了自然美生化超然永转的机制。

大自然的美生化，是有机生命的美生特别是人类美生的基座，美生艺术化和天籁美生化，都在其上生长而出，都以其为底盘同旋而升，由此可见美生规律的整一性。

（二）美生艺术化

自然美生化，形成了自然的全旋美生、通旋美生和超旋美生，呈现出世界在自旋生中完然美生的理想。美生艺术化，承接自然美生化，旨在提高美生质，求得美生量与质的协同发展，实则为美生存在的艺术化，或曰自然美生的艺术化。这也见出，艺术的生发，缘于人类美生的高端需求，缘于自然美生发展的需要。

美生存在的艺术化，有着良好的基础。自然的美生，不乏艺术化的样态。刘勰说："云霞雕色，有逾画工之妙；草木贲华，无待锦匠之奇。夫岂外饰，盖自然耳。"[1] 这当是自然天成的艺术美生现象。动物祖先的美生活动，是受制于性生理与性本能的自然美生活动，为物质生产、物种生产、

---

[1]　周振甫译注：《文心雕龙选译》，中华书局 1980 年版，第 20 页。

身体艺术"三位一体"的美生活动，显示出自然美生的艺术化趋向。人类早期的美生，承接动物远祖的衣钵，其物质生产与物种生产与仪式艺术一体展开，有了美生存在艺术化的一脉相传。

在自然美生化中，呈现出自然美生的艺术化模式，呈现出美生存在的艺术化机制。

一是原生艺术谱系化。自然艺术，是艺术的始基。它依次衍生出纯粹艺术、人文艺术、科技艺术，构成整一的艺术生态，造就谱系化的艺术境界，自可成就自然美生的艺术化。像桂林的簪山带水，有着画的境界、诗的韵律、舞的节拍，构成了灵动的自然艺术。山水的原生艺术形态，衍生出解说它的神话与传说，表现它的绘画与摄影；附丽了七星山的道教艺术、尧山与舜山的儒家艺术、西山的佛家艺术；夜幕下的山林、岩洞中的石笋石柱等，在彩光辉映下，增长出了如梦如幻，似天堂似龙宫的科技艺术。这些艺术形态，似乎是自然艺术——生长出来的，构成了整一的艺术结构。人处其中，美长其间，是谓自然美生的艺术化。

二是美生存在艺术化。景观，在景致与观赏的对生中，成为生存艺术。景观美生，是艺术美生的常式。人类的本然化生存与本真化生活，是一种朴素的生态存在。当其走向行为艺术化和身体艺术化，也就有了歌、诗、舞、画的意态与神韵，有了美生存在的艺术化。人类的生境，经由美生化培育，经由自然的复魅，走向景观生态化，走向园林生态化，走向大地艺术化，也就涌出了诗情画意的景观生态。这当中有凝固的音乐、灵动的雕塑，有四维时空流转的自然式身体艺术和行为艺术。行为艺术化的人，处身期间，也就共成了景观美生。像澳大利亚的悉尼歌剧院，帆状造型的下面，是突入海中的尖状之地，恰如翘起的船头，这就与宽阔的大海整合，构成了扬帆海上的景观意韵，可谓人与自然共成了身体美生与行为美生的艺术化。桂林小东江从漓江分出，流经七星山一带，两岸遍长花木，早春时节，花影入江，胜如朝霞辉映。桂林人因地制宜，建花桥于其上，桥孔会同倒影，犹如满月沉璧，人文与自然一派空灵圆和，通成了花好月圆的生态艺术境界。这样，人与生境同组的美生，对应地走向了优雅舒和的景观境界。人们绿态地生活与生存在艺术景观里，绿态地生活与生存在艺境中，绿态地生活与生存在趣韵盎然的诗国中，也就与自然共成了景观化的绿色美生，也就有了美生存在的艺术化。

三是诗态美生的整一化。人们本然化地生存与生活，与自然对应并进的美生，是真、善、益、宜、绿、智、美整一的美生，是真态美生、善态美生、益态美生、宜态美生、绿态美生、智态美生、诗态美生的中和体。在这种中和里，诸种美生向诗态美生生成，为诗态美生所统一，实现了诗态美生的整一化，是谓美生艺术化。美生艺术化，使天人对应互进的生存，达成了诗性与绿性的同一，实现了生态存在与诗意栖居的同一，呈现了美生质与量耦合同升的规律。

（三）天籁美生化

天籁美生化，继美生艺术化之后，也在美生自然化中涌出，是为美生的提升规律，也是美生学的逻辑终点。天籁，是自然的艺术、天然的艺术，也是"虽由人作，宛自天开"的自然化艺术。人类的绿色艺术生存，抵达天籁美生化境界，有两方面的标识。一是原生性的生存艺术、生活艺术、仪式艺术，虽经由文化浸透、科技加工与文明熏染，但一派天然，有了超然的自然美生性。这种"既雕既琢，复归于朴"的艺术，① 是艺术的至境，是不显人为的天籁，形成了艺术美生的超然性，也就旋回了自然美生化的上方。二是人类生态圈参与星际和天际的美生文明交往，进入了星际的天际的自然艺术境界，满眼是星界图画，充耳是天际音乐，是谓天籁化的美生，是谓天籁美生化。这种天籁美生化，与自然美生化重合，提升了自然美生的品质，是对自然美生化的反哺与回馈。

天籁美生化，是对自然美生化的螺旋回归，是自然美生发展的高端规

---

① 参见王先谦注：《庄子集解》，《诸子集成》3，上海书店出版社 1986 年版，第 124 页。

律。它以生态性与审美性统一的美生为基础，经由生态绿性与审美诗性结合的美生，走向生态天性与艺术天性同一的美生，升华出了天籁般的美生质地。天籁，是自然之曲、天然之诗，是生态绿性与审美诗性走向同一后的天然化升华。正是在天然化生存与天艺性审美的同一中，天籁美生走向与自然全程全时、全质全性、全量全域同进的超旋化，达成了与存在的同一，呈现出天然整一存在的最高美生质地。

人同此心，天同此理，天籁美生化，构成了宇宙生命乃至宇宙系生命共通的本然美生追求，大成了自然化美生的最高通则。有了这一通则，宇宙和宇宙系各地各时的生命与生境同谱的自然化美生曲，才会形成最高的同一性，才会合唱出宇宙全时空的自然化美生曲，才会通唱出宇宙系跨时空与超时空的自然美生曲。有了这一通则，一旦宇宙文明圆通而成，宇宙系文明超然旋进，生命世界才会万类一心，自觉地齐唱全宇宙整一和宇宙系整一的自然美生天曲，使大自然回旋天籁之音，大成自然全旋化、通旋化、超旋化天籁美生的进化目的。这当是天籁美生化的全景，当是天籁美生化向自然美生化复归的通景。

美生，是生命的目的、生态的目的、自然的目的、存在的目的，也是生命的规律、生态的规律、自然的规律、存在的规律；是自然与生命的起始性、过程性、终极性价值所在，是存在的最高本质规定。美生学的三大规律，可以导引人类和一切智慧物种的自然美生，融入大自然的自旋生，实现从天成美生到天艺美生的圈进，实现天籁家园与诗意栖居的环转，实现天籁美生场的超旋化通发。凭此，美生学的逻辑也就和自然史的逻辑一致了，美生学的终极目的也就和存在的终极目的同一了。

第三节　美生培育

美生培育，是美育的使命。生态美育既培育审美生命，也培育审美生境，进而培育审美生态，最后培育天籁美生场，拓展出美生培育的最高意义。培育天籁美生场，与世界目的相通，跟自然宗旨一致，无疑成了美生学的逻辑终结。

一、从美育到生态美育

从培育审美人出发，形成了美育递进的目标：把群众塑造成美好之人，塑造成想审美、能审美、会审美的人，塑造成鉴赏家、批评家、美学家、艺术家；培育人类的美态生存，培育社会的美态文明；在美者与审美者的对应培育中，系统地培植美生。

美生从美育而出，提升了文明。人类凭借真态文明，实现规律化生存与自觉化生存。人类凭借善态文明，得以目的化生存、意义化生存、价值化生存、高贵化生存。人类凭借美态文明，得以诗意地生存，高雅地生存，超然地生存。美生，包蕴和超越了真态生存和善态生存，是谓高端的文明生存，是谓美育意义的整一实现。

传统美育的高层目标，是促进群众的美态生存和社会的美态文明，显示了塑造全美人生和全美社会的蓝图，这就有了生态美育的向性。生态美育是传统美育托举出来的，是传统美育潜能的实现，是传统美育发展的必然。

生态美育对应地培育人类与世界的美生。H.B.曼科夫斯卡娅说生态教育要："培养美化环境的习惯；培养景观建筑、园林艺术领域的职业设计师、建筑师、都市设计师、自然保护区工作者及其他专家。"[①] 季芳指出：生态美育"培育生态审美主体、优化生态审美对象，让新的生态审美主体按照生态美的规律生存、实践，自觉推进自然—社会生态美的创造，在这

①　[俄] H.B.曼科夫斯卡娅：《国外生态美学的本体论、批判和应用》，载李庆本主编：《国外生态美学读本》，长春出版社 2009 年版，第 24 页。

一系统生存的过程中最终实现生态审美世界的创造。"① 龚丽娟主张"生态美育通过培养审美主体的绿色审美兴趣、生态中和理想、绿色阅读能力与绿色艺术实践风尚，引领审美主体在审美、造美活动中构建绿色艺术世界。"② 三位学者都主张对人与世界关联地进行绿色审美培育，揭示了生态美育本质要求与价值取向的中和化。传统美育是对审美人生和美态文明的培育，为主体论美育；生态美育是对审美人生和美生世界的耦合性培育，属共生论美育与整生论美育。

生态美育以美生培育为导向，在培育审美生态中培育美生场。审美生态既包括审美的生态化规程，也包含生态的审美化态势，更包含两者耦合并进的行程。在审美的生态化中，它培育了审美人生；在生态的审美化中，它培育了美生的社会与自然；在审美生命和审美生境的对生中，它培育了审美生态，进而培育出美生场。从美育到生态美育，展示了从美生到美生场的整一化培植，呈现了双方本质要求的同一与差异。

二、生态美育的三大节点

生态美育以艺术美育为基础性节点，以学科美育为展开性节点，以生存与实践美育中的天籁美育为螺旋回归的节点，通成了自旋生的格局。

（一）艺术美育

传统美育为艺术美育。生态美育以艺术美育为起点，说明两种美育是一线承传的。艺术美育为生态美育提供了高起点，学科美育为美育的生态化准备了审美文化与审美文明条件。有此两个环节的通转，生态与实践美育自当水到渠成，生态美育也就通成了。

---

① 季芳：《论生态美育》，《广西民族大学学报》2009 年第 3 期。

② 龚丽娟：《从生态教育到生态美育——生态审美者的培养路径》，《社会科学家》2011 年第 7 期。

　　艺术美育主要培育群众的审美心理图式。审美心理图式由艺术趣味、艺术修养、艺术能力与生态视野诸层次构成，是一个整生化的审美个性系统。艺术美育激发了群众强旺的审美欲求，形成持久的审美心理动力，形成高雅的审美心理趋向，形成整一的审美趣味结构。群众的审美趣味结构，是在激发与培育的统一中生发的。审美趣味是通过遗传获得的审美潜能，它是人类的、人种的、性别的、民族的、国家的、时代的审美文化和审美文明的范式在个体身上的留存，是共通性存于个体性的痕迹，是整生性存于个别性的记忆。潜能形态的艺术趣味，一方面为艺术美育所激活，另一方面成为选择艺术美育的机制，实现了群众艺术趣味的向性和艺术美育功能特性的一致。这种一致，起码有两方面的意义。一是艺术美育的自主性。群众天然的艺术趣味中，含有艺术美育的需求，形成了艺术美育的内动力；群众艺术趣味的特性，选择了艺术美育的方式与文本；这就决定了接受者既是艺术美育的主体，又是艺术美育的主导，艺术美育归根到底成了群众的自我培育，是群众艺术趣味的自显现和自生长的形式。二是艺术趣味的整生性。在自主性的艺术美育中，群众艺术趣味的显现与生长，按照其潜能态或曰基因态展开，一如本性地生发、优化与升华，有了可持续的整生性。艺术文本对群众的艺术趣味有着塑造性，但这种塑造，对应了艺术趣味的元设计，是其艺术趣味的根性与本性的实现与成长，促进了其整生。

　　艺术修养主要包括艺术文本、艺术知识、艺术原理的系统把握。它同样是整生性与个别性的统一。整生性主要由艺术文本、艺术知识、艺术原理的经典性与普适性构成，个别性主要由大众艺术接受的倾向性与选择性构成，在它们的统一中，所生发的艺术修养，同样是一种审美本性的整一实现。也就是说，这是一种系统生成的艺术文本、艺术知识、艺术原理，在个体发育中的实现。它起码有两方面的意义。第一，艺术修为，虽是由外而内修成的，但也是由内而外选择的，还是由内而外实现的。系统发育可分为显态和隐态两种。文化和文明的现实生发，为显态的系统生发；文化和文明通过遗传的机制，在隐态的系统生发中，形成了个体的生理性心理遗存，即个体的文化与文明的基因。其中的艺术基因，是个体后天艺术修养生发的设计与蓝图，经由艺术嗜好、艺术趣味、艺术标准、艺术理想的倾向性与选择性机制，达成整生化与个性化统一的实现。这就说明，艺术美育对群众艺术修养的培育，在本质上是一种自育，是群众艺术本性的生发，是群众艺术根性的生长，是群众艺术天性的抒发。第二，从生态写作的角度看，艺术美育对群众艺术修为的培育，是群众的自我书写。"腹有诗书气自华"，群众以艺术美育的形式，陶铸了自身的艺术气质，书写了自身的艺术神韵，创造了自身的艺术气象，使自身成为一个艺术修为化的美生文本，成为一个自我创造的作品。

艺术能力主要是艺术感受与创造方面的整生力。艺术美育培养了群众欣赏音乐的耳朵和观照形式美的眼睛，使之有了基础的艺术美生能力。这种艺术感官，内化成艺术心觉，产生艺术通感力，构成艺术整生力。这种艺术整生力，是一种艺术完形的能力，它能以一生万和以万生一，形成系统化的艺术画卷。这种艺术完形的整生力，首先是情象的整生，它既指情象的显态性关联生发，显现整一的美生情景，也指情象的隐态性关联生发，即序列化的显态情象，潜连着相关的情象群、情象系，形成通天转地的美生情景。其次是意韵的整生，它指群众在艺术情象的整生中，同步地直觉、顿悟出其关联性的情趣、意味、神韵，形成意义和韵味体系，并在意韵体系的以万生一中，实现对情像所含美生意韵的最高觉悟，形成艺术哲象的升华。再有是意韵的整生性实现。上述整生化艺术意韵之象的生成，实现了眼中之竹向胸中之竹的转换，确证了群众整生性与个体性结合的艺术通感力。这种艺术意韵之象，有着向手中之竹转换的向性，促成了艺术实现的完形力。群众可不约而同地依据艺术的美生意韵，内塑自身的精神与灵魂，外显美生的言行，外造美生的世界。这样，艺术美育，写作出了群众美生的内心世界，并为他们写作美生的社会与自然准备了条件。

艺术美育作为生态美育的基础，还含生态视野的养成。艺术文本，总是依据一定时代的社会生态、自然生态创造出来的，艺术图景特别是经典艺术的图景，也就同时成了精神生态图景、文化生态图景、社会生态图景、自然生态图景的整一体，成为生态百科全书。群众从中直觉顿悟出的情感、义理、兴趣与气韵，也是一种生态气性、生态精神和生态规律。久而久之，群众也就形成了集约化的生态视域，有了贯通古今连接天人的全息性生态经验，也就更能从艺术美育，走向更为整全的生态美育环节。

为了实现生态美育的目标，艺术美育必须整生化。要满足与实现群众多样的艺术趣味，尽可能地使大众自主地接受多种艺术形式的熏陶与培育，自足地激发艺术素质与生长艺术才能。人们应根据自身的艺术天性，整一地接受某个或某些方面的艺术美育，以培育专门化的艺术优势，形成某个门类的卓越的艺术特长，为形成生态写作的强项做好准备。每一个体，应反复地接受民族的人类的各类艺术经典的陶冶，接受一切艺术大师的通力合塑，为其后自己整全而又高端地书写自身的天籁化美生，世界的天籁化美生，奠定基础。

（二）学科美育

学科美育是艺术与科学、人文、生态等融会贯通之后的共生性美育。有七类教育应进入学科美育：一是科学教育，以真为内涵；二是人文教育，以善为内涵；三是技术教育，以益为宗旨；四是社会教育，以宜为内涵；五是生态文明教育，以绿为内涵；六是哲学教育，以智为内涵；七是文艺学与美学教育，以美为内涵。进行学科美育，使群众受到真、善、益、宜、绿、智、美一体的美生文化陶塑，以成绿色文明化的美生心理。

学科美育统一了学习时空与美育时空，成为生态美育的重要环节。经出这一环节，大众系统地经受了自然义理、社会义理、生态义理与美生义理同步的熏陶与洗礼，成长为文化美生者与文明美生者。诺贝尔生理医学奖获得者沙利文说："一个科学家理论成就的大小，事实上就是它的美学价值的大小。"① 儒家主张"里仁为美""充实之为美"。这就说明,科学、人文、生态、美学的义理是相通的,真、善、益、宜、绿、智、美是向韵象整生的。科学的至真处、人文的至善处、技术的至益处、社会的至宜处,生态的至绿处,哲学的至智处,艺术的至韵处,也就是生态和谐处与系统整生处,也就成了绿色美生的极处。自然学科、人文学科、技术学科、社会学科、生态学、哲学、美生学最深的逻辑图景,与绿色美生的图景同一。凭此,学科教育和生态美育实现了逻辑顶端的同构,学科美育也就内在地成了生态美育的关键形态与核心环节。经由这一环节,大众系统地接受了美生文化与美生文明的塑造,形成了整一性的美生质和美生力,成为绿色美生者和绿色美生的创造者,可望在生存与实践的时空中,培植绿色美生场。

学科美育的方式多样。其一是感情化。情是生命特别是高级生命的潜能实现,是美生特别是艺术美生的特质。在艺术美系统中,有感知、情感、理智、想象诸要素,情感作为主体要素,首先同化它者,然后才为它者同化,以达美生的整一化。正是这种以情为主导的相互同化,使得它们不同于艺术系统之外的感知、情感、理智、想象,可成整一的美生意韵。在一般教育中,教师对科学与文化的教学内容,进行情感化的渗透与处理,在以情扬善与以情褒真中,使学生在情性气韵的感染与愉悦中,得到真理之美、伦理之美、哲理之美的启迪,得到美德之善、美功之益、美境之宜的熏陶,德育、智育、美育可望走向整一的美生化实现。

其二是形式化。美的形式是生态关系力整生的律构。一般教育的形式化,可用不和生和、无序长序、圈升环旋等辩证整生的形式美规范,去组织、安排、表达科学与文化的教学内容,形成审美形式,拓展学科美育。在具体的学科教育中,教师通过形象、生动、准确、鲜明且富有节律与乐

---

① 梁国钊主编:《诺贝尔奖获得者论科学思想、科学方法与科学精神》,中国科学技术出版社 2001 年版,第 34 页。

感的语言，和有序、规范、协调的韵律化板书，以及直观的并具备有机结构的教学图式，赋予教学内容以优雅和旋的形式，使学生在情怡性悦中，实现美生的内化。

内形式与科学真一致。教师把握了学科教学内容更为深层的内部联系、更为核心的内部结构，并将其用简洁的方式表达出来，成为高度精当、特别整一、十分和旋的内形式。这种内形式是教学内容的结构本身，是真理的样式，能形成美生培育的效应。许多一流的科学家，都深有体会地说，真理探索的最高境界是美的境界，一切科学最终都要通向美，都要统一于美。沙利文甚至讲："一个科学理论之被认可，一个科学方法之被证实，是在于它的美学价值。"① 将一般教育的内容结构化，呈现内形式的科学美，主要的方式之一是掘真求美。教师在真、善等内容的讲授中，深化其规律，揭示其内在联系，呈现其节律化的内部运动，开掘其质的整一性构造，也就凸显了内形式之美，统合了学科教育与审美培育。古人曰："大乐必易"，"大礼必简"。司空图要求诗歌创作"万取一收"。教育的精深逻辑、精简的"内形式"和艺术的整一化，在这里达到同构，说明了艺术美的原则与科学美的精义共同支配着教育美的创造，支配着学科美育的实施。学科美育，可使学生获得典雅深厚的文化美感，增长文化审美的趣味、意识与智能，以成文化美生心理结构。这种美生心理的文化与文明化，可使大众在生存与实践中读出美生，读写美生。

（三）生存美育与实践美育

艺术美育是基础性生态美育，学科美育是系统生成性生态美育，生存美育和实践美育则是全时空展开的生态美育。这种展开，体现在如下方面。一是内外耦合地生发。艺术美育和学科美育，主要是一种由外而内的

---

① 梁国钊主编：《诺贝尔奖获得者论科学思想、科学方法与科学精神》，中国科学技术出版社 2001 年版，第 34 页。

修心与修身统一的生态美育，它把大众培育成美生者，塑造成美生创造者。生存美育和实践美育，则主要是一种由内而外与由外而内环回的、修心修身与修行修世结合的生态美育。在艺术美育和学科美育中内功通成的美生者和美生创造者，在生存和实践中，外向地实现美生，创造美生，发展美生，形成了内外俱修并进的生态美育。二是由己及他地生发。大众在生存活动与实践活动中显美、生美、造美与审美，绿化与美化自己的生命，绿化与美化自己的生境，绿化与美化自己的环境，绿化与美化自己所及的事物与场所，生发绿色美生场，乃至天籁美生场。三是由局部到整体的生发。生态美育是一种全态的美育，有着从局部时空走向全部时空的过程。欣赏、学习、生存、实践，是人的四种基本生态，可关联而成整一生态。这意味着从艺术美育经由学科美育，走向生存美育和实践美育，可以形成全生态美育，培育全生命时空和全生态时空的美生者和美生世界，以趋自然美生场，以发天籁美生场。

艺术美育是在专门的审美时空中培育美生者；学科美育是在专门的学习时空中培育美生者；生存美育与实践美育是在其他一切生态时空中培育美生者与美生场。前两种生态美育，是培育艺术化美生之人和文明化美生之人，是培育能美生之人和会美生之人；后两种生态美育，是培育全美生之人和全美生之境，是能美生之人和会美生之人的实现、确证与提升。前两种生态美育成就了后两种生态美育，生发了后两种生态美育。如果没有艺术美育的前提，生存美育和实践美育培育不出天籁美生者；如果没有学科美育的文化式与文明式美生，生存与实践时空中的人不会整一地美生，不会整一地创造美生，无法形成自然美生。这就说明，生态美育的生发是一环扣一环，既不能错位，也不能越位，更不能缺位，充满了整生系统的有机性。

艺术美育与学科美育，主要是授—受美育，受教育者在系统的审美训练中，既形成了美心结构，增强了跟美生文本的对应性、同构性与亲和力，又掌握了审美和造美的规律与方式，提高了美生能力。凭此，他能美然地生活与生产，变生存与实践的过程为美育的过程，为身内外美生增长的过程，为审美生态的生发规程，为美生场的自然化拓进过程。

授—受美育的基础好，愈能生发生存与实践的自为美育效应。自然生态美、社会生态美以及两者结合的整一生态美，均跟人类实践的合规律、合目的有关。人类遵循整生的规律与目的，修复与建设自然，也就保持与促进了自然生态的整一性、稳定性与发展性，也就保护与促进了自然生态美。人与人、人与社会整生关系的展开，各方潜能的恰合性与整一性实现，则发展了社会生态美。在天人合一中，实现自然与人文的珠联璧合，也就建构了天然生态美。诸种生态美的建构，离不开物种尺度和人种尺度的统一。人类越是受到良好的授—受美育，就越能把整生与美生的规律，内化为智能结构，外化为行为逻辑，使生存与实践的活动与身内外的美生活动同一，使美生场的自然化成为可能。

在自为美育中，人置身何种时空，进行何种活动，都处在美生氛围中，都处在审美状态里，都在对应地生长自身的美生与创新世界的美生，都在培植绿色美生场，并接受其熏染与陶冶，以此达成无目的但又合目的之境界。

用生态艺术的标准与尺度，来规划人生，设计生境，对应展开绿色审美生态，生发天籁美生场，是为生存与实践美育的高端境界——天籁美育。园林化的城市、生态景观式的乡村、雕塑般的建筑群、画廊样的路网，形成了可诗意栖息的家园，是谓天籁化的生境。置身其间的人，时刻感受到诗情、画意、舞曲、乐韵的美，身心沉浸在天态艺术的氛围中，天籁化的审美生态长焉。凭此，生存与实践的生态美育，抵达天籁美育的高端，达成了向艺术美育的螺旋回归，呈现了完发天籁美生场的向性。

三、生态美育的超循环

天籁美育，是起点的艺术美育，经由学科美育的中介造就的，是其功能的显示，是其价值的确证，呈现出超然自旋生的路径。

这种超旋生，形成了递进回环的效应。艺术美育的效果，在学科美育中呈现，进而在生活与实践美育中生发。如果其前环节开展不充分，未达预期目的，会使其后环节大打折扣。要是前者得以普遍而深入的实施，中者乘势而上，后者自会水涨船高。天籁美育在向艺术美育的复归中，其超越之处有：其一，美育的主动性与创造性突出，且臻于无法而至法的化境。天籁化的生境是人选择、组合、营构而成的，人集美的设计者、创造者和美的接受者于一体，美育的自在自为性突出，自律自觉性显著。然经由授受美育与自为美育后，天籁美育者，内化了美育尺度，已从规范走向了自由，也就形成了"随心所欲不逾矩"的超然化美育。其二，人的美生与世界美生的天然并进。在生存与审美一致中推进的天籁美育，不像第一阶段的艺术美育那样受时空限制，受文本存在地点的限制，大众可以随时随地处于审美状态中，化生态的存在为审美的存在，化生命的活动为审美的活动，化生存的空间为审美的空间，以成全时空、跨时空、超时空的美生培育。据此，天籁美育向起始艺术美育的旋回，达成了天质天量的超越。

从艺术美育始，经由学科美育，抵达生存美育和实践美育，促使美生人类、美生世界、美生场天籁化，呈现了生态美育超循环的美生培育性。它还可以分生出诸多具体路径。艺术美育和学科美育，主要塑造人类美生者；生存美育和实践美育，耦合地培育人类美生者和自然美生者，整一地培植天然审美生态，系统地生发天籁美生场，显示了由人及天、由局部到整体的美生培植轨迹。独立进行的艺术美育，和其他教育活动有心理时空和物理时空的竞生性；学科美育实现了美育和一般教育的同进性与共生性；生存美育和实践美育，在生态性与审美性的并进中整生化；这也标划出了从竞生美育始，经由共生美育，抵达整生美育，进而反哺竞生美育的超循环路径。这些具体路径，和基本路径一起，共成了生态美育培植天籁生命、天籁生境、天籁生态，完育天籁美生场的本质，使美生培育的一般规定走向了具体，并呈现了大自然天籁化自旋生的人类作为。

四、生态美育的终极目标——完育天籁美生场

生态美育的路径，通向天籁美生场的目标，成了美生培育的实施图式与生发轨迹，成了美生培育的形成机理和生发规律。生态美育的主要途径，可以归纳出三条：从艺术美育始，经由学科美育，抵达生存与实践美育，旋回至生态艺术美育；从竞生美育到共生美育，再到整生美育；从人的通然美生培育，到自然生境的美生培育，再到天然审美生态的培育，进而到天籁美生场的培育。殊途同归，生态美育的各种路径，都指向了美生培育的宗旨，都通向了完发天籁美生场的终极目标。

这一终极目标，是在共生美育向整生美育的发展中，第次实现的。在学科美育里，生态美育实现了审美教育和其他教育的结合，有了共生美育的形式，趋向了系统地培育审美生态的目标。继而，它走向了生存与实践领域，实现了美育活动与一切生态活动的统一，使生态时空成为美育时空，使生态活动成为美育活动，发展出了整生美育。在渐次覆盖生态领域后，整生美育进而使绿色悦读者和绿美生境者天然耦合，促进审美生态的绿化，促进美生场的天籁化。

在生态美育中，美生场的绿然化，经自然化，臻于天籁化。绿，是一种本然生态，是生态的天然性表征，即生态未受污染、损伤、破坏，所呈现出的生机勃发的状况，健康环保的样式，平和稳定的格局。美生场的绿然化，经由自然化，指向美生度更高的天籁化目标。即美生场的状态，是生态存在和审美存在浑然天成的状态，是生态本真性存在、生态艺术性存在、生态人文性存在、生态科技性存在、生态文明性存在共趋天籁化的状态。天籁美生场，先是自发性的，经由整生美育，臻于自觉自慧的境地，有了宜生、益生、绿生、智生、和生、乐生、悦生的天然整一化，有了超然天韵。

整生美育对应地培育天籁化的生命与生境，实现审美生态天籁化，使自然成为一切生命天籁化栖息的家园，使存在成为天籁美生场。这当是存在史、自然史、生态史、文明史共同赋予它的天职与天命。如此，生态美育的最高宗旨，也就和大自然的终极目的同一了，也就和美生学的拳拳初心与崇高使命一致了。

天籁美生场的元型实现后，美生世界和美生范畴向天籁家园生成，美生悦读、美生批评、美生研究、美生培育向天籁化栖息生成。双方对长并进，通转美生文明圈，续旋天籁美生场，使之回归元型上方。这就通长了美生学逻辑，通发了生态美学元理论。

主要参考书目

《马克思恩格斯选集》第 1 卷、第 3 卷，人民出版社 2012 年版。

《马克思恩格斯文集》第 1 卷，人民出版社 2009 年版。

《老子》，中华书局 2006 年版。

周来祥:《三论美是和谐》，山东大学出版社 2007 年版。

徐恒醇:《生态美学》，陕西人民教育出版社 2000 年版。

曾繁仁:《生态美学的基本问题研究》，人民出版社 2015 年版。

鲁枢元:《生态文艺学》，陕西人民教育出版社 2000 年版。

陈望衡:《环境美学》，武汉大学出版社 2007 年版。

党圣元、刘瑞弘选编:《生态批评与生态美学》，中国社会科学出版社 2011 年版。

雷毅:《深层生态学研究》，清华大学出版社 2001 年版。

封孝伦:《生命之思》，商务印书馆 2014 年版。

龚丽娟等:《民族文学生态关系论》，广西师范大学出版社 2016 年版。

薛富兴:《艾伦·卡尔松环境美学研究》，安徽教育出版社 2018 年版。

[英] 怀特海:《科学与近代世界》，何钦译，商务印书馆 2012 年版。

[德] 马丁·海德格尔:《荷尔德林诗的阐释》，孙周兴译，商务印书馆 2000 年版。

[美] 阿诺德·柏林特:《环境美学》，张敏、周雨译，湖南科学技术出版社 2006 年版。

[芬] 约·色帕玛:《环境之美》，武小西、张直译，湖南科技出版社 2006 年版。

〔美〕托马斯·库恩:《科学革命的结构》,金吾伦、胡新和译,北京大学出版社2003年版。

〔德〕艾根:《超循环论》,曾国屏、沈小峰译,上海译文出版社1990年版。

〔美〕刘易斯·托玛斯:《细胞生命的礼赞》,李韶明译,湖南科学技术出版社1996年版。

〔美〕家来道雄:《平行宇宙》,伍义生、包新周译,重庆出版社2008年版。

〔英〕史蒂芬·霍金:《果壳中的宇宙》,吴忠超译,湖南科学技术出版社2012年版。

后　记

改就本书，生出一个体会：在学术个性的鲜明与包容中，走出小我。

形成元范畴与元范式，自有学术个性。涉足生态美学有年，我将范式与范畴的借用改造，转为独创元创。生态审美场，从柏林特的审美场变来，我做了生态化拓进，成为《审美生态学》的核心范畴。该书的共生范式，也在借用中做了提升。这就初步有了学术个性。走出共生研究，我独创了整生范式，首创了美生场范畴，有了自身徽记的方法与理论。整生范式中的理式部分，源自艾根生物大分子超循环的科学理论，我使之哲理化，然非原创。写《天生论美学》时，我发现了大自然的自旋生，以之为整生范式的理式，可更显学术个性。元范畴与元范式自出机杼，可元创理论与方法，可成学科新原理。

整生通于自旋生元道，美生为天籁化栖息，也就有了自然史的包容性。元范式与元范畴，有机吸纳以往方法与理论，也就有了学术史的生长性。一家之言，能究天人之际，通古今之变，方趋整我境界。我有此认识，也尽了努力，然因愚钝，应了一句俗语：理想很丰满，现实很骨感。

谢谢丽娟和启军的提醒：到了把书写薄的时候了。这本小书，是我探寻生态美学的小结，可听到超越自我的脚步声。与此相应，我在写范式整生论，以践行存在、方法、逻辑"三位一体"旋进的主张。

责任编辑：方国根　郭彦辰

图书在版编目（CIP）数据

美生学：生态美学元理论 / 袁鼎生 著 . — 北京：人民出版社，2021.5

ISBN 978 – 7 – 01 – 022716 – 0

I. ①美…　II. ①袁…　III. ①生态学－美学－研究　IV. ① Q14–15

中国版本图书馆 CIP 数据核字（2020）第 239304 号

美生学

MEISHENGXUE

——生态美学元理论

袁鼎生　著

人民出版社 出版发行

（100706　北京市东城区隆福寺街 99 号）

环球东方（北京）印务有限公司印刷　新华书店经销

2021 年 5 月第 1 版　2021 年 5 月北京第 1 次印刷

开本：710 毫米 ×1000 毫米 1/16　印张：17.75

字数：245 千字

ISBN 978 – 7 – 01 – 022716 – 0　定价：56.00 元

邮购地址 100706　北京市东城区隆福寺街 99 号

人民东方图书销售中心　电话（010）65250042　65289539